全国电力行业"十四五"规划教材

DIANZI JISHU JICHU

电子技术基础

（第三版）

主　编　王业萍　傅秋华

副主编　曾荣

参　编　高明华　万南萍　张斯珩

主　审　朱传琴

中国电力出版社

CHINA ELECTRIC POWER PRESS

内 容 提 要

全书分为十二章，主要内容包括半导体器件及其特性、基本放大电路、集成运算放大器、数字逻辑基础、逻辑门电路、组合逻辑电路、触发器、时序逻辑电路、数/模转换器和模/数转换器、半导体存储器、电子电路仿真软件 Multisim2001 的应用、基础实验。

本书可作为高职高专院校电力技术类专业、机电类专业、自动化技术类专业及其他相关专业电子技术基础课程的教材，也可供从事电子工程技术工作人员参考。

图书在版编目（CIP）数据

电子技术基础/王亚萍，傅秋华主编 . —3 版 . —北京：中国电力出版社，2023.3（2024.11 重印）
ISBN 978 - 7 - 5198 - 7348 - 6

Ⅰ.①电…　Ⅱ.①王…②傅…　Ⅲ.①电子技术－基础知识　Ⅳ.①TN

中国版本图书馆 CIP 数据核字（2022）第 238819 号

出版发行：中国电力出版社
地　　址：北京市东城区北京站西街 19 号（邮政编码 100005）
网　　址：http://www.cepp.sgcc.com.cn
责任编辑：周巧玲（010 - 63412540）
责任校对：黄　蓓　王海南
装帧设计：郝晓燕
责任印制：吴　迪

印　　刷：三河市航远印刷有限公司
版　　次：2008 年 10 月第一版　2023 年 3 月第三版
印　　次：2024 年 11 月北京第二十二次印刷
开　　本：787 毫米×1092 毫米　16 开本
印　　张：18.5
字　　数：457 千字
定　　价：54.00 元

扫一扫

本书总码

前　言

　　电子技术基础是高职高专电子信息类、电气类及电力系统自动化类等专业的重要技术类基础课程。编者根据当今电子技术发展状况，国家对高等职业技术教育培养目标的要求和教学改革的不断深入，高职教育的教学方式方法、教学手段的不断拓展与创新，在本书前两版基础上做了以下修改增删：

　　（1）理论知识以必须够用为度，注重培养技能，突出了元器件型号识别、检测、外特性及应用知识。

　　（2）删改了七段 LED 数码管的分段显示方式，跟进器件应用新知识的学习使用。

　　（3）加强了对集成运放、555 定时器和常用数字集成电路的典型应用电路的使用分析，具有较强的实用性。

　　（4）增加了第十章半导体存储器的部分内容，以供不同专业和层次的学生作为选学内容。

　　（5）各章均附有题型丰富的习题和习题参考答案。

　　本书由王业萍和傅秋华主编，曾荣任副主编，高明华、万南萍、张斯珩参编。全书由傅秋华定稿。在本次修订过程中，得到了江西电力职业技术院校各位领导和各位同仁的大力支持，我们在此一并表示诚挚的感谢！

　　由于编者水平有限，书中难免会有疏漏与不妥之处，敬请读者提出批评和建议。

编　者

2022 年 11 月

第一版前言

本书是在电子技术日新月异的形势下，为了加快我国高素质应用型人才培养的步伐，按照高等职业技术教育培养目标的要求而编写。

本书从注重实用性和可操作性，以"管为路用，分立为集成服务"为指导思想，以培养生产一线应用型人才的教育为目标，以培养学生实际动手能力和职业能力为特征而组织的教学内容。书中将模拟电路部分进行优化组合，精选了常规内容，并简化了内部电路结构，突出元器件典型应用电路的分析，具有较强的实用性。每章配有适量的典型例题、习题和思考题，便于教学，便于读者对知识的消化、理解和深入学习。本书还介绍了 EWB 电子电路仿真软件的使用，有条件的学校可进行电路仿真实验。

本书由江西电力职业技术学院傅秋华同志主编，负责全书的组织和统稿，武汉电力职业技术学院曾荣同志为副主编，协助主编工作。其中，傅秋华编写第三章、第十章及实验五、附录 2，曾荣编写第七章、第八章及实验九、十、十一，江西电力职业技术学院万南萍编写第一章、第二章及实验一、二、三、四、附录，华东交通大学高明华编写第四章、第五章、第六章、第九章及实验六、七、八、十二。

本书由山东电力高等专科学校朱传琴教授主审，在审阅中提出了许多宝贵的意见和建议。武汉电力职业技术学院彭同明教授对本书的编写给予了大力的支持，我们在此一并表示衷心的感谢。

由于编者水平有限，加之时间比较仓促，书中难免有疏漏和错误之处，恳请读者批评指正。

编　者

2008 年 9 月

第二版前言

　　本书自第一版出版以来，已经使用了六年。在这期间，电子技术领域发生了较大的变化。随着高职教育教学改革的不断深入，高职教育的教学方式、方法、教学手段不断创新，促使本教材按照高等职业技术教育培养目标的要求来不断总结提高、修改增删，主要做了下列几项工作：

　　（1）"半导体器件及其特性"这一章更着重于元器件型号识别、检测及其应用知识的内容，充实并精选了常用器件的知识介绍。

　　（2）删繁就简改写了第六章、第七章、第八章的部分内容，以利于高职院校的一体化教学模式的实施。

　　（3）增加了部分新内容，如光电耦合器及其应用电路，集成运算放大器组成的波形发生器，555定时器构成的"叮咚"门铃电路等。

　　本书第二版由傅秋华任主编，陈悦明、曾荣任副主编，参加编写的还有高明华、万南萍。全书由傅秋华定稿。在本次修订过程中，得到了很多兄弟院校师生的帮助，以及江西电力职业技术学院各位领导的大力支持，我们在此一并表示衷心的感谢！

　　本版虽有所改进，但难免有所疏漏，恳请使用本教材的各位师生予以批评指正。

编　者

2014 年 12 月

目　　录

第一章　半导体器件及其特性

半导体元器件是电子线路的核心部件。只有掌握半导体的结构、性能、工作原理和特点，才能正确分析电子线路工作原理，正确选择和合理使用半导体元器件。本章主要介绍常用半导体二极管、三极管、场效应管、晶闸管的结构、工作原理、特性曲线、主要参数及应用电路等。

第一节　半导体的基本知识

自然界中的物质按其导电能力可分为导体、半导体和绝缘体。金、银、铜、铁、铝等金属材料是导体，塑料、陶瓷、橡胶等是绝缘体，这些材料已经得到广泛的应用。还有一些物质的导电能力介于导体和绝缘体之间，其导电能力会受外界因素如光、热、杂质等的影响，故称为半导体。在电子器件中，常见的半导体材料有硅（Si）、锗（Ge）、砷化镓（GaAs）、碳化硅（SiC）等，其中硅和锗是目前最常用的半导体材料，二者都具有共价键结构且容易获取。

半导体之所以广泛应用于电子器件的生产，是因为其具有以下三个特性：

（1）掺杂性。在半导体中掺入微量的杂质后，其导电能力会显著提高。利用半导体的掺杂性，可以形成杂质型半导体，进而制成各种半导体器件。

（2）热敏性。半导体受热升温后，其导电能力会明显提高。利用半导体的热敏性，可以制成热敏电阻、温度补偿二极管等。

（3）光敏性。半导体受光照射后，其导电能力也会明显提高。利用半导体的光敏性，可以制成光电池、光电二极管、光电三极管、光敏电阻等光电器件。

一、本征半导体

本征半导体是一种结构完整、完全纯净的半导体晶体，在物理结构上呈单晶体形态。本征半导体中包含自由电子和空穴两种载流子。本征半导体中各原子之间靠得很近，各原子的四个价电子同时受到相邻原子的吸引，分别与周围的四个原子的价电子形成共价键。共价键中的价电子为这些原子所共有，并为原子所束缚，在空间形成排列有序的晶体。共价键上的八个电子是由相邻原子各用一个电子组成的，这些电子称为束缚电子。被束缚电子不仅受自身原子核的束缚还受共价键的束缚，如果没有足够的能量，不易脱离轨道。因此，在绝对温度 $T=0\text{K}(-273℃)$ 时，由于共价键中的电子被束缚着，本征半导体中没有自由电子，不导电。只有受到激发，本征半导体才能导电。

当导体处于热力学温度 0K 时，导体中没有自由电子。当温度升高或受到光的照射时，价电子能量增大，有的价电子可以挣脱原子核的束缚，而参与导电，成为自由电子。自由电子产生的同时，在其原来的共价键中就出现了一个空位，原子的电中性也被破坏，呈现出正电性，其正电量与电子的负电量相等。人们常称呈现正电性的这个空位为空穴。把本征半导体受热产生自由电子和空穴的现象称为热激发，也称为本征激发。可见因热激发而出现的自由电子和空穴是同时成对出现的，称为自由电子 - 空穴对。游离的部分自由电子也可能回到空穴中去，称为复合。本征激发和复合在一定温度下会达到动态平衡。

　　由于共价键中出现了空穴，在外加能源的激发下，邻近的价电子有可能挣脱束缚补充到这个空穴上，而这个电子原来的位置又出现了空穴，其他电子又有可能转移到该位置上。这样一来在共价键中就出现了电荷迁移——电流，因此空穴也是载流子。电流的方向与电子移动的方向相反，与空穴移动的方向相同。本征半导体中，产生电流的根本原因是由于共价键中出现了空穴。由于空穴数量有限，所以其电阻率很大。因此，室温（25℃）时本征半导体的导电能力很弱。

　　二、杂质半导体

　　在本征半导体中掺入某些其他微量元素作为杂质，可使半导体的导电性发生显著变化。掺入的杂质主要是三价或五价元素，掺入杂质的本征半导体称为杂质半导体，其可分为 N 型半导体和 P 型半导体。

　　1. N 型半导体

　　在本征半导体中掺入五价杂质元素，例如，磷、砷、锑等可形成 N 型半导体，也称电子型半导体。因为五价杂质原子中只有四个价电子能与周围四个半导体原子中的价电子形成共价键，而多余的一个价电子因无共价键束缚而很容易形成自由电子。每掺入一个杂质原子，就会产生一个自由电子，掺入的杂质越多，产生的自由电子就越多。N 型半导体的特点是：自由电子是多数载流子，空穴是少数载流子，其导电能力主要依赖于自由电子。

　　2. P 型半导体

　　在本征半导体中掺入三价杂质元素，如硼、镓、铟等可形成 P 型半导体，也称为空穴型半导体。因为三价杂质原子在与硅原子形成共价键时，缺少一个价电子而在共价键中留下一个空穴。每掺入一个杂质原子，就会产生一个空穴，掺入杂质越多，产生空穴越多。当相邻共价键上的电子因受激发而获得能量时，就可能填补这个空穴，而产生新的空穴。P 型半导体的特点是：空穴是多数载流子，自由电子是少数载流子，其导电能力主要依赖于空穴。

　　三、PN 结及其特性

　　单纯的一块 P 型半导体或 N 型半导体，只能作为一个电阻元件。但是如果把 P 型半导体和 N 型半导体通过一定的工艺结合起来就可以形成 PN 结。PN 结是构成半导体二极管、三极管、晶闸管、集成电路等众多半导体器件的基础。

　　1. PN 结的形成

　　在一块本征半导体的两侧通过扩散不同的杂质，分别形成 N 型半导体和 P 型半导体。在这两种杂质半导体的交界面附近就会形成一个具有特殊性质的薄层，这个特殊性质的薄层就是 PN 结。由于 P 区与 N 区之间存在载流子浓度的显著差异：P 区空穴多，电子少；N 区电子多，空穴少。于是在 P 区和 N 区的交界面处就会发生多数载流子的扩散运动。所谓扩散运动，就是物质要从浓度高的区域向浓度低的区域运动。扩散的结果使交界面附近 P 区因空穴减少而呈现负电性，N 区因电子的减少而呈现正电性，从而形成了内电场。内电场的建立，一方面阻碍了多数载流子的扩散运动；另一方面，对方区域中的少数载流子会被吸引过来，形成漂移运动。当扩散和漂移运动达到平衡后，空间电荷区的宽度和内电场强度就相对稳定下来。此时，有多少个多子扩散到对方，就有多少个少子从对方飘移过来。这样，在交界面上就出现了由正、负离子构成的空间电荷区，这个区域中的正负离子由于结构的原因都不能移动，这就是 PN 结。PN 结的形成如图 1-1 所示。

　　在空间电荷区，由于缺少载流子，所以也称耗尽层；又由于阻碍了多数载流子的扩散运动，所以也称阻挡层。由于耗尽层的存在，PN 结的电阻很大。

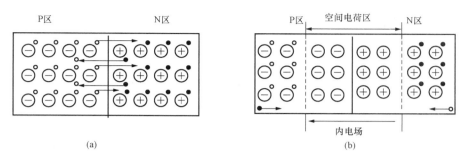

图 1-1　PN 结的形成

（a）多数载流子的扩散；（b）PN 结的形成

2. PN 结的特性

实验发现，PN 结在外加电压的作用下，可以形成电流。外加电压的极性不同，流过 PN 结的电流大小有很大差别。

（1）PN 结的正向导通特性。给 PN 结加正向电压，即电源正极接 P 区，负极接 N 区，称为 PN 结正向偏置，如图 1-2（a）所示。这时 PN 结外加电场与内电场方向相反，外电场削弱内电场作用，使空间电荷区变窄，有利于多数载流子运动，形成正向电流。外加电场越强，正向电流越大，这意味着 PN 结的正向电阻变小了。可见，给 PN 结加正向电压时 PN 结处于正向导通状态。

（2）PN 结的反向截止特性。给 PN 结加反向电压，即电源正极接 N 区，负极接 P 区，称为 PN 结反向偏置，如图 1-2（b）所示。这时外加电场与内电场方向一致，使内电场的作用增强，PN 结变厚，多数载流子扩散运动难以进行，有助于少数漂移载流子运动，形成反向电流。由于少数载流子很少，所以电流很小，接近于零，即 PN 结反向电阻很大。可见，给 PN 结加反向电压时 PN 结处于反向截止状态。

综上所述，PN 结加正向电压时，呈现低电阻，具有较大的正向电流通过，PN 结处于正向导通状态；PN 结加反向电压时，呈现高电阻，具有很小的反向电流通过，PN 结处于反向截止状态。因此，PN 结具有单向导电性。

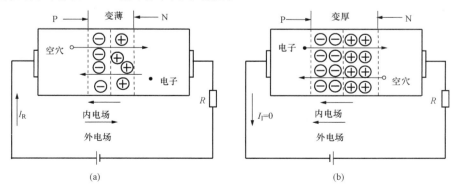

图 1-2　PN 结的导电特性

（a）正向偏置；（b）反向偏置

第二节　半 导 体 二 极 管

一、二极管的结构和类型

半导体二极管按其结构的不同可分为点接触型、面接触型和平面型。

点接触型二极管 PN 结的接触面积小，不能通过很大的正向电流和承受较高的反向电压，但它的结电容小，高频特性好，适用于高频检波电路和小功率电路。面接触型二极管 PN 结的接触面积大，可以通过很大的正向电流，能承受较高的反向电压，适用于整流电路。平面型二极管适用于低频大功率管，在数字电路中也有广泛的应用。图 1-3 所示为二极管的类型结构示意。

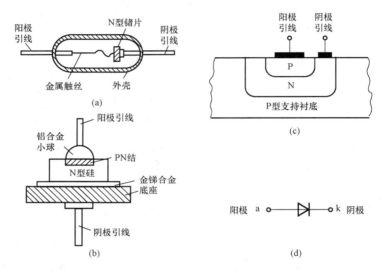

图 1-3　二极管的类型结构示意
（a）点接触型；（b）面接触型；（c）平面型；（d）电路符号

半导体二极管按材料可分为硅二极管和锗二极管；按用途可分为检波二极管、整流二极管、开关二极管、稳压二极管、发光二极管、光敏二极管、恒流二极管、肖特基二极管、阻尼二极管；按功率可分为小功率、中功率、大功率二极管等。二极管常见外形图如图 1-4 所示。

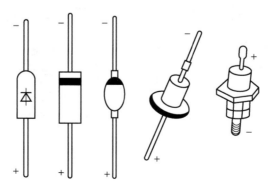

图 1-4　二极管常见外形图

二、二极管的特性参数及选用

1. 二极管的伏安特性

理论分析指出，二极管电流 I 和端电压 U 之间的关系为

$$I = I_s(e^{\frac{U}{U_T}} - 1) \tag{1-1}$$

式中：I_s 为反向饱和电流；U_T 为温度电压当量，常温下 $U_T \approx 26\text{mV}$。

式（1-1）称为理想二极管电流方程，实际伏安特性分析如图 1-5 所示。

二极管的伏安特性曲线就是流过二极管的电流 I 与加在二极管两端的电压 U 之间的关系曲线。图 1-5 所示为硅和锗二极管的伏安特性曲线。

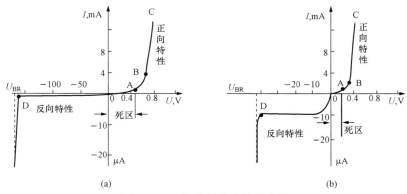

图 1-5 二极管的伏安特性曲线
(a) 硅二极管；(b) 锗二极管

（1）正向特性。在正向特性的起始部分 0A 段，由于正向电压较小，外电场还不足以克服 PN 结的内电场，因而这时的正向电流几乎为零，二极管呈现出一个大电阻，过 A 点后正向电流开始增大，好像一个门槛，A 点电压称为门槛电压，又称死区电压。硅管的门槛电压 U_{th} 约为 0.5V，锗管的 U_{th} 约为 0.1V。过 A 点后，随着外加正向电压的增加，正向电流开始增大，但电流增量和电压增量不成正比。当电压大于 0.6V（锗管为 0.2V），正向电流随正向电压增加而急速增加，基本上是直线关系。这时二极管呈现的电阻很小，可以认为二极管处于导通状态。此区域内，硅管的导通电压约为 0.7V，锗管约为 0.3V。

（2）反向特性。0D 段，在所加反向电压下，反向电流很小，且几乎不随电压的增加而增大，此电流值称为反向饱和电流。此时二极管呈现很高的电阻，处于截止状态。硅管的反向电流比锗管的反向电流小，约在 $1\mu A$ 以下，锗管的反向电流达几十微安甚至几毫安以上。这也是现在硅管应用比较多的原因之一。过 D 点后，反向电压稍有增大，反向电流就急剧增大，这种现象称为反向击穿。二极管发生反向击穿时所加的电压称为反向击穿电压。一般的二极管是不允许工作在反向击穿区的，因为这将导致 PN 结的反向导通而失去单向导电的特性，长时间工作在反向击穿区还会因功率大而烧坏器件。

综上可知，二极管具有单向导电特性，其伏安特性是非线性的，故二极管是一种非线性元件。在实际工程估算中，若二极管的正向导通电压比外加电压小很多（一般以 10 倍来衡量），常可忽略不计，并将此时的二极管称为理想二极管。

2. 温度对二极管特性的影响

二极管对温度很敏感。实验发现，随着温度升高，二极管的正向压降减小，即二极管正

向电压有负温度系数，约为$-2mV/℃$；二极管的反向饱和电流随温度的升高而增加，温度每升高$10℃$，二极管的反向电流约增加一倍。实验还发现，二极管的反向击穿电压随着温度升高而降低。二极管的温度特性对电路的稳定是不利的，在实际应用中要加以抑制，但可以利用二极管的温度特性，对温度的变化进行检测，从而实现对温度的控制。

　　3. 二极管的主要参数

　　在实际应用中，常用二极管的参数来定量描述二极管在某方面的性能。二极管的主要参数有最大整流电流、最高反向工作电压、反向击穿电压等。

　　（1）最大整流电流I_F。最大整流电流I_F是指二极管长期工作时允许通过的最大正向直流电流的平均值。I_F与二极管的材料、面积和散热条件有关。点接触型二极管的I_F较小，面接触型二极管的I_F较大。在实际使用时，流进二极管最大平均电流不能超过I_F，否则二极管会因过热而损坏。

　　（2）最高反向工作电压U_{RM}。最高反向工作电压U_{RM}是指二极管在工作时所能承受的反向电压峰值。通常以二极管的U_{BR}一半作为二极管的U_{RM}，二极管在实际使用时的电压应不超过此值，否则当温度变化较大时，二极管就有发生反向击穿的可能。

　　（3）反向击穿电压U_{BR}。反向击穿电压U_{BR}是指二极管反向击穿时的电压值。击穿时，反向电流急剧增加，二极管的单向导电性被破坏，甚至会因过热而烧坏。

　　此外，二极管还有结电容、最高工作频率等许多参数，在此不详述，可参考有关手册。半导体器件型号命名方法见附录A。

　　三、二极管的识别与测量

　　1. 二极管正负极引脚外观识别方法

　　二极管共有两根引脚，两根引脚有正负之分，在使用中两根引脚不能接反，否则会损坏二极管或损坏电路中的其他元件。二极管的外形及正负极的识别如图1-4所示。

　　2. 用万用表粗测二极管的极性与好坏

　　通常使用万用表的欧姆挡中$R×100（\Omega）$或$R×1k（\Omega）$挡来测试小功率二极管。万用表在欧姆挡测试时，红表笔接表内电池的负极，黑表笔接表内电池的正极，测试步骤如下：

　　（1）选好$R×100（\Omega）$或$R×1k（\Omega）$挡，先校零，之后用两表笔接触二极管的两个管脚，读出表头的阻值；交换两表笔再测一次，记录下阻值。如果两次所测的阻值一大一小，则说明二极管是好的。

　　由于二极管伏安特性的非线性，测量时用不同的欧姆挡或灵敏度不同的万用表，所测的阻值数据是会不同的。

　　（2）在所测阻值小的那次，黑表笔所接二极管的管脚就是正极，红表笔所接二极管的管脚是负极，此时所测的是二极管正偏导通时的正向电阻值，约为几千欧以下。在所测阻值大的那次黑表笔所接二极管的管脚就是负极，红表笔所接二极管的管脚是正极，此时所测的是二极管反偏截止时的反向电阻值，约为几百千欧以上。

　　（3）如果两次所测的阻值均很大表明二极管断路；如果两次所测的阻值均很小，说明二极管内部短路；如果测得正、反向电阻值相差不多，说明管子性能差或已经失效。

　　以上三种情况下二极管都不能再使用。

　　如果是检测中、大功率二极管，一般选用万用表的$R×1（\Omega）$或$R×10（\Omega）$挡。

四、二极管的选用

（1）按照用途选择二极管的类型。例如，用作检波可选择点接触式普通二极管；整流用可选择面接触型或整流二极管；若用于高频整流电路中，需采用高频整流二极管。另外，如果要实现光电转换，需选用光电二极管；如果应用在开关电路中，需选用开关二极管等。

（2）类型确定后，按参数选择元件。用在电源电路中的整流二极管，主要考虑两个参数，即最大整流电流 I_F 和最高反向工作电压 U_{RM}。选用时需视电路情况留有一定裕量。

（3）选用硅管还是锗管，可以按照以下原则决定：要求正向压降小的选锗管；要求反向电流小于 $1\mu A$ 的选硅管；要求反压高、耐高温的选硅管（硅管结温约为 $150℃$，锗管结温约为 $80℃$）。

（4）对于工作电流较大的二极管（I_F 达 1A 或 1A 以上），需按产品手册安装散热器；二极管工作时的电流、电压、环境温度等都不应超过产品手册中所规定的极限值。

五、二极管的应用

二极管是电子电路中最常用的器件。利用其单向导电性及导通时正向电压降很小特点，可以用于整流、检波、钳位、限幅、开关、元件保护等。

（一）钳位

利用二极管导通时正向电压降很小的特点可组成钳位电路，如图 1-6 所示。图中，若 A 点电位 $U=0$，则二极管导通，由于其压降很小，故 F 点的电位也钳制在 A 点电位左右，即 $U_F \approx 0$。

（二）限幅

利用二极管导通后正向电压降很小且基本不变的特点，可以构成限幅电路，使输出电压的幅度限制在某一电压值内。图 1-7（a）所示为一双向限幅电路。设输入电压 $u_i=10\sin\omega t(V)$，$U_{s1}=U_{s2}=5V$，则输出电压 u_o 被限制在 $\pm 5V$ 之间，将输入电压的幅度削掉了一半，其波形如图 1-7（b）所示。

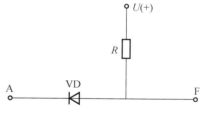

图 1-6　二极管钳位电路

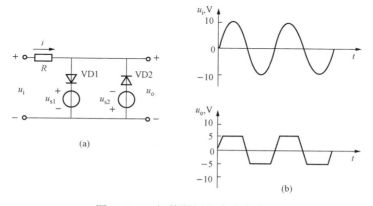

图 1-7　二极管限幅电路及波形图
(a) 限幅电路；(b) 波形

（三）器件保护

在电子电路中，常用二极管来保护其他器件免受过高电压的损害。

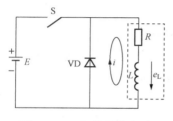

图 1-8　二极管保护电路

如图 1-8 所示电路，L 和 R 是线圈的电感和电阻。在开关 S 接通时，电源 E 给线圈供电，L 中有电流流过，储存了磁场能。开关 S 突然断开时，L 中将产生感生电动势 e_L，电动势 e_L 和电源 E 叠加作用在开关端子上，会使端子产生火花放电，影响设备的正常工作。接入二极管后，e_L 通过二极管放电，使端子两端的电压不会很高，从而保护开关 S，此时二极管又称为续流二极管。

（四）整流

在电子设备中，内部电路都由直流稳压电源供电。直流稳压电源电路由变压、整流、滤波和稳压四部分组成，如图 1-9 所示，它能向负载提供一个稳定的直流电压。其中，变压部分由电源变压器将市电 220V 电压降到电路所需的交流值。而整流就是将交流电变换为脉动的直流电，能够实现把交流电变换为脉动的直流电的电路称为整流电路。利用二极管的单向导电性可组成单相、三相等各种整流电路，把变压器次级交流电压变换为脉动直流电压。单相整流电路有半波整流、全波整流、桥式整流和倍压整流电路。以下对单相半波整流电路和单相桥式整流电路进行分析时，为简单起见，将二极管都当成理想情况处理，即正向导通时二极管的正向电阻为零，反向截止时其反向电阻看作是无穷大。

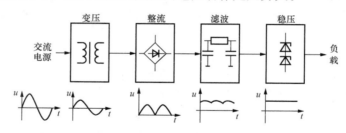

图 1-9　直流稳压电源组成框图

1. 单相半波整流电路

（1）电路组成和工作原理。图 1-10 所示为单相半波整流电路，变压器 T 将电网的正弦交流电 u_1 变成 u_2，设

$$u_2 = \sqrt{2}U_2\sin\omega t \text{ V} \tag{1-2}$$

在变压器二次侧电压 u_2 的正半周期内，二极管 VD 正偏导通，电流经过二极管流向负载，在负载电阻 R_L 上得到一个极性为上正下负的电压，即 $u_o = u_2$。在 u_2 的负半周期内，二极管反偏截止，负载上几乎没有电流流过，即 $u_o = 0$。因此负载上得到了单向的直流脉动电压，负载中的电流也是直流脉动电流。单相半波整流后的输出电压和电流波形如图 1-11 所示。

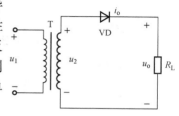

图 1-10　单相半波整流电路

（2）负载上直流电压和电流的估算。单相半波整流时，负载两端的直流电压平均值为

$$U_o = \frac{1}{2\pi}\int_0^\pi \sqrt{2}U_2\sin\omega t\, \mathrm{d}\omega t$$
$$U_o = 0.45U_2 \tag{1-3}$$

负载中的平均电流为

$$I_{\mathrm{o}} = \frac{U_{\mathrm{o}}}{R_{\mathrm{L}}} = 0.45\frac{U_2}{R_{\mathrm{L}}} \qquad (1-4)$$

（3）二极管的选择。在单相半波整流电路中，二极管中的电流等于输出电流，所以在选用二极管时，二极管的最大整流电流 I_{F} 应大于负载电流 I_{o}。

二极管的最高反向电压就是变压器二次侧电压的最大值。根据 I_{F} 和 U_{RM} 的值，查阅半导体手册就可以选择到合适的二极管。

单相半波整流电路的优点是结构简单，使用元件少。但是它也有明显的缺点：只利用了交流电的半个周期，输出的直流分量较低，且输出电压的纹波大，电源变压器的利用率也低，所以单相半波整流电路只能用在输出电压较低且性能要求不高的地方。

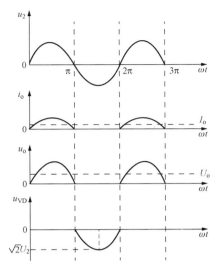

图 1-11 单相半波整流电路的波形图

2. 单相桥式整流电路

（1）电路组成和工作原理。如图 1-12（a）所示，T 为电源变压器，它的作用是将交流电网的 u_1 变成整流电路所要求的 $u_2 = \sqrt{2}U_2\sin\omega t$，$R_{\mathrm{L}}$ 为负载电阻，四只整流二极管 VD1～VD4 接成电桥的形式，故称为桥式整流电路。图 1-12（b）所示为它的简化画法。

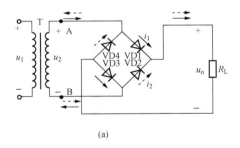
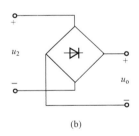

(a)　　　　　　　　　　　　　　(b)

图 1-12 单相桥式整流电路

（a）单相桥式整流电路；（b）简化电路

在 u_2 的正半周内（A 端为正，B 端为负），VD1、VD3 因正偏而导通，VD2、VD4 因反偏而截止；在 u_2 的负半周内，二极管 VD2、VD4 导通，VD1、VD3 截止。但是无论在 u_2 的正半周还是负半周，流过 R_{L} 中的电流方向都是一致的。在 u_2 的整个周期内，四只二极管分两组轮流导通或截止，在负载上得到了单一方向的脉动直流电压和电流。单相桥式整流电路中各处的电压和电流波形如图 1-13 所示。

（2）负载上直流电压和电流的估算。由图 1-13 可知，单相桥式整流输出电压波形的面积是单相半波整流时的两倍，所以输出的直流平均电压也是单相半波整流时的两倍，即

$$U_{\mathrm{o}} = 0.9U_2 \qquad (1-5)$$

输出平均电流为

$$I_{\mathrm{o}} = 0.9\frac{U_2}{R_{\mathrm{L}}} \qquad (1-6)$$

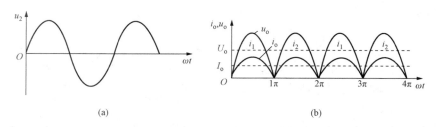

图 1-13　单相桥式整流电路的波形图

(a) 输入信号；(b) 输出电压、电流

（3）二极管的选择。在单相桥式整流电路中，由于四只二极管两两轮流导电，即每只二极管都只是在半个周期内导通，所以流过每个二极管的平均电流是输出电流平均值的一半，即

$$I_F = \frac{I_o}{2} \tag{1-7}$$

二极管的最大反向峰值电压为

$$U_{RM} = \sqrt{2}U_2 \tag{1-8}$$

由以上分析可知，单相桥式整流输出电压的直流分量大，纹波小，且每个二极管流过的平均电流也小，因此单相桥式整流电路应用最为广泛。

3. 滤波电路

滤波电路用于滤去整流输出电压中的纹波（偶次谐波），一般由电抗元件组成，例如在负载两端并联电容器 C，或与负载串联电感器 L，以及由电容、电感组合成复式滤波电路。常见滤波电路如图 1-14 所示。

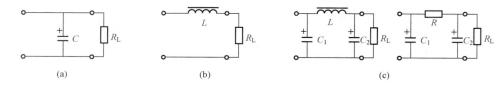

图 1-14　常见滤波电路

(a) 电容滤波；(b) 电感滤波；(c) π形滤波

（1）电容滤波电路。图 1-15 所示为单相桥式整流电容滤波电路。图 1-16所示为电路滤波中电压和电流的波形图。

1) 工作原理。设电容 C 上初始电压为零。接通电源时 u_2 由零逐渐增大，二极管 VD1、VD3 正偏导通，此时 u_2 经二极管 VD1、VD3 向负载 R_L 提供电流，同时向电容 C 充电，因充电时间常数很小（$\tau_C = R_{int}C$，R_{int} 是由电源变压器内阻、二极管正向导通电阻构成的总等效直流电阻），电容 C 两端电压很快达到 u_2 的峰值，即 $u_C = \sqrt{2}U_2$。u_2 达到最大值以后按正弦规律下降，当 $u_2 < u_C$ 时，VD1、VD3 反向偏置，所

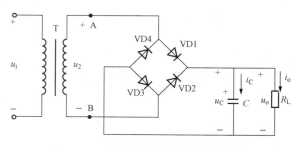

图 1-15　单相桥式整流电容滤波电路

以 VD1、VD3 截止，电容 C 只能通过负载 R_L 放电，放电时间常数 $\tau_d = R_L C$，放电时间常数越大，放电就越慢，$u_o(u_C)$ 的波形就越平滑。在 u_2 的负半周，二极管 VD2、VD4 正偏导通，u_2 通过 VD2、VD4 向电容 C 充电，使电容 C 上的电压很快达到 u_2 的峰值。过了该时刻，即在图1-16中 e 点之后，VD2、VD4 因反向偏置而截止，电容又通过负载 R_L 放电，如此周而复始。从图 1-16 可以看出负载上得到的是脉动成分大大减小的直流电压。

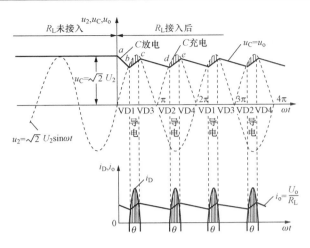

图 1-16　电容滤波电路中电压电流波形

2) 输出直流电压 U_o 和负载电流 I_o 的估算。当滤波电容较大时，一般单相桥式整流电容滤波电路的输出直流电压 U_o 为

$$U_o = 1.2 U_2 \tag{1-9}$$

负载电流 I_o 为

$$I_o = 1.2 \frac{U_2}{R_L} \tag{1-10}$$

单相半波整流电容滤波电路输出直流电压 U_o 为

$$U_o = U_2 \tag{1-11}$$

需要注意，在上述输出电压的估算中，都没有考虑二极管的导通压降和变压器二次侧绕组的直流电阻。在设计直流电源时，当输出电压较低（10V 以下）时，应该把上述因素考虑进去，否则实际测量结果与理论设计差别较大。实践经验表明，在输出电压较低时，按照上述公式的计算结果再减去 2V（二极管的压降和变压器绕组的直流压降之和），可以得到与实际测量相符的结果。

3) 滤波电容器的选择。在负载 R_L 一定的条件下，电容 C 越大，滤波效果越好，电容的容量经过实验可按式（1-12）选取：

$$C \geq 2T/R_L \tag{1-12}$$

式中：T 为电源电压的周期。

电容器的额定耐压值为

$$U_C > \sqrt{2} U_2 \tag{1-13}$$

滤波电容器型号的选定应查阅有关器件手册，并取电容器的系列标称值。

电容滤波的优点是结构简单、输出电压提高、脉动成分减小、二极管导通时间大大减少；缺点是负载电流不宜过大，负载电流较大时会造成输出电压下降，纹波增加，影响滤波效果，因此电容滤波适用于负载变动不大，电流较小的场合。

由于输出直流电压较高，整流二极管截止时间长，导通角小，故整流二极管冲击电流较大，所以在选择二极管时，应满足二极管的最大整流电流 I_F 大于二极管的工作电流，同时二极管的最高反向工作电压 U_{RM} 大于二极管实际承受的反向电压 $\sqrt{2} U_2$，而不是去限制二极管的实际工作电流与电压，这样才能保证二极管的安全。

（2）电感滤波电路。图 1-17 所示为单相桥式整流电感滤波电路，电感 L 串联在负载 R_L 回路中。由于电感的直流电阻很小，交流阻抗很大，所以直流分量经过电感后基本上没有损失，而交流分量大部分损失在电感上，进而减小了输出电压中的脉动成分，负载 R_L 上得到了较为平滑的直流电压。电感滤波的电压波形如图 1-18 所示。

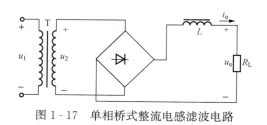

图 1-17　单相桥式整流电感滤波电路

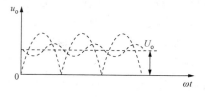

图 1-18　电感滤波的电压波形

在忽略滤波电感 L 上的直流压降时，一般输出的直流电压为

$$U_o = 0.9U_2 \qquad\qquad (1-14)$$

二极管承受的反向峰值电压仍为 $\sqrt{2}U_2$。

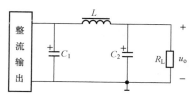

图 1-19　π 形 LC 滤波电路

电感滤波的优点是输出特性比较平坦，而且电感 L 越大，负载 R_L 越小，输出电压的脉动就越小，适用于要求输出电压低、负载电流较大的场合，如工业电镀等。电感滤波的缺点是体积大、成本高、有电磁干扰。

（3）π 形滤波电路。图 1-19 所示为桥式整流 π 形 LC 滤波电路，这种滤波电路是在电容滤波的基础上再加一级 LC 滤波电路构成的。

桥式整流后得到的脉动直流电在经过电容 C_1 滤波以后，剩余的交流成分在电感 L 中受到感抗的阻碍而衰减，然后再次被电容 C_2 滤波，使负载得到的电压更加平滑。当负载电流较小时，常用小电阻 R 代替电感 L，以减小电路的体积和重量，收音机和录音机中的电源滤波电路就采用了 π 形 RC 滤波电路。

【例 1-1】　图 1-20 所示电路中，已知 $U_2 = 30$V（有效值），设二极管为理想二极管，操作者用直流电压表测得负载两端电压值 U_o 出现下列五种情况：①42V；②36V；③30V；④27V；⑤13.5V。试讨论在这五种情况中，哪些是正常工作时的电压，哪些是发生了故障时的电压，并分析故障产生的原因。

解　单相桥式整流电容滤波电路输出电压的值为 $U_o = 1.2U_2$。

在电路正常工作时，该电路输出的直流电压 U_o 应为 36V。因此，在这五种情况下，第②种情况是正常的工作情况，其他四种情况均为不正常的工作情况。

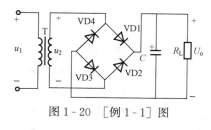

图 1-20　［例 1-1］图

对于第①种情况：$U_o = 42$V，$\dfrac{U_o}{U_2} = \dfrac{42}{30} = \sqrt{2}$，即

$U_o = \sqrt{2}U_2$。根据单相桥式整流电容滤波电路的特性可知，当 R_L 开路时，$U_o = \sqrt{2}U_2$，所以这种情况是负载 R_L 开路所致。

对于第③种情况：$U_o = 30$V，$U_o = U_2$，说明电路已经不是单相桥式整流电容滤波电路了。单相半波整流电容滤波电路的输出电压估算式为 $U_o \approx U_2$，由此可知出现这种情况的原因是四只二极管中有一个二极管开路，变成了单相半波整流电容滤波电路。

对于第④种情况：$U_o = 27\text{V}$，$\dfrac{U_o}{U_2} = 0.9$，即 $U_o = 0.9U_2$，这个数值满足单相桥式整流电路的输出电压值 $U_o = 0.9U_2$，说明滤波电容没起作用。出现这种情况的原因是滤波电容开路。

对于第⑤种情况：$U_o = 13.5\text{V}$，$\dfrac{U_o}{U_2} = 0.45$，即 $U_o = 0.45U_2$。这个数值正好是单相半波整流电路输出的直流电压。出现这种情况的原因是单相桥式整流电路中有一个二极管开路，且滤波电容也开路。

六、特种二极管介绍

1. 硅稳压二极管

硅稳压二极管（简称稳压管）是一种用特殊工艺制造的面接触型硅半导体二极管。它工作在反向击穿区，在规定的电流范围内使用时，不会因击穿而损坏。这时尽管通过稳压管的电流在很大范围内变化，但是稳压管两端的电压基本不变，保持稳定，利用这一特性可实现电压的稳定作用。

稳压二极管的外形与普通二极管基本相同，国产型号命名方法见附录 A，目前在各种电子装置中应用很普遍的一种稳压二极管是源于国外的 1N4000 系列。稳压管的伏安特性和符号如图 1-21 所示。

在实际电路中使用稳压二极管要满足以下两点：一是反向运用，即负极接高电位，正极接低电位，使管子反向偏置，保证管子工作在反向击穿状态；二是要有限流电阻配合使用，保证流过稳压管的电流在允许范围内。图 1-22 所示为稳压管常用的稳压电路，稳压管和负载是并联关系，又称并联型稳压电路。

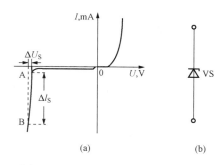

图 1-21　稳压管的伏安特性和符号
（a）伏安特性；（b）符号

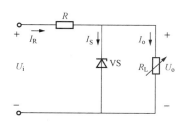

图 1-22　并联型稳压电路

稳压管的主要参数如下：

（1）稳定电压 U_S。稳定电压是指当稳压管中的电流为规定值时，稳压管两端的电压值。由于制造工艺的原因，即使同一型号的稳压管其稳定电压 U_S 分散性也较大。例如 1DW7A型稳压管，在工作电流为 10mA 时，U_S 为 5.8～6.6V。但就某一只稳压管而言，其稳定电压的值是固定的，因此在实际使用中要对管子进行测试和挑选。

1N4000 系列稳压二极管的型号及参数见表 1-1。

表 1-1　　　　　　　　　　　　　**1N4000 系列稳压二极管的型号及参数**

型　号	1N4728	1N4730	1N4732	1N4733	1N4735	1N4744	1N4750	1N4751	1N4761
稳压值（V）	3.3	3.9	4.7	5.1	6.2	15	27	30	75

（2）稳定电流 I_S。稳定电流有最大稳定电流 I_{Smax}、最小稳定电流 I_{Smin} 和工作稳定电流之分。I_{Smax} 是稳压管正常工作时允许流过的最大电流值，若流过稳压管的电流超过 I_{Smax}，则稳压管将发热而损坏。I_{Smin} 是稳压管维持稳压工作时的最小电流值，若流过稳压管的电流低于 I_{Smin}，则稳压管将不再有稳压作用。稳压管的实际工作电流值为 $I_{Smin} < I_S < I_{Smax}$ 时，才能保证稳压管既稳定电压又不至于损坏。

（3）最大耗散功率 P_{SM}。P_{SM} 是为了保证管子不被热击穿而规定的极限参数，由管子允许的最高结温决定，$P_{SM} = I_{Smax} U_S$。

（4）动态电阻 r_S。它是指稳压范围内稳定电压的变化量与相应的电流变化量之比，即 $r_S = \Delta U_S / \Delta I_S$。$r_S$ 值很小，约几欧到几十欧，r_S 越小越好，即反向击穿特性越陡越好，也就是说 r_S 越小稳压性能越好。

（5）电压温度系数 C_{TV}。它是指温度每增加 1℃时，稳定电压的相对变化量，即

$$C_{TV} = \frac{\Delta U_S / U_S}{\Delta t} \tag{1-15}$$

【例 1-2】　利用稳压管组成的简单稳压电路如图 1-22 所示，R 为限流电阻，试分析输出电压 U_o 稳定的原理。

解　由图 1-22 可知

$$U_o = U_i - I_R R \tag{1-16}$$

$$I_R = I_S + I_o \tag{1-17}$$

若 U_i 增大，U_o 将会随其上升，加在稳压管两端的反向电压增加，使电流 I_S 大大增加，由式（1-17）可知 I_R 也随之显著增加，从而使限流电阻上的压降 $I_R R$ 增大，其结果是，U_i 的增加量绝大部分都降落在限流电阻 R 上，从而使输出电压 U_o 基本上维持恒定。反之，U_i 下降时 I_R 减小，R 上压降减小，从而维持 U_o 基本恒定。

若负载电阻 R_L 增大（即负载电流 I_L 减小），输出电压 U_o 将会跟随增大，则流过稳压管的电流 I_S 大大增加，致使 $I_R R$ 增大，迫使输出电压 U_o 下降，同理，若 R_L 减小使 U_o 下降，则 I_S 显著减小，致使 $I_R R$ 减小，迫使 U_o 上升，从而维持输出电压的稳定。

为了提高稳压性能和扩大稳压范围，普遍采用的是串联式稳压电路结构的三端集成稳压器，由于其稳压特性好、体积较小，已有很多专用的集成稳压电路产品，应用非常广泛。如 78 系列、79 系列为三端固定输出正、负电压的集成稳压器；LM117、LM217、LM317 是输出电压能在 1.2～37V 范围内可调的三端可调稳压器，LM137、LM237、LM337 是输出电压能在 −37～−1.2V 范围内可调的三端可调稳压器。有关这类产品的使用知识请参考其他资料，在此不予详述。

2. 发光二极管

发光二极管（light emitting diode，LED）是一种光发射器件。它同时具备两种性能：一是二极管的单向导电性；二是正向导通时会向外发光，能把电能直接转换为光能。它由镓、砷、磷等元素的化合物制成。由这些材料构成的 PN 结在加正向电压时，就会发出光

来，光的颜色主要取决于制造所用的材料。例如砷化镓发出红色光、磷化镓发出绿色光等。其外形有圆形、长方形等数种。发光二极管具有亮度高、耗电小、体积小、重量轻、工作电压低、抗冲击振动、寿命长、可靠性高、响应速度快、价格便宜等优点，已经被广泛地应用到各种电路中，在现代电子产品中随处可见它的光芒，如作为计算机、电视机、音响、仪器仪表等设备的电源指示灯、系统状态灯；LED 数码管、城市夜晚照明灯和景观灯、光电鼠标、新型手电光，广场中央的 LED 电视墙，地铁、公共汽车上的广告、信息显示屏等。在正常工作状态下，发光二极管的使用寿命保守估计为 10 万 h，部分甚至可以达到 100 万 h。

图 1-23 所示为发光二极管伏安特性和符号。从伏安特性可以看出，它的导通电压比普通二极管大，一般为 1.7V 以上，其工作电流一般取 10mA 左右。应用时，加正向偏置电压，并接入相应的限流电阻即可。发光强度基本与电流大小呈线性关系。

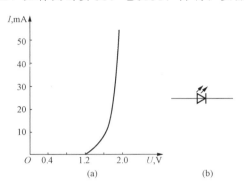

图 1-23 发光二极管伏安特性和符号
(a) 伏安特性；(b) 符号

（1）LED 种类和规格。LED 发展到今天，已经形成了许多种类和规格，最常用的 LED 封装形式有直插式和贴片式（SMD）两种，如图 1-24 所示。其中，直插式的应用最广，但随着贴片技术的发展，产品不断精小化之后，贴片 LED 封装将会成为主流；常用的直插封装 LED 规格有 $\phi 3$、$\phi 5$、$\phi 8$、$\phi 10$，指的是直插式 LED 帽身的直径尺寸（单位是 mm）。

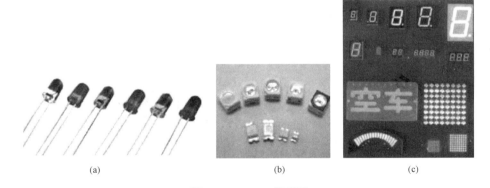

图 1-24 LED 外形图
(a) 直插式 LED；(b) 贴片式 LED；(c) LED 数码管和点阵屏

（2）LED 颜色。目前产品中，LED 的颜色分为单色、双色、三色和七彩色，单色有红、橙、黄、绿、蓝、紫、白光等颜色，还包括有红外线、紫外线光 LED。双色 LED 有红蓝、红绿、绿橙等多种组合，以红蓝双色 LED 为例，它可以显示红色，蓝色，紫色（红＋蓝混色）共三种颜色。三色 LED 以红绿蓝为例，正常的 RGB 三色灯各自点亮可以发出红、绿、蓝三种单色光，同时点亮可以组合出 N 种颜色光。白光 LED 已经成为城市夜灯照明和便携电子产品显示屏、微型电筒的主要光源。这里要特别注意的是，不同颜色的光需要不同的工作电压去点亮，要保证 LED 的正向工作电流在规定的范围之内。例如，绿、蓝两种颜色需要 3.0V 左右的电压才能点亮，红光的 LED 只需 2V 左右电压（1.7～2.4V）即可点亮。普通的 LED 工作电流小，一般为 10～30mA，通过选择合适的限流电阻串联在 LED 回路中是很容易实现的。紫外 LED 常用于冰箱和家电等的杀菌及除臭等用途，红外 LED 常用于电视机等家电的遥控器中。

（3）LED 引脚的识别。直插式封装 LED 有几处设计是用来在外观上区分 LED 极性的，LED 帽檐有切边一面下方的引脚是 LED 的负极；未焊接之前长引脚为正极，短引脚为负极。外壳颜色一般有带颜色和透明的两种，有色外壳的 LED 一般直接用作指示灯，透明外壳的 LED 多用于聚光照明或需光学传导的场合。

贴片式 LED 正负极的识别，通常观察管子外壳的标示即可。例如，观察 LED 正面，有一个角有缺角，这个端就是负极，相对的另一端就是正极；或俯视贴片式 LED，一边带彩色线的是负极，另一边是正极。

（4）特殊 LED。LED 优点众多，产品种类很丰富。已经出现了一些 LED 产品，将专用的控制芯片直接和 LED 封装在一起，可以实现自动变色、自动闪烁功能。通过特殊的导光材料将 LED 制作成条形、带形，用来取代传统的霓虹灯、日光灯。现在 LED 又作为新一代的汽车前照灯、尾灯、高位刹车灯（LED 响应速度快，纳秒级）的主要光源之一，小巧的 LED 使汽车照明灯风格的设计更加自由、美观和实用，LED 汽车灯的发展前景非常广阔。LED 光谱中没有紫外线和红外线，既没有热量，也没有辐射，废弃物可以回收，不含汞元素没有污染，可以安全触摸，环保效益更佳，在未来，LED 将更小、更亮、更节能。

3. 光电二极管

光电二极管又称为光敏二极管，是一种光接收器件，其 PN 结工作在反偏状态。图 1-25 所示为光电二极管的结构示意和符号。

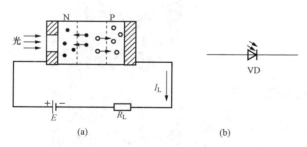

图 1-25　光电二极管的结构示意和符号
（a）结构；（b）符号

光电二极管的管壳上有一个玻璃窗口以便接收光照。由于光激发，使少数载流子数目增加，光电二极管反向电流也增加，光照越强，其反向电流越大，称为光电流。将这一电流通过电阻转换为电压信号，从而实现了光电转换。硅光电二极管对波长为 0.8～0.9μm 的红外光最为敏感，锗光电二极管对波长为 1.4～1.5μm 的远红外光最为敏感。

光电二极管作为光电器件，广泛应用于光的测量和光电自动控制系统。如光纤通信中的光接收机、电视机和家庭音响的遥控接收，都离不开光电二极管。另外，大面积的光电二极管还可用来作为能源即光电池，光能源是最有发展前途的绿色能源。近年来，科学家又研制出线性光电器件，通称为光电耦，可以实现光与电的线性转换，在信号传送和图形图像处理领域有广泛的应用。

4. 变容二极管

变容二极管是利用 PN 结的电容效应工作的，工作于反向偏置状态，它的电容量与反偏电压大小有关。改变变容二极管的直流反偏电压，就可以改变其电容量。变容二极管广泛应用于谐振回路中。例如，电视机中的高频头就用它作为调谐回路的可变电容器，实现电视频道的选择。在高频电路中，变容二极管作为变频器的核心器件，是信号发射机中不可缺少的器件。

5. 激光二极管

激光（laser）是由人造的激光器产生的，尚未在自然界中发现。激光器分为固体激光器、气体激光器和半导体激光器。半导体激光器是所有激光器中效率最高、体积最小的一种，现在已投入使用的半导体激光器是砷化镓激光器，即激光二极管。激光二极管的应用非常广泛，计算机的光驱、激光唱机（CD唱机）和激光影碟机（LD、VCD和DVD影碟机）中都少不了它。激光二极管工作时接正向电压，当PN结中通过一定的正向电流时，PN结就发射出激光。

第三节　半 导 体 三 极 管

一、三极管的结构和类型

半导体三极管又称双极型晶体管，俗称三极管、晶体管，它是在一块N型或P型半导体芯片上制作两个PN结而成，有NPN型和PNP型两种组成形式，如图1-26所示。两个PN结把三极管分为三个区，中间为基区，两侧分别为发射区和集电区，从这三个区接出的引线分别称为发射极e、基极b和集电极c。两个PN结分别称为发射结和集电结。发射区和集电区虽是同型半导体，但其中掺入杂质浓度不同，发射区中的杂质浓度比集电区中要大得多。基区做得非常薄而且掺杂很少，其多数载流子浓度比集电区中的还要小。

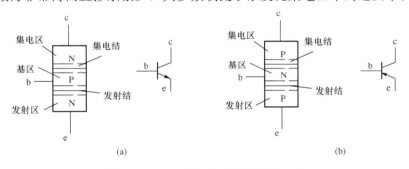

图1-26　三极管的结构示意图和符号

（a）NPN型；（b）PNP型

三极管按制造材料不同，可分为硅管和锗管；按特征频率不同，可分为超高频管（频率≥300MHz）、高频管（频率≥30MHz）、中频管（频率≥3MHz）和低频管（频率＜3MHz）；按功率大小，可分为小功率管（功率＜0.5W）、中功率管（功率为0.5～1W）和大功率管（功率＞1W）；按封装材料不同，可分为塑料封装管、金属封装管、玻璃壳封装管、陶瓷环氧封装管等；按用途不同，可分为低频放大管、高频放大管、开关管、低噪声管、高反压管、复合管等。

一只三极管是锗管还是硅管，是小功率管还是大功率管，是低频管还是高频管等，均可以从三极管壳身上标志的型号识别出来。国产三极管的型号命名方法见附录A。美国产三极管或其他按美国型号生产的产品型号都以2N开头，如2N1050C，2表示2个PN结，N表示美国电子协会注册标志，后面的数字是器件的登记号，没有其他含义。日本生产的三极管型号都是以2S开头的，2表示2个PN结，S表示日本电子协会注册产品；接在后面的一个字母可以判断管子的材料极性和类型，例如 A 为 PNP 高频管，B 为 PNP 低频管，C 为 NPN 高频管，D 为 NPN 低频管等；字母后面的数字表示注册登记的顺序号。例如，2SA562 是 PNP 型高频三极管。顺序号后若跟有 A、B、C 字母，则表示对原型号的改进产品，如 2SC502A，是对 2SC502 的改进产品。9000 系列塑封三极管国内外许多公司都生产，区别在于前冠字母不同，例如 TEC9012 为日本东芝公司生产，SS9012 则是韩国三星公司生产等，国内一些厂家也在生产塑封 9000 系列，其前冠字母五花八门。由于 9000 系列管的各项性能参数都要比国产 3DG6、3DG12、3CG2 等管更优越而大量被采用，表 1 - 2 列出了 9000 系列三极管的特性，仅供参考。

表 1 - 2　　　　　　　　　　　9000 系列三极管的特性

型号	极性	I_{CM}（mA）	P_{CM}（mW）	$U_{(BR)CEO}$（V）	f_T（MHz）	用途	可替换型号
9011	NPN	30	200	30	100	高放	3DG6/8/201
9012	PNP	500	625	30	300	功放	3CG2/23
9013	NPN	500	625	30	300	功放	3DG12/130
9014	NPN	100	310	45	200	低放	3DG8
9015	PNP	100	310	45	200	低放	3CG21
9016	NPN	25	200	30	620	超高频	3DG6/8
9018	NPN	50	200	30	800	超高频	3DG80/304

常见的三极管外形如图 1 - 27 所示，三极管的 b、e 和 c 三个电极可以根据半导体器件手册上的说明来识别。图 1 - 27 （b）所示 3DG6 的引线 d 与管壳相连，使用时将 d 接地可起屏蔽作用，通常高频管才有此引线；图 1 - 27 （c）所示管子的底座是集电极，大功率管常采用此种外形。

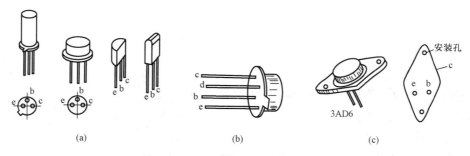

图 1 - 27　常见的三极管外形
(a) 3AX22 9000 系列；(b) 3DG6；(c) 3AD6

晶体三极管最大的特点是具有电流放大及开关控制作用，它是在电子电路中广泛使用的重要电流控制型器件。利用晶体三极管的特性可以组成放大、振荡、开关控制等各种功能的电子电路。

二、三极管的电流分配和放大作用

三极管三个电极接入电路时，信号从一个电极输入，从另一个电极输出，第三个电极作为输入与输出的公共端。三极管有三种连接方式（组态），如图 1-28 所示。

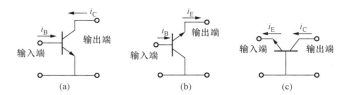

图 1-28　三极管三种连接方式

（a）共射组态；（b）共集组态；（c）共基组态

为了定量地了解三极管的电流分配关系，表 1-3 中给出了某共射组态 NPN 型三极管电流的测试数据，共射电路如图 1-29 所示。从表 1-3 中的数据可知：

表 1-3			某三极管电流的测试数据		mA
I_B	0	0.01	0.02	0.03	0.04	0.05
I_C	0.01	1.09	1.98	3.07	4.06	5.05
I_E	0.01	1.10	2.00	3.10	4.10	5.10

（1）$I_E = I_B + I_C$。

（2）I_B 很小的变化将引起 I_C 很大的变化，如 I_B 从 0.02mA 增大到 0.03mA（$\Delta I_B = 0.01$mA），I_C 从 1.98mA 增大到 3.07mA（$\Delta I_C = 1.09$mA），即有电流放大作用，则

$$\beta = \Delta I_C / \Delta I_B$$

其中，β 为共射极电流放大系数，反映三极管的电流放大作用，即 I_B 对 I_C 的控制作用。

下面以 NPN 型三极管为例来说明电流放大的原理，放大原理如图 1-29 所示。

1. 三极管内部载流子的传输

为了使发射极发射电子，集电极收集电子，必须具备的条件是发射结正向偏置，集电结反向偏置。在外加电压的作用下，管内的载流子做如下运动：

（1）发射区向基区注入电子。由于发射结外加正向电压，因此发射区的多数载流子电子不断通过发射结扩散到基区，形成发射极电流 I_E，其方向和电子流方向相反，如图 1-29 所示。同时，基区的空穴也向发射区扩散，但发射区的杂质浓度远高于基区，与电子流相比，忽略不计。

（2）电子在基区内传送和复合。电子进入基区后，在靠近发射结附近浓度高，离发射结越远浓度越低，进而形成电子浓度差。因此电子要向集电结方向扩散，在扩散过程中又会和基区内的空穴复合，同时接在基区的电源 U_{BB} 的正端从基区拉走电子，好像不断供给基区空穴。电子复合的数目与电源从基区拉走的电子数目相等，从而保证基区空穴的数目不变，这样形成了基极电流 I_B，即 I_B 就是电子在基区和空穴复合的电流。

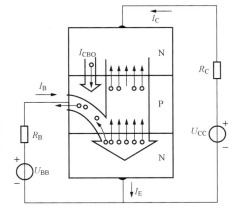

图 1-29　NPN 型三极管的电流放大原理

（3）集电区收集扩散过来的电子。集电结外加反向电压，这个反向电压产生的电场将阻止集电区的电子向基区扩散。但对基区扩散到集电结附近的电子有很强的吸引力，使电子很快地漂移过集电结被集电区收集，形成集电极电流 I_C。同时，基区的少数载流子电子和集电区的少数载流子空穴在电场的作用下形成反向漂移电流（见图 1-29）。此电流称为反向饱和电流 I_{CBO}，其数值很小，但对温度很敏感。

在上述过程中，三极管内的两种极性不同的载流子——电子和空穴都参与了导电，因此这种管子称为双极型晶体管。

PNP 型管的情况与此相似，只是其中多数载流子的类型不同。PNP 型管中由发射区注入基区，再由基区传递到达集电区的载流子是空穴，电子不是从基极流出而是流入基极，所以 PNP 型管子中电流的流向与 NPN 型管的相反，对电源电压的极性要求也不同。三极管图形符号中箭头指向表示发射极电流的实际流向，注意两种管子的箭头方向相反。

2. 电流分配关系

（1）考虑 I_{CBO} 时，有

$$I_E = I_B + I_C$$
$$I_C = \beta I_B + I_{CEO}$$
$$I_{CEO} = (1+\beta)I_{CBO} \tag{1-18}$$

式中：I_{CEO} 为集电极-发射极反向饱和电流或穿透电流。

（2）忽略 I_{CBO} 时，有

$$I_E = I_B + I_C$$
$$I_C = \beta I_B \tag{1-19}$$

3. 放大作用

三极管的放大作用主要是依靠它的发射极电流能够通过基区传送，然后到达集电极。为保证传输过程，一要满足内部条件，即发射区杂质浓度远大于基区，同时基区的厚度要很小；二要满足外部条件，即发射结正偏，集电结反偏。

从输入电流控制输出电流来看，共射极放大电路是以基极电流（输入电流）来控制集电极电流（输出电流）。

三、三极管的共射极特性曲线

综上所述，三极管有放大电流的作用，现在再用三极管的伏安特性来描述三极管的特性。三极管的伏安特性分为输入伏安特性和输出伏安特性两部分。

1. 三极管的输入伏安特性

输入特性是指当集电极和发射极之间的电压 U_{CE} 保持不变，改变基极和发射极之间的电压 U_{BE} 时，基极中的电流 I_B 就会发生变化。这个关系用曲线表示出来，就称为三极管的输入伏安特性（共发射极接法），即

$$I_B = f(U_{BE})\big|_{U_{CE}=常数}$$

如图 1-30 所示 NPN 管的输入特性曲线，分析如下：

（1）当 $U_{CE}=0$ 时，相当于集电极和发射极短路，此时的三极管相当于发射结和集电结两个 PN 结正向并联，I_B 和 U_{BE} 的关系就与二极管的伏安特性类似。

（2）当 U_{CE} 增大时，输入特性曲线向右移动，表现出 U_{CE} 对输入特性有影响，但是当

U_{CE}大于一定值（一般为 1V）后，曲线将趋于重合，因此可以只研究其中的一条曲线即可。可以看到，此时的伏安特性形状和二极管伏安特性是相似的，并且和二极管一样也存在着死区电压。死区电压的值根据三极管的材料不同而不同，硅管 U_{th} 约为 0.5V，锗管 U_{th} 约为 0.1V。硅管导通后管压降约为 0.7V，锗管导通管后压降约为 0.3V。

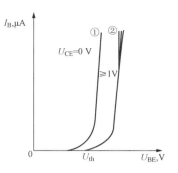

图 1-30　三极管的输入特性曲线

2. 三极管的输出伏安特性

三极管的输出伏安特性是指当基极电流 I_B 保持不变，改变集电极和发射极之间的电压 U_{CE} 时，集电极电流 I_C 将随之变化，两者之间的关系是一条曲线。当基极电流 I_B 取不同的值时，可以得到不同的曲线，因此三极管的输出伏安特性是一族曲线，即

$$I_C = f(U_{CE})\,|_{I_B=常数}$$

如图 1-31 所示 NPN 管的输出特性曲线，分析可知：

在一条曲线上（此时 I_B 保持不变），U_{CE} 较小时，I_C 随着 U_{CE} 的增加而增加，在 U_{CE} 超过一定数值（约 1V）后，U_{CE} 再增加，I_C 也不再有明显的增加，这表示三极管具有恒流的特性。

当 U_{CE} 大于 1V 且保持不变时，随着 I_B 的增大，I_C 的值明显增大，这表示三极管具有电流控制的特性。通常把三极管的输出伏安特性分为三个工作区。

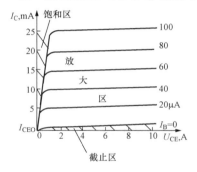

图 1-31　三极管的输出特性曲线

（1）放大区。输出特性曲线近似于水平的部分为放大区。在这个区域里，基极电流不为零，集电极电流不为零，且 I_C 和 I_B 成正比，即 $I_C=\beta I_B$，并与 U_{CE} 的大小无关，表示三极管有电流放大作用和恒流特性。三极管工作于放大区的电压条件是发射结正偏，集电结反偏。

（2）截止区。在基极电流 $I_B=0$ 所对应曲线下方的区域是截止区。在这个区域里，$I_B=0$，$I_C \approx I_{CEO}$（穿透电流），$U_{CE} \approx U_{CC}$ 相当于集电极和发射极断路。三极管工作于截止区的电压条件是发射结反偏，集电结也反偏。由于三极管在输入特性中存在着死区电压，所以对硅管而言，当发射结电压 $U_{BE} \leqslant 0.5V$ 时，三极管已开始截止；对锗管而言，当发射结电压 $U_{BE} \leqslant 0.1V$ 时，三极管也进入截止状态。

（3）饱和区。饱和区是对应于 U_{CE} 较小（此时 $U_{CE} < U_{BE}$）的区域。在这个区域里，I_B 和 I_C 都不为零，但 I_C 与 I_B 已不成比例关系。三极管工作于饱和区的电压条件是发射结正偏，集电结也正偏。集电结之所以变成正向偏置，是由于集电极电流大到一定程度时，集电极电阻两端的电压降太大，致使集电极电位小于基极的电位。三极管完全饱和时，虽然有集电极电流，但集电极和发射极两端的电压很小，$U_{CE}=U_{CES}$（硅管 $U_{CES}=0.3V$，锗管 $U_{CES}=0.1V$），称为集电极饱和管压降。

三极管饱和时 $U_{CE}=U_{CES} \approx 0$，相当于集电极和发射极之间短路；截止时，几乎没有集电极电流，相当于集电极和发射极之间断路。三极管的这种特性称为开关特性，相当于电路开关的通和断，因此三极管在电路中也常常被用作电子开关，三极管的这种开关特性在数字电路里有着广泛的应用。

每种三极管都有自己的伏安特性曲线，使用时可查找半导体手册，而且即使是同种型号的三极管，其伏安特性曲线往往不同，需要用专门的仪器（晶体管特性测量仪）进行测量才能得到正确的结果。因此，人们还常常用一组数据来描述三极管的特性，这些数据就是三极管的参数，也可以通过查半导体手册来得到。

四、三极管的主要参数及选择

三极管的参数是正确选用三极管的主要根据，其参数可分为两类：一类是运用参数，表明管子的各种性能；另一类是极限参数，表明管子的安全适用范围。三极管的主要参数有电流放大系数、三极管反向电流、三极管极限参数等。

1. 电流放大系数 $\bar{\beta}$ 和 β

（1）共发射极直流电流放大系数 $\bar{\beta}$。当三极管接成共发射极电路时，在没有信号输入的情况下，集电极电流 I_C 和基极电流 I_B 的比值称为共射极直流电流放大系数，即

$$\bar{\beta} = \frac{I_C}{I_B} \tag{1-20}$$

（2）共发射极交流电流放大系数 β。当三极管接成共发射极电路时，在有信号输入的情况下，集电极电流的变化量 ΔI_C 和基极电流的变化量 ΔI_B 的比值称为共射极交流电流放大系数，即

$$\beta = \frac{\Delta I_C}{\Delta I_B} \tag{1-21}$$

这两个参数从定义上是不同的，但这两个参数的值在放大区时是非常接近的，所以今后在进行计算时，可以用 $\bar{\beta}$ 值来代替 β 值。电流放大系数的大小，表明了三极管电流放大能力的强弱，常用小功率三极管的 β 值为 20～200。在实践中可用数字万用表测量三极管的 $\bar{\beta}$ 值（即测 h_{FE}），而测量 β 值则需要使用专门的仪器。

在国产晶体三极管的管壳上，除了型号外，有时还可看到印有带颜色的漆点（常称为色点），这是厂家用色点表示管子 $\bar{\beta}$ 值的档次标志，各颜色具体含义见表 1-4。有些包括 9000 系列三极管在内的国外晶体三极管，在管子型号的后边用一个字母来表示 $\bar{\beta}$ 值的分档，其含义见表 1-5。例如型号为 S9013H331 的三极管，其中，字母 H 表示 $\bar{\beta}$ 为 144～202。

表 1-4　　　　　　国产小功率三极管色标颜色与 $\bar{\beta}$ 值的对应关系

色标	棕	红	橙	黄	绿	蓝	紫	灰	白	黑	黑橙
$\bar{\beta}$	5～15	15～25	25～40	40～55	55～80	80～120	120～180	180～270	270～400	400～600	600～1000

表 1-5　　　　　常用国外三极管型号后缀字母与 $\bar{\beta}$（h_{FE}）值的对应关系

型号 ＼ 字母标志	A	B	C	D	E	F	G	H	I
9011、9018				29～44	39～60	54～80	72～108	97～146	132～198
9012、9013				64～91	78～112	96～135	118～161	144～202	180～350

续表

$\bar\beta$ 字母标志 型号	A	B	C	D	E	F	G	H	I
9014、9015	60～150	100～300	200～600	400～1000					
8050、8550		85～160	120～200	160～300					
2SC2500	140～240	200～330	300～450	420～600					

2. 三极管极间反向电流

(1) 反向饱和电流 I_{CBO}。当发射极开路时，集电极和基极之间的反向电流称为反向饱和电流，它是由少数载流子形成的，这个参数受温度的影响较大。硅三极管的反向饱和电流要远远小于锗三极管的反向饱和电流，其数量级在微安和毫安之间。I_{CBO} 越小越好。

(2) 穿透电流 I_{CEO}。当基极开路时，由集电区穿过基区流入发射区的电流称为穿透电流，它也是少数载流子形成的。在数量上，穿透电流和反向饱和电流有下列关系：

$$I_{CEO} = (1+\beta)I_{CBO} \tag{1-22}$$

尽管反向饱和电流 I_{CBO} 的值很小，但穿透电流 I_{CEO} 的值却不容忽视。在考虑到这个因素时，三极管工作在放大区时集电极电流的表达式就变为

$$I_C = \beta I_B + I_{CEO} \tag{1-23}$$

因为硅管的 I_{CEO} 比锗管的 I_{CEO} 小得多，在选用三极管时要优先选用硅管。

3. 三极管的极限参数

(1) 集电极最大允许电流 I_{Cmax}。三极管工作在放大区时，若集电极电流超过一定值时，其电流放大系数就会下降。三极管的 β 值下降到正常值 2/3 时的集电极电流称为三极管的集电极最大允许电流，用 I_{Cmax} 来表示。集电极电流超过 I_{Cmax} 时，不一定会引起三极管的损坏，但放大倍数的差别过大，这是工作在放大区的三极管所不允许的。

(2) 集电极和发射极反向击穿电压 $U_{(BR)CEO}$。当基极开路时，加于集电极和发射极之间的能使三极管击穿的电压值，一般为几十伏到几百伏，视三极管的型号而定。选择三极管时，要保证 $U_{(BR)CEO}$ 大于集电极工作电压 U_{CE} 两倍以上，这样才有一定的安全系数。

(3) 发射极和基极反向击穿电压 $U_{(BR)EBO}$。当集电极开路时，在发射极和基极之间所允许施加的最高反向电压，一般为几伏到几十伏，视三极管的型号而定。选择三极管时，要保证 $U_{(BR)EBO}$ 大于工作电压 U_{BE} 的两倍以上。

(4) 集电极最大允许功耗 P_{Cmax}。三极管工作于放大区时，其集电结上的电压是比较大的。当集电极有电流流过时，半导体管芯就会产生热量，致使集电结的温度上升。三极管工作时，其温度有一定的限制（硅管的允许温度大约为 150℃）。由此可以在三极管的输出伏安特性上画出一个允许管耗线，如图 1-32 所示。三极管在使用时，应保证 $U_{CE}I_C < P_{Cmax}$，这样才能保证安全。

4. 温度对三极管参数的影响

半导体材料具有热敏特性，用半导体材料做成的三极管也同样对温度敏感。温度会使三

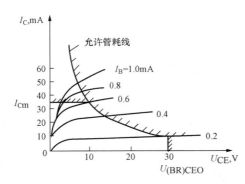

图 1-32　三极管的安全工作区域

极管的参数发生变化，从而会改变三极管的工作状态。主要的影响如下：

（1）温度对发射结电压 U_{BE} 的影响。实验表明，温度每升高 1℃，U_{BE} 会下降 2mV；温度下降，则 U_{BE} 会上升。这将会影响三极管工作的稳定性，需要在电路中加以解决。但也可以利用这一特点，制造出半导体温度传感器件，实现对温度的自动控制。

（2）温度对反向饱和电流 I_{CBO} 的影响。温度升高时，三极管的反向饱和电流将会增加。实验表明，温度每升高 10℃，反向饱和电流 I_{CBO} 将会增加一倍，而这又将导致穿透电流发生更大变化，严重影响三极管的工作状态，需要引起特别注意。

（3）温度对电流放大系数 β 的影响。实验表明：三极管的电流放大系数 β 随温度升高而增大，温度每升高 1℃，β 值增大 0.5%～1%。

综上所述，温度的变化最终都会导致三极管的集电极电流 I_C 发生变化。

5. 选择三极管的注意事项

（1）为保证三极管工作的稳定性，应使集电极最大允许电流 I_{Cm} 大于集电极工作电流 I_C。为保证三极管工作的安全性，要保证集电极最大允许功耗 P_{Cm} 大于三极管的消耗功率 P_C。同时集电极和发射极之间的反向击穿电压 $U_{(BR)CEO}$ 大于 U_{CE}。在发射结上加有信号时，要保证发射极和基极之间的反向击穿电压 $U_{(BR)EBO}$ 大于发射极和基极之间的反向电压 U_{EB}。

（2）在温度变化大的环境中使用三极管时，要优先选择硅材料三极管。当信号很小或电源电压只有 1.5V 时，要优先选择锗材料三极管。

（3）三极管用于放大电路时，应选用反向电流小而且 β 值不太高的三极管，以利于工作的稳定。一般选 $\beta=50\sim100$。

（4）三极管有低频管和高频管之分，要根据信号的频率选择合适的三极管，以保证三极管在高频段的 $\beta=50\sim100$。

（5）三极管有大功率管和小功率管之分，要根据电路中负载的大小选择合适的功率。使用大功率三极管时，要注意满足其散热条件，要安装大小合适的散热片。

半导体三极管的型号命名方法见附录 A。

第四节　场　效　应　管

单极型半导体三极管又称场效应管（简称 FET），是一种利用电场效应控制其电流的半导体三极管，它工作时只有一种载流子（多数载流子）参与导电，故称为单极型晶体管。其主要优点是输入电阻阻值高（可达 $10^8\sim10^{15}\,\Omega$）、噪声低、热稳定性好、抗辐射能力强等，制造工艺简单，便于大规模集成，广泛应用于集成电路中。

场效应管根据结构的不同，分为结型场效应管（简称 JFET）和绝缘栅场效应管（简称 IGFET 或 MOS 管）两大类。结型场效应管可分为 N 沟道和 P 沟道两种类型；绝缘栅场效应管也有 N 沟道和 P 沟道两种类型，而每种类型又可分为增强型和耗尽型。

一、结型场效应管

1. 基本结构和符号

图 1-33 所示为结型场效应管的结构示意图和图形符号。图 1-33（a）所示为 N 沟道结型场效应管，在一片 N 型半导体的两侧制作出两个高浓度的 P^+ 型区，形成两个 PN 结，从这两个 PN 结上各引出一根引线并连接在一起，称为栅极 G，在其两端引出的两个电极分别称为源极 S 和漏极 D。工作时应使 PN 结反偏，工作电流从两个 PN 结之间的导电沟道流过。根据导电沟道类型不同，有 N 沟道和 P 沟道两种结型场效应管。图 1-33（b）所示为 P 沟道结型场效应管。图形符号中的箭头方向表示管内 PN 结的导通方向。

2. 工作原理

上述的晶体三极管（双极晶体管）是利用基极电流控制集电极电流而实现放大的，场效应管则是利用栅源电压去控制电流来实现放大。

结型场效应管工作原理见图 1-34。图中栅极回路的电源 U_{GG} 使两个 PN 结反偏，由于这是两个不对称的 PN 结，P^+ 是高掺杂区（杂质浓度很高），所以阻挡层主要集中在低掺杂的 N 区内。U_{GG} 增大，则 PN 结受到的反向电压也增大，阻挡层就增厚，从而使处于两个 PN 结之间的导电沟道变窄（截面变小），沟道电阻增大，漏极电流 i_D 随之减小。反之，U_{GG} 减小则有 i_D 增大。若 U_{GG} 足够大，使两边的阻挡层变厚到互相连接在一起，此时因沟道被夹断而使 $i_D = 0$，场效应管处于截止。显然，在场效应管中，漏极电流 i_D 在一定范围内受栅源电压 u_{GS} 的控制。

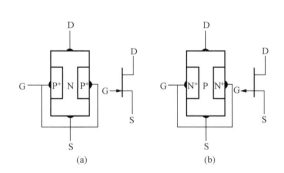

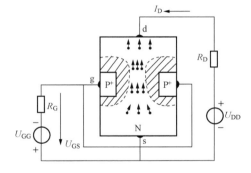

图 1-33 结型场效应管的结构示意和符号
(a) N 沟道；(b) P 沟道

图 1-34 结型场效应管工作原理

3. 特性曲线

场效应管的基本特性是转移特性和输出特性，与三极管一样，其转移和输出特性与场效应管的连接方式有关。图 1-35（a）所示为共源极接法的场效应管。

（1）输出特性。场效应管的输出特性是指在栅源电压 u_{GS} 保持不变时，漏极电流 i_D 与漏源电压 u_{DS} 之间的关系，即

$$i_D = f(u_{DS})\big|_{u_{GS}=常数}$$

图 1-35（c）所示为 N 沟道场效应管的输出特性。图 1-35（c）中，场效应管的输出特性曲线可以分为三个区，分别称为放大区（饱和区、恒流区）、截止区和可变电阻区。在放大区中，i_D 基本上只受 u_{GS} 控制，这与三极管工作于放大区时 i_C 受 i_B 控制相似。在截止区中，$i_D = 0$。在可变电阻区中，若保持 u_{GS} 不变，则 i_D 近似地随 u_{DS} 增加而线性上升，d、s 极

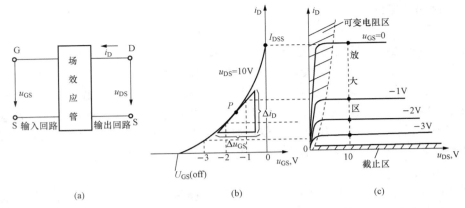

图 1-35　N 沟道场效应管的共源极特性曲线

(a) 共源极电路；(b) 转移特性；(c) 输出特性

之间相当于一只线性电阻 R_{DS}。u_{GS} 值不同，对应的 R_{DS} 值也不同，因此工作于此区域的场效应管可当作一只阻值 R_{DS} 受 u_{GS} 控制的可变电阻。

（2）转移特性。由于结型场效应管工作时 PN 结反偏，所以栅极电流很小，难以测量，它的输入特性（i_G-u_{GS} 曲线）无意义，因此用转移特性（u_{GS}-i_D）来描述输入对输出的控制作用，即

$$i_D = f(u_{GS})\big|_{u_{DS}=常数}$$

图 1-35（b）所示为 N 沟道结型场效应管的转移特性。图 1-35（b）中画出一条 $u_{DS}=$ 10V 时的转移特性曲线，其中 $U_{GS(off)}$ 称为夹断电压，当 $u_{GS}=U_{GS(off)}$ 时，阻挡层将沟道夹断而使管子截止。I_{DSS} 称为漏极饱和电流，当 $u_{GS}=0$ 时，$i_D=I_{DSS}$。实验表明，在 $U_{GS(off)}\leqslant u_{GS}$ $\leqslant 0$ 范围内，即饱和区内，i_D 随 u_{GS} 的增加（负数减少）近似按平方律上升，因而有

$$i_D = I_{DSS}\left(1-\frac{u_{GS}}{U_{GS(off)}}\right)^2 \quad (U_{GS(off)}\leqslant u_{GS}\leqslant 0) \tag{1-24}$$

4. 主要参数

（1）夹断电压 $U_{GS(off)}$。夹断电压是指 u_{DS} 为某一固定值，使漏极电流 i_D 等于一微小电流（如 $1\mu A$、$10\mu A$）所需要的 u_{GS} 的值。

（2）饱和漏电流 I_{DSS}。即当 $u_{GS}=0$ 时，$u_{DS}>|U_{GS(off)}|$ 时的漏极电流称为饱和漏电流。对于 JFET 来说，I_{DSS} 也是管子所能输出的最大电流。

（3）低频跨导（互导）g_m。在 u_{DS} 等于常数时，漏极电流的微变量和引起这个变化的栅源电压的微变量的比值，称为低频跨导，即

$$g_m = \frac{\Delta i_D}{\Delta u_{GS}}\bigg|_{u_{DS}=常数} \tag{1-25}$$

跨导的单位常用 μS（微西门子）或 $\mu A/V$，它反映了栅源电压 u_{GS} 对漏极电流 i_D 的控制能力。与三极管的参数 β 相似，g_m 也与静态工作点有关。g_m 值可利用转移特性曲线求出，如图 1-35（b）所示，过静态工作点 P 作一切线，以此切线为斜边作一直角三角形，其直角三角形的高 Δi_D 与底 Δu_{GS} 之比即为 g_m。

（4）最大漏源电压 $U_{(BR)DS}$。最大漏源电压是指管子击穿时，i_D 开始急剧上升时的 u_{DS} 的值。

（5）最大栅源电压 $U_{(BR)GS}$。最大栅源电压是指在输入 PN 结反向电流开始急剧增加时 u_{GS} 的值。

（6）最大耗散功率 P_{DM}。最大耗散功率是指允许消耗在场效应管上的最大功率，应使 $P_D = i_D u_{DS} < P_{DM}$，否则会烧坏管子。

（7）直流输入电阻 R_{GS}。在漏源之间短路时，栅源之间加一定电压时的直流电阻就是直流输入电阻 R_{GS}。

（8）输出电阻 r_{ds}。输出电阻的定义式为

$$r_{ds} = \frac{\Delta u_{DS}}{\Delta i_D}\bigg|_{u_{GS}=常数}$$

输出电阻 r_{ds} 说明了 u_{DS} 对 i_D 的控制作用，是在输出特性某一点切线的斜率的倒数。在饱和区内，i_D 随 u_{DS} 改变很小，因此 r_{ds} 的数值很大，一般在几十千欧到几百千欧之间。

P 沟道管的工作原理与上述 N 沟道管基本相同，不同之处是 N 沟道中的电流是电子电流，而 P 沟道中的电流是空穴电流。此外，P 沟道管外接电源的电压极性要求与 N 沟道管的相反，P 沟道管的漏极电流 i_D 是从漏极流出的。

二、绝缘栅型场效应管

这类场效应管是利用半导体的表面电场效应工作的，它的栅极与半导体衬底之间完全绝缘，所以称为绝缘栅。目前应用最广泛的绝缘栅型场效应管是以 SiO_2 作为栅极绝缘层的，称为金属 - 氧化物 - 半导体场效应管，简称 MOS 管。

MOS 管也有 N 沟道和 P 沟道两种，根据工作方式的不同又可分为增强型和耗尽型两种。图 1 - 36 所示为增强型 N 道沟 MOS 管（简称增强型 NMOS 管）的结构和工作原理示意。它以 P 型硅片作衬底，在其上扩散形成两个高掺杂 N^+ 区。从上面各引出一根引线就是源极和漏极，在两个 N^+ 区之间的绝缘层上覆盖一薄层金属膜，作为栅极。

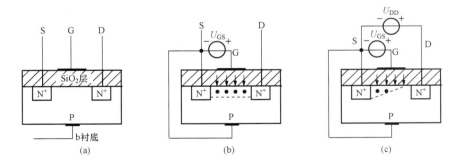

图 1 - 36　增强型 NMOS 管的结构和工作原理示意

增强型 NMOS 管未加栅源电压（$u_{GS}=0$）时，没有导电沟道，只有在 G、S 极间加上足够大的正向栅源电压 u_{GS} 时，才能在两个 N^+ 区之间出现 N 沟道，如图 1 - 36（b）所示。这是因为栅极和 P 型衬底相当于一只以 SiO_2 为介质的平板电容器，在介质中会产生一个垂直指向 P 型衬底的电场。因而在 P 型衬底表层中的空穴排斥到底部，而把衬底中的少数载流子电子吸引到表层中来，这样在 P 型的表层感生出一个 N 型区，从而沟通了两个 N^+ 区成为 N 型导电沟道。如果在漏极回路中接有电源 U_{DD}，如图 1 - 36（c）所示，就会有电子从源极

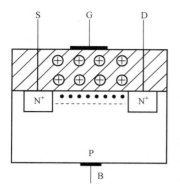

图1-37　耗尽型NMOS管的
结构示意图

经N沟道漂移到漏极而形成漏极电流i_D，u_{GS}增大则N沟道的厚度及其中的电子载流子浓度也增大，因而沟道电阻减小使i_D增大。可见在MOS管中，i_D也是受u_{GS}控制的。

与增强型MOS管不同，耗尽型NMOS管在栅源电压为零时（$U_{GS}=0$）就有导电沟道。图1-37所示为耗尽型NMOS管的结构示意。其特点是在制造过程中，预先就在绝缘层中加有大量的正离子，在这些正离子产生的电场作用下，把P型衬底的表层转变成为原始导电N沟道。外加栅源电压u_{GS}可以改变此沟道，加正的栅源电压可使沟道电阻变小，加负的栅源电压$u_{GS}<0$则使沟道电阻变大，如果负的栅源电压足够大，则可使导电沟道消失。

图1-38所示为MOS管的图形符号，增强型MOS管符号中S、D极之间是断开的，如图1-38（a）、（b）所示，表示栅源电压为零时没有导电沟道。符号中箭头方向表示由P指向N，根据箭头指向可以识别图1-38（a）、（c）所示为N沟道，图1-38（b）、（d）所示为P沟道。

图1-39（a）所示为增强型NMOS管的转移特性。从图中可知，它在正的栅源电压下才能工作，且只有当$u_{GS}>U_{GS(th)}$时才有漏极电流i_D，$u_{GS(th)}$称为开启电压。图1-40（a）所示为耗尽型NMOS管的转移特性。从图中可知，这种管子在正、负栅源电压下都能工作，但

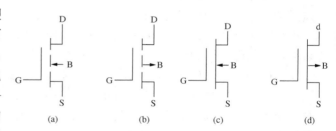

图1-38　MOS管的图形符号

$u_{GS}<U_{GS(off)}$时管子截止。图1-39和图1-40中的输出特性曲线与结型场效应管相似（两图中标出的u_{GS}值不同，读者可自行比较），也有放大区（饱和区）、截止区和可变电阻区三个工作区。从转移特性曲线求跨导的方法也相同。

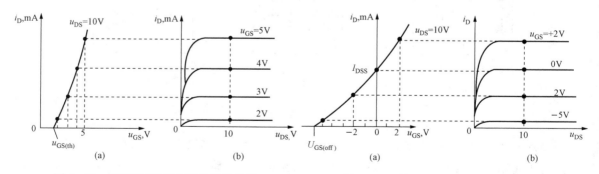

图1-39　增强型NMOS管的特性曲线　　　　图1-40　耗尽型NMOS管的特性曲线
　　　（a）转移特性；（b）输出特性　　　　　　　　（a）转移特性；（b）输出特性

绝缘栅型场效应管的参数和结型场效应管基本相同。需要注意的是，在增强型管子中不是用夹断电压$U_{GS(off)}$，而是用开启电压$U_{GS(th)}$表征管子的特性。开启电压$U_{GS(th)}$指当u_{DS}为常

数时，形成 i_D 所需要的最小 $|u_{GS}|$ 的值。

应该注意，因 MOS 管栅极与衬底间绝缘，且绝缘层（SiO₂）很薄，所以栅极只要带上少量的电荷就会在绝缘层内产生强电场把绝缘层击穿而毁坏管子。为避免栅极带上电荷，应注意以下事项：

（1）不要用手直接拿 MOS 管的管脚。

（2）从电路板上卸下或焊上 MOS 管时，使用的电烙铁外壳必须接地。

（3）测量和使用 MOS 管时，G、S 极之间必须保证有直流通路。

（4）存放 MOS 管时，应将 G、S 极短接，不允许栅极悬空。

为了便于比较，将各种场效应管的符号、工作电压极性和特性曲线列于表 1-6 中。

表 1-6   **各种场效应管的符号、工作电压极性和特性曲线**

类 型	符 号	工作电压极性要求	转 移 特 性	输 出 特 性
NMOS管 增强型		$u_{GS} > 0$ $u_{DS} > 0$		
NMOS管 耗尽型		$u_{DS} > 0$		
PMOS管 增强型		$u_{GS} < 0$ $u_{DS} < 0$		
PMOS管 耗尽型		$u_{DS} < 0$		

续表

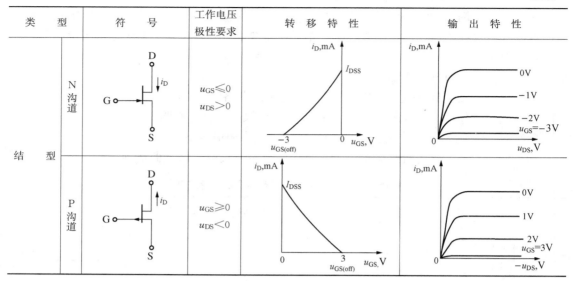

类 型		符 号	工作电压极性要求	转 移 特 性	输 出 特 性
结 型	N沟道		$u_{GS}\leqslant0$ $u_{DS}>0$		
	P沟道		$u_{GS}\geqslant0$ $u_{DS}<0$		

第五节 晶 闸 管

晶闸管（又称可控硅，简称为 SCR），是一种大功率半导体器件，具有耐压高、容量大、效率高、控制灵敏等优点。晶闸管既有单向导电的整流作用，又有可以控制的开关作用，具有弱电控制强电的特点，在可控整流、可控开关，交、直流电动机调速系统，制动系统、变频电源等方面获得广泛的应用。

晶闸管的种类很多，有普通型、双向型、可关断型、快速型、逆导型等。本节介绍普通型晶闸管的性能及其基本应用。

一、晶闸管的结构和工作原理

1. 晶闸管的结构

晶闸管的结构如图 1-41（a）所示，它由 PNPN 四层半导体构成，中间形成 J1、J2 和 J3 三个 PN 结，由最外层的 P1、N2 分别引出两个电极称为阳极 A 和阴极 K，由中间的 P2 引出控制极 G，也称为门极。晶闸管的电路符号如图 1-41（b）所示。常见普通晶闸管外形如图 1-41（c）所示。

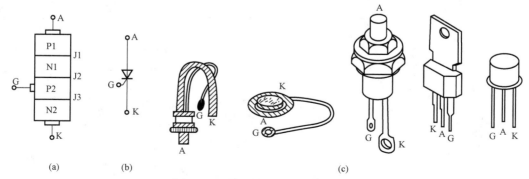

图 1-41　晶闸管的结构及电路符号
(a) 结构；(b) 电路符号；(c) 外形图

2. 晶闸管的工作原理

为了说明晶闸管的工作原理，可把晶闸管四层 PNPN 半导体分解成由一个 NPN 型的晶体管 VT1 和一个 PNP 的晶体管 VT2 连接而成。如图 1-42（a）所示，P1、N1、P2 组成 PNP 型，N2、P2、N1 组成 NPN 型管，其等效电路见图 1-42（b）。

控制极 G 不加电压，晶闸管 AK 之间接入正向阳极电压 U_{AA} 时，PN 结 J1 和 J3 处于正向偏置，J2 处于反向偏置，$I_G = 0$，则 VT1 不能导通，晶闸管处于截止状态；当加入反向阳极电压 U_{AA} 时，则 J2 处于正向偏置，而 J1、J3 处于反向偏置，VT1 仍然不能导通，晶闸管依然处于阻断状态。

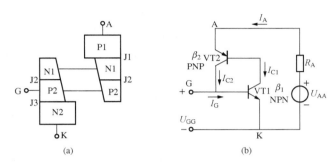

图 1-42 晶闸管等效为晶体管示意
（a）等效成两个晶体管；（b）晶闸管等效电路

在控制极 G 加入正向控制电压 U_{GG}，晶闸管 AK 之间接入正向阳极电压 U_{AA} 后，VT1 管基极便产生输入电流 I_G，经 VT1 管的放大，形成集电极电流 $I_{C1} = \beta_1 I_G$，I_{C1} 又是 VT2 管的基极电流，同样经过 VT2 的放大，产生集电极电流 $I_{C2} = \beta_1 \beta_2 I_G$。$I_{C2}$ 又作为 VT1 的基极电流再行放大。如此循环往复，形成正反馈过程，晶闸管的电流越来越大，内阻急剧下降，管压降减小，直至晶闸管完全导通，这时晶闸管 AK 之间的正向压降为 0.6～1.2V，所以流过晶闸管的电流 I_A 由外加电源电压 U_{AA} 和负载电阻 R_A 所决定，即 $I_A \approx U_{AA}/R_A$。

晶闸管的导通过程是在极短的时间内完成的，一般不超过几微秒，称为触发导通过程。导通后，即使去掉 U_{GG}，晶闸管依靠自身的反馈作用仍然可以维持导通。因此，控制极的作用仅仅是触发晶闸管使其导通，导通之后，控制极就失去作用，不论 U_{GG} 存在与否，晶闸管仍将维持导通。

当加入反向阳极电压时，两只三极管均处于反向偏置状态，不能放大输入信号，因此晶闸管不导通。

要关断晶闸管，必须将阳极电流减小到使之不能维持正反馈过程，也可以将正向电压 U_{AA} 断开或减小到一定值。把维持晶闸管继续导通的最小电流称为擎住电流。

综上所述，晶闸管的工作特点如下：

（1）晶闸管与二极管一样具有单向导电特性，但是晶闸管的导通是由控制极的控制电压控制的。

（2）只有同时具备正向阳极电压和正向控制电压这两个条件时，晶闸管方能导通。

（3）晶闸管导通后，控制电压 U_{GG} 就失去作用。要使其关断，必须将阳极电流减小到使之不能维持正反馈过程，或将正向电压 U_{AA} 断开或减小到一定值。

3. 晶闸管的伏安特性

晶闸管的伏安特性如图 1-43 所示。

（1）正向特性。晶闸管加正向阳极电压，控制极不加电压，即 $I_G=0$，PN 结 J1、J3 处于正向偏置，J2 处于反向偏置，所以晶闸管只流过很小的正向漏电流。正向阳极电压增加时，正向漏电流略有增加，此时晶闸管 AK 之间呈现很大的电阻，故称为正向阻断状态。当正向阳极电压增加到某一值后，J2 结被击穿，正向电流突然增大，管压降迅速下降，晶闸管由阻断状态突然转变为导通状态。此时的正向阳极电压称为正向转折电压，用 U_{BO} 表示。这种不是由控制极控制的导通称为误导通，晶闸管使用中应避免误导通产生。晶闸管阳极接正向电压，控制极加入正向控制电压后，破坏了 J2 结的阻断性能，使晶闸管立即导通。控制电流 I_G 越大，晶闸管越容易导通，所以特性曲线就越往左移，如图 1-43 所

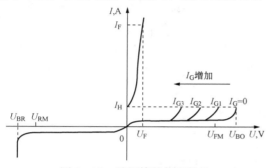

图 1-43　晶闸管的伏安特性

示。晶闸管导通后的正向特性与二极管的正向特性相似，即通过晶闸管的电流较大，而其本身的管压降很小，如图 1-43 所示。图中，I_H 为维持电流，表示维持晶闸管导通的最小阳极电流。如果阳极电流小于 I_H，则晶闸管呈正向阻断状态，如果已导通的晶闸管，使它的阳极电流减小（增大负载电阻 R_A 或降低阳极电压 U_{AA}）到小于 I_H 时，晶闸管即自行阻断。

（2）反向特性。晶闸管加反向阳极电压时，J1、J3 结处于反向偏置，晶闸管只流过很小的反向漏电流，处于反向阻断状态。当反向电压增加到 U_{BR} 时，反向电流急剧增加，使晶闸管反向击穿，并造成永久性损坏。U_{BR} 称反向转折电压。晶闸管的反向特性也示于图 1-43 中。

二、晶闸管的主要参数

1. 电压定额

（1）正向转折电压 U_{BO} 及正向断态重复峰值电压 U_{FM}。在额定结温（100A 以上为 115℃，50A 以下为 100℃）和控制极断开的条件下，阳极—阴极间加正弦半波正向电压，使器件由阻断状态发生正向转折，变成导通状态所对应的电压峰值，称为正向转折电压，用 U_{BO} 表示。

在额定结温及控制极开路的条件下，允许每秒 50 次，每次持续时间不大于 10ms，重复施加于晶闸管 AK 上的最大正向峰值电压，称为正向断态重复峰值电压 U_{FM}，其值为

$$U_{FM} = 0.8U_{BO}$$

（2）反向重复峰值电压 U_{RM}。在额定结温及控制极开路条件下，允许每秒 50 次，每次持续时间不大于 10ms，重复施加于晶闸管 AK 上的最大的反向峰值电压，其值为

$$U_{RM} = 0.8U_{BR}$$

（3）额定电压 U_D。取 U_{FM} 和 U_{RM} 中数值最小者作为标注在晶闸管上的额定电压值。为了安全，使用中一般取额定电压为正常工作时峰值电压的 2～3 倍。

2. 电流定额

（1）额定通态平均电流 I_F。在规定的环境温度（+40℃）和标准散热条件下，允许通

过电阻性负载单相工频正弦半波电流的平均值。为了在使用中不使管子过热，一般取 I_F 是正常工作平均电流的 1.5～2 倍。

（2）维持电流 I_H。在室温和控制极开路的条件下，晶闸管被触发导通后维持导通状态所必需的最小电流。

（3）擎住电流 I_L。晶闸管刚从断态转入通态并去掉触发信号后，能维持导通所需的最小电流称为擎住电流。一般 $I_L=(2\sim4)I_H$。

3. 控制极定额

（1）控制极触发电压 U_G 和触发电流 I_G。控制极触发电压和触发电流是指在规定的环境温度和阳极与阴极间加一定的正向电压的条件下，使晶闸管从阻断状态转变为导通状态所需的最小控制极直流电压、最小控制直流电流。一般 U_G 为 1～5V，I_G 为几毫安到几百毫安，为保证可靠触发，实际值应大于额定值。

（2）控制极反电压 U_{GR}。在规定结温条件下，控制极与阴极之间所能加的最大反向电压峰值。U_{GR} 一般不超过 10V。

除此以外，还有反映晶闸管动态特性的参数，如开通时间 t_{on}、关断时间 t_{off}、通态电流上升率公式 $\frac{di}{dt}$、断态电压上升率公式 $\frac{du}{dt}$ 等。

4. 晶闸管的型号

KP 型普通晶闸管的型号格式为

额定通态平均电流的系列有 1、5、10、20、30、50、100、200、300、400、500、600、900、1000A 十四种规格。额定电压在 1000V 以下的，每 100V 为一级；1000～30 000V，每 200V 为一级。用百位数或千位及百位数组合表示级数。通态平均电压分为 9 级，用 A～I 各字母表示，由 0.4～1.2V，每隔 0.1V 为一级。例如型号 KP200-10D，表示 $I_F=200A$，$U_D=1000V$，$U_F=0.7V$ 的普通型晶闸管。

三、晶闸管的应用电路

晶闸管的应用范围非常广泛，如作可控整流电路、作开关应用电路，并大功率的高压直流输电系统、电动机的调速系统、弧焊电源、家用电器等设备中都有晶闸管的应用。

1. 单相可控整流电路

单相可控整流电路主要分为单相半波可控整流电路、单相全波可控整流电路和单相全控桥式整流电路。由于单相半波可控整流电路的性能较差，单相全波可控整流电路中晶闸管承受的反向电压较高，因此，这两种电路在实际中很少采用，在中小功率场合更多地采用单相全控桥式整流电路。

单相全控桥式整流带电阻性负载的电路如图 1-44（a）所示。四只晶闸管 VT1、VT2、

VT3、VT4 组成整流桥的四个桥臂，变压器二次电压 u_2 接在 a、b 两点，$u_2 = \sqrt{2}U_2\sin\omega t\ \mathrm{V}$，负载是纯电阻 R_d。

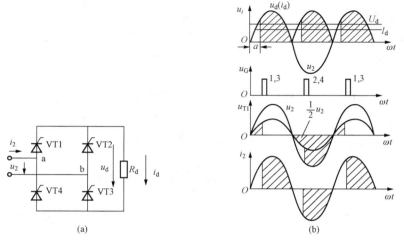

图 1-44　单相全控桥式整流电路

(a) 电路；(b) 波形

其工作原理简述如下：在交流电源电压 u_2 进入正半周时，a 端电位高于 b 端电位，VT1、VT3 两管同时承受正向电压，如果此时门极无触发信号 u_G，则 VT1、VT3 仍然处于正向截止状态，电源电压 u_2 将全部加在 VT1 和 VT3 上，$u_{T1} = u_{T3} \approx \dfrac{1}{2}u_2$，负载上电压 $u_d = 0$。VT2 和 VT4 在正半周期间均承受反向电压而处于截止状态。

在 $\omega t = \alpha$ 时，给 VT1、VT3 两管同时加上触发脉冲，则两管立即被触发导通，电源电压 u_2 将通过 VT1 和 VT3 加在负载电阻 R_d 上，电流从 a 经 VT1、R_d、VT3 回到电源 b 端。由于晶闸管导通时管压降可视为零，则负载 R_d 两端的整流电压 $u_d = u_2$。当电源电压 u_2 降到零时，电流 i_d 也降为零，VT1 和 VT3 截止。

在交流电源电压 u_2 进入负半周时，b 端电位高于 a 端电位，VT2 和 VT4 两管同时承受正向电压，在 $\omega t = \pi + \alpha$ 时，同时给 VT2 和 VT4 加触发脉冲使其导通，电流从 b 经 VT2、R_d、VT4 回到电源 a 端。在负载 R_d 两端获得与 u_2 正半周相同波形的整流电压和电流，这期间 VT1 和 VT3 均承受反向电压而处于截止状态。单相全控桥式整流带电阻性负载电路工作波形如图 1-44（b）所示。

当 u_2 由负半周过零进入下一个周期的正半周时，VT2、VT4 关断，u_d、i_d 又降为零。此后 VT1、VT3 两管又同时承受正向电压，并在相应时刻 $\omega t = 2\pi + \alpha$ 被触发导通，往后依次循环工作。由此可知，经过电路中 VT1、VT3 和 VT2、VT4 在正、负半周轮流触发导通工作，将交流电变换成为脉动的直流电。通过改变触发脉冲出现的时刻，即改变 α 的大小，u_d、i_d 的波形和输出平均值的大小就可随之改变。

整流输出电压的平均值为

$$U_d = \frac{1}{\pi}\int_{\alpha}^{\pi}\sqrt{2}U_2\sin\omega t\,\mathrm{d}\omega t = 0.9U_2\frac{1+\cos\alpha}{2} \tag{1-26}$$

整流输出电流的平均值为

$$I_{\mathrm{d}} = \frac{U_{\mathrm{d}}}{R_{\mathrm{d}}} = 0.9 \frac{U_2}{R_{\mathrm{d}}} \frac{1+\cos\alpha}{2} \qquad (1-27)$$

2. 晶闸管直流开关电路

晶闸管在用作无触点开关来接通或断开大功率电路时，具有动作迅速、寿命长、无噪声等优点，可以克服如闸刀、接触器等开关工作效率低、触头易磨损、烧坏等缺点。晶闸管开关电路有直流和交流两种。图 1-45 所示为晶闸管直流开关电路，VD1 管作为供电开关，VD2 管是用来关断 VD1 的，R_{L} 为负载电阻。下面分析其工作过程。

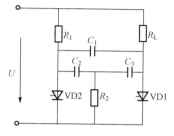

需要供电时，给晶闸管 VD1 控制极加触发电压，VD1 管导通，相当于开关闭合，直流电源给输出负载 R_{L} 供电。同时又通过 R_1、C_1、VD1 支路，使 C_1 充电至电源电压 U，极性为左正右负，为关断 VD1 做好准备。若需停止对 R_{L} 供电，可给晶闸管 VD2 控制极加触发电压，使 VD2 导通，电容 C_1 通过 VD2、VD1 放电，即 C_1 的放电电流与原来通过 VD1 的电流方向相反，且放电电流较大，抵消原来通过 VD1 的工作电流，使其小于维持电流，从而关断 VD1。此

图 1-45 晶闸管直流开关电路图

时电源又通过 R_{L} 和 VD2 向 C_1 反向充电，使其电压达到电源电压 U，其极性为右正左负，为关断 VD2 做好准备。图中的 R_2、C_2、C_3 组成晶闸管 VD1 和 VD2 的过电压保护电路。

3. 晶闸管交流开关电路

图 1-46 所示为晶闸管交流开关电路，R_{L} 为负载电阻，晶闸管 VD1 和 VD2 作为供电开关。下面介绍电路工作过程。

需要供电时，闭合开关 S。在交流电压 u 的正半周内，通过 R_1 和 (R_3+R_2) 的分压使晶闸管 VD1 的控制极获得正向电压，VD1 管导通。在交流电压 u 的负半周内，通过 R_2 和 (R_1+R_3) 的分压，使晶闸管 VD2 的控制极获得正向电压，VD2 管导通，VD1 管在交流电压过零时已经关断。因此，在交流电压 u 正负半周，VD1 和 VD2 轮流导通，都有电流通过

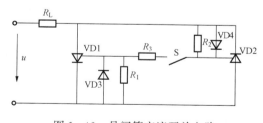

图 1-46 晶闸管交流开关电路

负载电阻 R_{L}。图 1-46 中二极管 VD3 和 VD4 的作用是防止晶闸管 VD1 和 VD2 的控制承受反向过电压而损坏。R_3 既有分压作用又有限流作用，使两个晶闸管控制极有一个合适的触发电压和电流。晶闸管 VD1 和 VD2 在电路中是反向并联接法，可采用双向晶闸管代替 VD1 和 VD2，使电路简化。

第六节 光 耦 合 器

光耦合器（optical coupler，OC）也称光电隔离器或光电耦合器，简称光耦。它是以光为媒介来传输电信号的器件，通常把发光器（红外发光二极管）与受光器（如光敏二极管、光敏三极管、光控晶闸管、光敏集成电路等光敏器件）封装在同一管壳内。

一、光耦合器工作原理

光耦的工作原理是：输入端加的电信号驱动发光二极管发出一定波长的光，并射向光敏器件，光敏器件接收到光线之后就产生光电流，从输出端流出，从而实现了电—光—电的转换。输入电信号与输出电信号之间既用光来传输，又通过光隔离，因而具有良好的电绝缘能力和抗干扰能力。由于它具有体积小，寿命长，无触点，工作温度范围宽，抗干扰能力强，输出和输入之间绝缘，单向传输信号等优点，在各种电路中得到广泛的应用。目前它已成为种类最多、用途最广的光电器件之一。

二、光耦合器的种类

由于光电耦合器的品种和类型非常多，在光电子 DATA 手册中，其型号超过上千种，通常可以按以下方法进行分类：

（1）按光路径分类，可分为外光路光电耦合器（又称光电断续检测器）和内光路光电耦合器。外光路光电耦合器又分为透过型和反射型光电耦合器。

（2）按输出形式分类，可分类如下：

1）光敏器件输出型，包括光敏二极管输出型、光敏三极管输出型、光电池输出型、光可控硅输出型等。

2）NPN 三极管输出型，包括交流输入型、直流输入型、互补输出型等。

3）达林顿三极管输出型，包括交流输入型、直流输入型。

4）逻辑门电路输出型，包括门电路输出型、施密特触发输出型、三态门电路输出型等。

5）低导通输出型（输出低电平毫伏数量级）。

6）光开关输出型（导通电阻小于 10Ω）。

7）功率输出型（IGBT/MOSFET 等输出）。

（3）按封装形式分类，可分为同轴型、双列直插型、TO 封装型、扁平封装型、贴片封装型、光纤传输型等。

（4）按传输信号分类，可分为非线性光耦合器（OC 门输出型、图腾柱输出型、三态门电路输出型等）和线性光电耦合器（可分为低漂移型、高线性型、宽带型、单电源型、双电源型等）。非线性光耦的电流传输特性曲线是非线性的，这类光耦适合于开关信号的传输，不适合于传输模拟量。常用的 4N25、4N26 系列光耦属于非线性光耦。线性光耦的电流传输特性曲线接近直线，并且小信号时性能较好，能以线性特性进行隔离控制。常用的线性光耦是 PC817A—C 系列。

（5）按速度分类，可分为低速光电耦合器（光敏三极管、光电池等输出型）和高速光电耦合器（光敏二极管带信号处理电路或者光敏集成电路输出型）。

（6）按通道分类，可分为单通道、双通道和多通道光电耦合器。

（7）按隔离特性分类，可分为普通隔离光电耦合器（一般光学胶灌封低于 5000V，空封低于 2000V）和高压隔离光电耦合器（可分为 10、20、30kV 等）。

（8）按工作电压分类，可分为低电源电压型光电耦合器（一般为 5～15V）和高电源电压型光电耦合器（一般大于 30V）。

常用到的光电耦合器件有两种类型：一种为三极管型光电耦合器，如 TLP521、PC817、4N35 等；另一种为集成电路型光电耦合器，如 6N137、EL2601 等。

光耦合器外形以方形为主，有多根引脚，DIP 封装一般有 4、6、8、16 引脚等多种。内部电路示意（符号）如图 1-47 所示。常用光耦的部分型号见表 1-7。

图 1-47　光耦电路示意

表 1-7　　　　　　　　　　　　　　常见光耦的部分型号

性能说明	型号规格
晶体管输出	4N25 /26/27/28、4N36/37/38
达林顿输出	4N29 /30/31/32/33/35、6N138 /139、TIL113
可控硅输出	4N3
高速光耦晶体管输出	6N135/136/137、PS9614、PS9714、PS9611、PS9715
可控硅驱动输出	MOC3020/3021/3023、MOC3030
过零触发可控硅输出	MOC3040/3041、MOC3061、MOC3081
单光耦	TLP521-1、PC814、PC817
双光耦	TLP521-2
四光耦	TLP521-4、TLP621
TTL 逻辑输出	TIL117
高压晶体管输出	H11D1

三、光耦合器的应用

　　由于光耦种类繁多，结构独特，优点突出，因而其应用十分广泛，它可以代替继电器、变压器、斩波器等，还可以用于隔离电路、开关电路、数模电路、逻辑电路、过流保护电路、电平转换电路等许多场合。

　　图 1-48 所示为光耦在开关电路中的应用。图 1-48（a）所示电路中，当输入信号 u_i 为低电平时，晶体管 VT 处于截止状态，光电耦合器中发光二极管的电流近似为零，输出端 a、b 间的电阻很大，相当于开关"断开"；当 u_i 为高电平时，VT 导通，光耦中发光二极管发光，a、b 间的电阻变小，相当于开关"接通"。该电路因 u_i 为低电平时，开关不通，故为高电平导通状态。

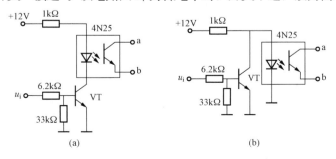

图 1-48　光耦在开关电路中的应用

　　同理，图 1 - 48（b）所示电路中，因无信号（u_i 为低电平）时，开关导通，故为低电平导通状态。

　　光耦在电平转换电路中的应用如图 1 - 49 所示，工作电源是 +5V 的 TTL 集成电路与 +15V 电源的 HTL 集成电路相互连接进行电平转换。图 1 - 49（a）中与非门 G 输出低电平时发光二极管导通，光电三极管导通输出 u_o 为高电平；反之，输出 u_o 为低电平。在图 1 - 49（b）中，则是利用与非门 G 输出高电平时驱动发光二极管导通，光电三极管导通后输出 u_o 为低电平。

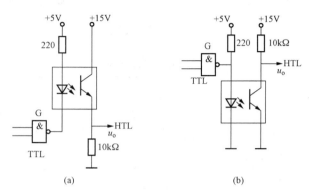

图 1 - 49　光耦在电平转换电路中的应用

本　章　小　结

　　（1）PN 结是半导体器件的基础，PN 结正向偏置导通、反向截止，具有单向导电性、反向击穿特性和非线性特性。

　　（2）二极管是一种非线性器件，具有单向导电性，其全面特性可用伏安特性曲线来描述，其正向特性有死区电压、非线性段电压和线性段电压之分，反向特性中的电流有反向饱和电流和反向击穿电流之分。二极管的性质可用一些参数来描述。

　　（3）二极管可用于整流、限幅、钳位和器件保护。稳压管与普通二极管不同的是它正常工作在反向击穿区，主要用途是稳压。

　　（4）半导体三极管又称为双极型晶体管，是一种电流控制器件，它有放大区、饱和区和截止区三个工作区域。三极管工作在放大区必须满足发射结加正偏电压，集电结加反偏电压。

　　（5）场效应管又称单极型晶体管，是电压控制型器件，分为结型和绝缘栅型两类，其特点是输入电阻大。工作区域可分为饱和区、截止区和可变电阻区三个工作区。用于放大功能时，工作在饱和区。

　　（6）晶闸管是一种大功率半导体器件，它既有单向导电的整流作用，又有可以控制的开关作用，具有弱电控制强电输出的特点。

　　（7）光耦合器是利用电—光—电的两次转换实现了信号的耦合的一种半导体光电器件。输入电信号与输出电信号之间既用光来传输，又通过光隔离，因而具有良好的电绝缘能力和抗干扰能力、信号单向传输而无反馈影响、响应速度快、工作可靠等优点，在各种电路中得到广泛的应用。

　　（8）直流电源一般由整流、滤波和稳压电路组成。整流电路有单向半波、全波、桥式整流等方式，滤波电路有电容滤波、电感滤波、π 形滤波等类型。硅稳压二极管是并联型稳压电路常用的器件，只要选择合适的限流电阻就可以使稳压管工作在安全区域。

习　　题

1-1　一只硅二极管在正向电压 $U_D = 0.6V$ 时，正向电流 $I_D = 10mA$，当 U_D 增大到 0.66V，则电流 I_D 为多少？

1-2　二极管电路如图 1-50 所示，试判断图中二极管是导通还是截止，并求 AO 两端的电压 U_{AO}。设二极管为理想二极管。

1-3　电路如图 1-51 所示，VD 为理想二极管，设 $u_i = 10\sin\omega t$ V 时，试画出 u_o 的波形。

1-4　电路如图 1-52 所示，稳压管 VS 的稳定电压 $U_S = 8V$，限流电阻 $R = 3k\Omega$，设 $u_i = 12\sin\omega t$ V，试画出 u_o 的波形。

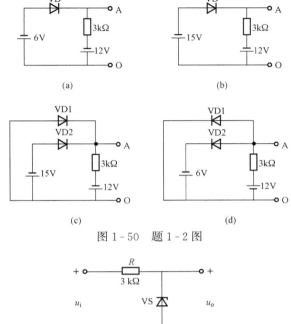

图 1-50　题 1-2 图

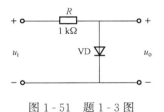

图 1-51　题 1-3 图

图 1-52　题 1-4 图

1-5　单相桥式整流电容滤波电路如图 1-53 所示，已知交流电的频率为 50Hz，负载电阻 R_L 为 100Ω，直流输出电压 $U_o = 24V$。试求：

（1）直流负载电流 I_o。

（2）二极管的整流电流 I_D 和承受的最高反向工作电压 U_{RM}。

（3）选择滤波电容的容量。

1-6　单相桥式整流电容滤波电路如图 1-54 所示，$U_2 = 25V$（有效值），$R_L = 50\Omega$，$C = 1000\mu F$。试问：

（1）正常时，U_o 值是多少？

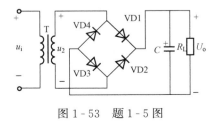

图 1-53　题 1-5 图

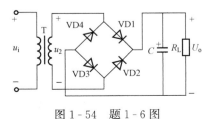

图 1-54　题 1-6 图

（2）如果电路中有一个二极管开路，则 U_o 是否为正常值的一半？

（3）如果测得的 U_o 为下列值，可能出了什么故障？

（a）$U_o=22.5V$；（b）$U_o=35V$；（c）$U_o=11.25V$。

1-7　试分析如图 1-55 所示电路，如果 VD2 的电极接反了，可能会出现什么现象；如果 VD2 虚焊，又可能出现什么现象。

1-8　全波整流电路如图 1-56 所示。变压器次级中心抽头接地，若 $u_2=\sqrt{2}U_2\sin\omega t$，试完成：

（1）画出 u_2、i_{VD1}、i_{VD2}、u_o 的波形。

（2）若 $U_2=20V$，$R_L=2k\Omega$，则 U_o、I_o 为多少？

（3）二极管 VD2 断开或反接会出现什么问题？

（4）如果负载短路又会出现什么问题？

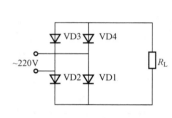

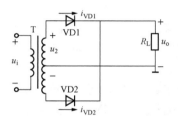

图 1-55　题 1-7 图　　　　　　　　　　图 1-56　题 1-8 图

1-9　LED 工作电压一般在多少伏之间？

1-10　LED 的工作电流会随着供应电压的变化及环境温度的变化而产生较大的波动，所以 LED 一般要求工作在何种驱动状态？（恒定直流、恒定交流、可变直流、可变交流）

1-11　测得某放大电路中三极管的三个电极 A、B、C 的对地电位分别为 $V_A=-9V$，$V_B=-6V$，$V_C=-6.2V$，试分析 A、B、C 对应三极管的哪个电极，是 NPN 还是 PNP 管，是硅管还是锗管。

1-12　有两个三极管，其中一个管子的 $\beta=150$，$I_{CEO}=200\mu A$，另一个管子的 $\beta=50$，$I_{CEO}=10\mu A$，其他参数一样，应该选择哪个管子？为什么？

1-13　将一个 PNP 型三极管接成共射极电路，要使它具有电流放大作用，U_{CC}、U_{BB} 的正、负极应该如何接，为什么？试画出电路。

1-14　试画出图 1-57 中，在图示控制极电压波形下的负载两端的电压波形。

1-15　图 1-58 所示为交流开关，当开关 S 闭合时，可向负载供电，试分析其工作原理。

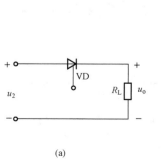

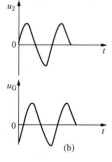

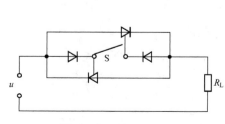

图 1-57　题 1-14 图　　　　　　　　图 1-58　题 1-15 图

第二章 基本放大电路

本章主要以共射极放大电路为例，重点讨论由分立器件组成的电路结构和工作原理，总结对放大电路的分析方法和共射、共集、共基电路的特点。分析了放大器引入反馈后的放大特性，并对反馈的类型、反馈特点及放大电路引入负反馈后的性能有何影响进行了讨论。

第一节 共射极放大电路

一、放大电路的组成及工作原理

实践中，放大电路的用途是非常广泛的，它能够利用晶体三极管（BJT）的电流控制作用把微弱的电信号增大到所要求的数值。例如，常见的扩音机就是一个把微弱的声音变大的放大电路，声音先经过话筒变成微弱的电信号，经过放大器，利用三极管的控制作用，把直流电源供给的能量转换为较强的电信号，然后经过扬声器（喇叭）还原成为放大了的声音。

为了了解放大器的工作原理，先从最基本的共射极放大电路开始讨论。

（一）放大电路的组成及工作原理

图 2-1 所示的单管放大电路中，采用 NPN 型三极管，U_{CC} 是集电极回路的直流电源（一般在几伏到几十伏的范围）。它的作用是向负载电阻 R_L 提供能量，为三极管提供适当的静态工作点，以保证不失真的放大输入信号。注意，当选用不同类型的三极管时，直流电源的极性应进行相应的调整。集电极电阻 R_C 的作用：是将三极管集电极电流 i_C 的变化转变为电压 U_{CE} 的变化。电容 C_1 和 C_2 称为隔直电容或耦合电容（一般在几微法到几十微法的范围），它们在电路中的作用是"传送交流，隔断直流"。基极偏置电阻 R_B 的作用：当直流电源 U_{CC} 和三极管 U_{BE} 的数值确定时，通过调整 R_B 的值，供给基极一个合适的基极电流 I_B（常称为偏流）。这个电流的大小为

$$I_B = \frac{U_{CC} - U_{BE}}{R_B} \tag{2-1}$$

对于硅管，U_{BE} 约为 0.7V；对于锗管，U_{BE} 约为 0.3V。一般 $U_{CC} \gg U_{BE}$，所以近似有

$$I_B \approx \frac{U_{CC}}{R_B} \tag{2-2}$$

（二）放大电路的工作原理

图 2-1 所示的电路中，只要适当选取 U_{CC}、R_b 和 R_c 的值，三极管就可以工作在放大区。下面分析放大电路的工作原理。

1. 无信号输入时放大器的工作情况

在图 2-1 所示的共射极放大电路中，在接通 U_{CC} 后，当 $u_i = 0$ 时，由于基极偏置电阻 R_b 的作用，三极管基极就产生正向偏流 I_B，由于三极管的电流放大作用。则集电极电流 $I_C = \beta I_B$，集电极电流在集电极电阻上形成的压降 $U_{RC} = I_C R_c$。则集电极—发射极间的管压降 $U_{CE} = U_{CC} - I_C R_c$。此时电路中的电压和电流都是直流信号，由于电容 C_1 和 C_2 的作用，则

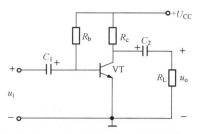

图 2 - 1　共射极放大电路原理图

$u_o=0$，即在负载上没有输出信号。

2. 输入交流信号时放大器的工作情况

当在放大器的输入端加入正弦交流信号 u_i 时，信号电压 u_i 将和静态偏压共同作用于三极管的发射结上，此时发射结的瞬时电压为

$$u_{BE} = U_{BE} + u_i \qquad (2-3)$$

如果选取适当的静态电压和电流值，输入信号电压 u_i 的幅度又限制在一定范围内，则在信号的整个周期内，发射结的电压均能处于输入特性曲线的直线部分，如图 2 - 2（a）所示，此时基极电流的瞬时值将随 u_{BE} 变化，如图 2 - 2（b）所示。

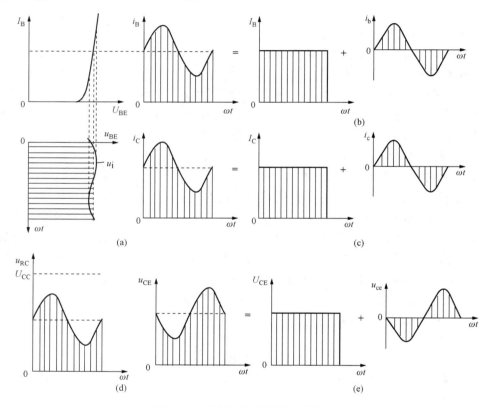

图 2 - 2　共射极放大器的工作情况

（a）输入特性曲线和 u_i 的波形；（b）基极电流的波形；

（c）集电极电流波形；（d）R_C 上的压降的波形；（e）管压降的波形

基极电流由两部分组成，一个是固定不变的静态电流 I_B，另一个是做正弦变化的交流电流 i_b，则

$$i_B = I_B + i_b \qquad (2-4)$$

由于三极管的电流放大作用，集电极电流将随基极电流变化，如图 2 - 2（c）所示，同样也由两部分组成，一个是固定不变的静态电流 I_C，另一个是做正弦变化的交流电流 i_c，则

$$i_C = I_C + i_c \qquad (2-5)$$

集电极电阻 R_c 上的压降 $u_{RC}=i_c R_c$，所以它也随 i_c 变化，如图 2-2（d）所示。由于 $U_{CC}=i_c R_c+u_{CE}$，所以在图 2-2（d）上，管压降的瞬时值 u_{CE} 相当于 U_{CC} 虚线下面的空白部分。把它单独画出，如图 2-2（e）所示，显然也由两部分组成，一个是固定不变的静态管压降 U_{CE}，另一个是做正弦变化的交流电压 u_{ce}，则

$$u_{CE}=U_{CE}+u_{ce} \tag{2-6}$$

负载电阻 R_L 通过耦合电容接到三极管的 c、e 间，由于电容的"传送交流，隔离直流"作用，则负载上不会出现直流电压，只有交流信号通过，则管压降的交流部分就是负载上的输出电压，为

$$u_o=u_{ce} \tag{2-7}$$

由上述分析可知：

（1）输出和输入电压频率相同，但输出电压幅度比输入电压大。

（2）输出电压和输入电压信号的相位差为 180°。

（3）放大电路的工作原理实质就是，外加微小的信号电压先改变基极电流 i_B，再由基极电流 Δi_B 变化量获得较大的集电极电流 Δi_C，通过集电极电阻 R_c 转化为较大的电压变化量，由耦合电容 C_2 得到放大的输出电压。

为了分析方便，规定电压的正方向是以共同端（O 点）为负端，其他各点为正端。图 2-1 所标出的"+""−"号分别表示各电压的假定正方向；而电流的假定正方向如图 2-1 中的箭头所示，即 i_B、i_C 以流入电极为正；i_E 以流出电极为正。

二、静态工作分析

当 $u_i=0$ 时，放大电路处于静态或直流工作状态，这时的基极电流 I_B、集电极电流 I_C 和集电极发射极间的电压 U_{CE} 用 I_{BQ}、I_{CQ} 和 U_{CEQ} 表示。它们在三极管的特性曲线上所确定的工作点称为静态工作点，用 Q 表示。

静态分析是在输入信号 $u_i=0$ 时确定放大电路的静态值 I_{BQ}、I_{CQ} 和 U_{CEQ}（即确定 Q 点），以便确定三极管的 Q 点是否处在其伏安特性的合适位置。这是放大器正常放大信号的前提条件。由于电路中此时的信号均为直流信号，则电容可以看成开路，电感看成短路，电源的内阻忽略不计。在此只介绍工程上对静态工作点所采用的估算法。以图 2-1 为例，计算如下：

$$I_{BQ}=\frac{U_{CC}-U_{BE}}{R_b} \tag{2-8}$$

当 $U_{CC}\gg U_{BE}$ 时，则

$$I_{BQ}\approx\frac{U_{CC}}{R_b} \tag{2-9}$$

$$I_{CQ}=\beta I_{BQ} \tag{2-10}$$

$$U_{CEQ}=U_{CC}-I_{CQ}R_c \tag{2-11}$$

注意，式（2-10）只有在三极管处于放大区时才成立。

【例 2-1】 已知图 2-1 所示电路中，电源电压 $U_{CC}=12\text{V}$，集电极电阻 $R_c=3\text{k}\Omega$，基极电阻 $R_b=300\text{k}\Omega$，三极管采用 3DG6，$\beta=50$。试求：

（1）Q 点各值；

（2）若 $R_b=50\text{k}\Omega$，计算 Q 点，并说明三极管处于什么状态。

解　（1）由已知，有

$$I_{BQ} = \frac{U_{CC} - U_{BE}}{R_b} \approx \frac{U_{CC}}{R_b} = \frac{12V}{300k\Omega} = 40\mu A$$

$$I_{CQ} = \beta I_{BQ} = 50 \times 40\mu A = 2mA$$

$$U_{CEQ} = U_{cc} - I_{CQ}R_c = 12V - 2mA \times 3k\Omega = 6V$$

（2）当 $R_b = 50k\Omega$ 时，有

$$I_{BQ} = \frac{U_{CC} - U_{BE}}{R_b} \approx \frac{U_{CC}}{R_b} = \frac{12V}{50k\Omega} = 240\mu A$$

假设三极管仍然在放大区，按式（2-10），则

$$I_{CQ} = \beta I_{BQ} = 50 \times 240\mu A = 12mA$$

$$U_{CEQ} = U_{cc} - I_{CQ}R_c = 12V - 12mA \times 3k\Omega = -24V$$

显然 $U_{CEQ} = -24V$ 是错误的，即假设不成立。问题出在错误地使用了式（2-10）。此时三极管实际已工作在饱和区，$I_{CQ} = \beta I_{BQ}$ 不成立。

当三极管工作在饱和区时，其集电极和发射极之间的电压称为饱和管压降，用 U_{CES} 表示，其中，硅管 $U_{CES} = 0.3V$，锗管 $U_{CES} = 0.1V$。此时集电极电流称为集电极饱和电流，用 I_{CS} 表示；而 $I_{BS} = I_{CS}/\beta$ 称为基极临界饱和电流。判断三极管是否工作在饱和区很简单：若 $I_{BQ} > I_{BS}$，则三极管进入饱和区。

对于图 2-1 所示电路，其 Q 点有

$$I_{CQ} = I_{CS} = \frac{U_{CC} - U_{CES}}{R_c} \approx \frac{U_{CC}}{R_c} = \frac{12V}{3k\Omega} = 4mA$$

$$I_{BS} = I_{CS}/\beta = 80\mu A$$

$$I_{BQ} = 240\mu A \text{（显然 } I_{BQ} > I_{BS}\text{，则三极管进入饱和区）}$$

$$U_{CEQ} = U_{CES} = 0.3V$$

由 ［例 2-1］ 可知：若 Q 点不合适，则三极管可能不会工作在放大区。即使 Q 点在放大区，但位置不合适，在输入交流信号时，三极管也有可能进入饱和区或截止区。通常对放大电路的要求是：输出信号尽可能不失真。所谓失真，是指放大器的输出波形与输入波形各点不成比例。引起失真的最主要原因是三极管的 Q 点位置不适当，使放大电路的工作范围超出了三极管特性曲线上的线性范围，这种失真称为非线性失真。

因此，对放大电路而言必须选取一个合适的静态工作点。静态工作点一般选择设置在三极管输出特性曲线的中间。

三、动态小信号等效电路分析

动态分析是分析放大器在有信号输入时，对信号处理的结果。下面主要讨论放大电路对信号的电压放大倍数 A_u、放大器的输入电阻 r_i、输出电阻 r_o 等。在输入信号为小信号时，通常采用微变等效电路法。

（一）三极管的微变等效电路模型

微变即微小的信号变化。在输入信号比较小时，如果三极管的静态工作点选择得比较合适，则三极管的输入伏安特性曲线在一小段范围内就可以看成是直线，把本来是非线性元件的三极管线性化，放大器就是一个线性电路。出于以上考虑，将三极管等效成如图 2-3 所示的电路（等效过程忽略）。

在等效电路中把三极管的集电极和发射极之间等效成一个受控电流源，将基极和发射极

之间用一个输入电阻 r_{be} 来等效，低频小功率三极管的输入电阻常用式（2 - 12）估算：

$$r_{be} = 300 + (1 + \beta) \frac{26(\text{mV})}{I_{EQ}(\text{mA})} \quad (\Omega)$$

$$(2 - 12)$$

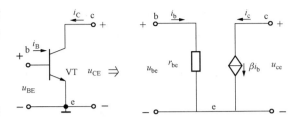

图 2 - 3 三极管的微变等效电路

特别指出，小功率三极管 r_{be} 约为 $1k\Omega$。三极管微变等效电路只适合用于动态小信号的分析，其交流信号 u_i、i_b 等也可用相量 $\dot{U}_i$、$\dot{I}_b$ 来表示，如果只考虑在中频区分析，则相量可用 U_i、I_b 来代替。

（二）放大器动态指标的估算

放大器最常用的动态指标有电压放大倍数、输入电阻和输出电阻。对于固定偏置的共发射极放大电路如图 2 - 1 所示，其微变等效电路如图 2 - 4 所示。

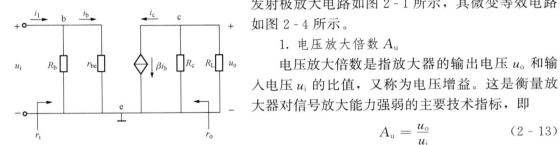

图 2 - 4 共发射极放大电路微变等效电路

1. 电压放大倍数 A_u

电压放大倍数是指放大器的输出电压 u_o 和输入电压 u_i 的比值，又称为电压增益。这是衡量放大器对信号放大能力强弱的主要技术指标，即

$$A_u = \frac{u_o}{u_i} \quad (2 - 13)$$

对于图 2 - 4，应用基尔霍夫电压定理并考虑电流的方向可得

$$A_u = -\frac{i_c R_L'}{i_b r_{be}} = -\frac{\beta i_b R_L'}{i_b r_{be}} = -\frac{\beta R_L'}{r_{be}} \quad (2 - 14)$$

式（2 - 14）中的负号表示输出电压和输入电压的相位相反。$R_L' = R_C /\!/ R_L$ 称为放大器的交流负载电阻。显然，放大器的负载越重（R_L 的值越小），放大器的电压放大倍数就下降得越厉害。

空载时，放大器的电压放大倍数为

$$A_u = -\beta \frac{R_C}{r_{be}}$$

另外，如果信号源内阻为 r_s，则源电压放大倍数 A_{us} 为

$$A_{us} = \frac{u_o}{u_s} = \frac{u_i}{u_s} \frac{u_o}{u_i} = \frac{r_i}{r_i + r_s} A_u$$

式中：r_i 为放大器的输入电阻。

2. 放大器的输入电阻 r_i 和输出电阻 r_o

（1）输入电阻 r_i。从信号的输入端看进去（将信号源除外）可以将放大器看成一个等效电阻，即放大器的输入电阻 r_i，这个电阻是信号源的负载。定义式为

$$r_i = \frac{u_i}{i_i} \quad (2 - 15)$$

放大器的输入电阻越大，从信号源索取的电流就越小，则信号源提供给放大器的输入电压

就越接近信号源的电动势，尤其是当信号源的内阻较大时更需要放大器的输入电阻大些为好。可以说放大器的输入电阻是用来衡量放大器对信号源衰减程度的一个指标。对于图2-4，有

$$r_i = R_b \mathbin{/\mkern-5mu/} r_{be} \qquad\qquad (2-16)$$

（2）输出电阻 r_o。对于输出负载 R_L，可把放大器当作它的信号源，用相应的电压源或电流源等效电路表示，如图2-5（a）、（b）所示。图中 U'_o 是将 R_L 断开后，U_s 或者 I_s 在放大器输出端产生的开路电压。I_n 是将 R_L 短接，U_s 或者 I_s 在放大器输出端产生短路电流。这个等效电流源或电压源的内阻，即放大器的输出电阻。它是在放大器中的独立电压源短路或独立电流源开路，保留受控源的情况下，从 R_L 两端看进去的等效电阻。因此，假如在放大器的输出端加信号电压 $\dot{U}$，计算产生的电流 $\dot{I}$，则

$$r_o = \frac{\dot{U}}{\dot{I}} \qquad\qquad (2-17)$$

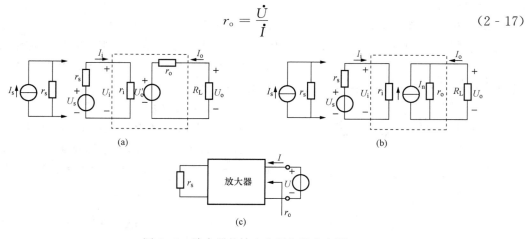

图2-5　放大器的输入电阻和输出电阻

由图2-5（a）可得

$$U_o = \frac{U'_o}{R_L + r_o} R_L \qquad\qquad (2-18)$$

由式（2-18）可知，r_o 越小，带负载后的电压 U_o 越接近于 U'_o，这就说明 U_o 受负载电阻 R_L 变化的影响越小，则意味着放大器的带负载能力就越强。可以说放大器的输出电阻是用来衡量放大器带负载能力强弱的一个指标。对于图2-4，有

$$r_o \approx R_c \qquad\qquad (2-19)$$

如果放大器的输出电阻比较大，当负载变化时，输出电压的变化也比较大，表明放大器的带负载能力较差。显然，共发射极放大器的输出电阻是比较大的。

由式（2-18）整理可得实验室测量、计算放大电路输出电阻的公式为

$$r_o = \left(\frac{U'_o}{U_o} - 1\right) R_L$$

式中：U'_o 为断开 R_L 后的输出电压（即空载时的输出电压）；U_o 为带上负载 R_L 时的输出电压。

四、分压偏置式负反馈放大电路

通过前面的讨论可知，Q 点在放大电路中是很重要的，它不仅关系到波形失真，而且对电压放大倍数有影响。因此在设计或调试电路时，为了获得较好的性能，必须首先设置一个

合适的 Q 点。在上述所讨论的固定偏流电路中，当电源电压 U_{CC} 和集电极电阻 R_c 确定后，放大电路的 Q 点就由基极电流 I_{BQ} 决定，这个电流称为偏流，而获得偏流的电路称为偏置电路。固定偏置电路实际上是由一个电阻 R_b 构成的。这种电路结构简单，调试方便，只要适当选择电路参数就可以保证 Q 点处于合适的位置。但当更换管子或环境温度变化引起管子的参数变化时，电路的工作点会移动，甚至移到不合适的位置而使放大电路无法正常工作，为此必须设计能自动调整 Q 点位置的电路，以便使 Q 点能稳定在合适的位置。

由前述可知三极管的参数 I_{CBO}、U_{BE}、β 会随温度变化而改变，因此在固定偏置电路中其 I_{BQ}、I_{CQ} 和 U_{CEQ} 都将变化，即 Q 点将随温度的变化而改变。当温度升高时，最终体现在使 Q 点的电流 I_{CQ} 增大，即 Q 点往上移动。当温度下降时，则 I_{CQ} 减小，即 Q 点往下移动。可以设想，在温度变化时，若能使 I_{CQ} 近似维持恒定，则 Q 点就能稳定。要解决此问题，考虑如下：

（1）针对 I_{CBO} 的影响，可设法使基极电流 I_{BQ} 随温度的升高而自动减小。

（2）针对 U_{BE} 的影响，可设法使发射结的外加电压随温度的升高而自动减小。

从上述思路出发，设计出分压式偏置负反馈放大电路，电路如图 2-6 所示。图 2-6 中，R_{b1} 和 R_{b2} 为偏置电阻，R_e 为发射极电阻，C_e 为射极旁路电容。电路稳定静态工作点的过程如下：利用 R_{b1} 和 R_{b2} 组成的分压器来固定基极电位。如果 I_1 远大于 I_{BQ}（I_1 是流过 R_{b1} 的电流），则基极电位 $U_B \approx \dfrac{U_{CC}}{R_{b1}+R_{b2}}R_{b2}$。在此条件下，假设当温度升高时，$I_{CQ}$（$I_{EQ}$）将增加，由于 I_{EQ} 增加，则 R_e 的压降 $U_E = I_{EQ}R_e$ 增大，使外加 U_{BE} 减小（$U_{BE}=U_B-U_E$），U_{BE} 的减小使 I_{BQ} 自动减小，结果使 I_{CQ} 减小，反之亦然，从而使 I_{CQ} 基本恒定，即稳定了 Q 点。在图 2-6 所示电路中为了使 Q 点稳定，I_1 越大于 I_{BQ}、U_B 越大于 U_{BE} 越好。为了兼顾其他性能应综合考虑，I_1、U_B 选取如下：

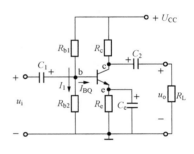

图 2-6 分压偏置电路

$$I_1 = (5 \sim 10)I_{BQ}（硅管）$$
$$U_B = 3 \sim 5V（硅管）$$
$$I_1 = (10 \sim 20)I_{BQ}（锗管）$$
$$U_B = 1 \sim 3V（锗管）$$

【例 2-2】 试估算图 2-6 所示电路的 Q 点，并计算电压放大倍数、输入电阻和输出电阻。

解 （1）确定 Q 点即求 I_{BQ}、I_{CQ}、U_{CEQ} 的值，求解方法如下：

$$U_B \approx \frac{U_{CC}}{R_{b1}+R_{b2}}R_{b2}$$

$$I_{CQ} \approx I_{EQ} = \frac{U_B - U_{BE}}{R_e} \approx \frac{U_B}{R_e}$$

$$I_{BQ} = \frac{I_{EQ}}{1+\beta}$$

$$U_{CEQ} = U_{CC} - I_{CQ}R_c - I_{EQ}R_e \approx U_{CC} - I_{CQ}(R_c + R_e)$$

（2）求电压放大倍数。画出图 2-6 的微变等效电路如图 2-7 所示，由等效电路可知：

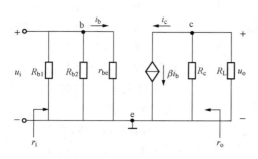

图 2-7　分压偏置电路的微变等效电路

$$u_i = i_b r_{be}$$

$$u_o = -\beta i_b R'_L \quad (R'_L = R_c \mathbin{/\!/} R_L)$$

$$A_u = \frac{u_o}{u_i} = \frac{-\beta i_b R'_L}{i_b r_{be}} = \frac{-\beta R'_L}{r_{be}}$$

（3）求输入电阻和输出电阻。输入、输出电阻分别为

$$r_i = R_{b1} \mathbin{/\!/} R_{b2} \mathbin{/\!/} r_{be}$$

$$r_o \approx R_c$$

由此可见，图 2-6 所示分压偏置式负反馈电路既可以稳定 Q 点，而电压放大倍数和前述的固定偏置电路相比又是一样的不受其影响。请读者自行分析，如果把图 2-6 电路中的射极旁路电容 C_e 去掉，结果又会如何。

第二节　共集电极和共基极放大电路

一、共集电极电路

共集电极放大电路如图 2-8（a）所示，它的交流通路如图 2-8（b）所示。由交流通路可知，三极管的负载电阻接在发射极上，输入电压加在基极和集电极之间，而输出电压从发射极和集电极的两端取出，所以集电极是输入和输出回路的公共端点，故称为共集电极放大电路，也称为射极输出器、电压跟随器。其中，R_b 为基极偏置电阻；R_e 为发射极电阻；C_1、C_2 为耦合电容；R_L 为负载电阻。

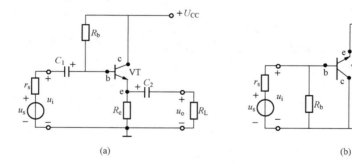

图 2-8　共集电极放大电路

（a）原理电路；（b）交流通路

1. 静态工作点的估算

由图 2-8 可列出基极回路方程为

$$U_{CC} = I_{BQ} R_b + U_{BE} + U_E \qquad (2-20)$$

其中

$$U_E = I_{EQ} R_e = (1+\beta) I_{BQ} R_e \qquad (2-21)$$

可得

$$I_{BQ} = \frac{U_{CC} - U_{BE}}{R_b + (1+\beta) R_e} \qquad (2-22)$$

又 $U_{CC} \gg U_{BE}$，所以

$$I_{BQ} \approx \frac{U_{CC}}{R_b + (1+\beta)R_e} \tag{2-23}$$

再 $I_{CQ} = \beta I_{BQ}$，$U_{CEQ} = U_{CC} - I_{CQ}R_e$，即可求出静态工作点 Q。

2. 动态分析

（1）电压放大倍数 A_u。由图 2-9 可知

$$u_o = R'_e i_e$$
$$u_i = r_{be} i_b + R'_e i_e = [r_{be} + (1+\beta)R'_e]i_b \tag{2-24}$$

所以
$$A_u = \frac{u_o}{u_i} = \frac{(1+\beta)R'_e}{r_{be} + (1+\beta)R'_e} \tag{2-25}$$

其中，$R'_e = R_e /\!/ R_L$，一般 $(1+\beta)R'_e \gg r_{be}$，所以共集电极电路的电压放大倍数恒小于 1，但接近于 1。且输出电压和输入电压同相，因此此电路又称为射极输出器或电压跟随器。

（2）输入电阻 r_i。从基极向里看进去的输入电阻 r'_i 为

$$r'_i = \frac{u_i}{i_b} = r_{be} + (1+\beta)R'_e \tag{2-26}$$

则从输入端看进去的输入电阻 r_i 为

$$r_i = \frac{u_i}{i_i} = R_b /\!/ r'_i = R_b /\!/ [r_{be} + (1+\beta)R'_e] \tag{2-27}$$

由式（2-27）可知，共集电极电路的输入电阻 r_i 比较大，实际中常常用来作为多级放大器的第一级，能减少信号电压在信号源内阻上的损耗，使放大器尽可能获得足够大的输入信号。

（3）输出电阻 r_o。将图 2-9 等效电路改成图 2-10 的形式，并令 $u_s = 0$，且负载开路，在输出端加一电压 u'_o。则由图 2-10 可知

$$i''_o = -i_e = -(1+\beta)i_b$$
$$u'_o = -[(R_b /\!/ r_s) + r_{be}]i_b$$

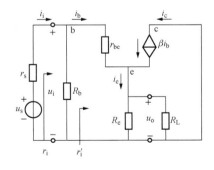

图 2-9 共集电极电路的微变等效电路

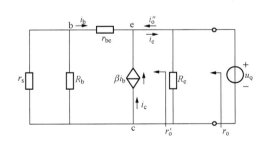

图 2-10 求 r_o 的等效电路

则从发射极向里看进去的输出电阻 r'_o 为

$$r'_o = \frac{u'_o}{i''_o} = [(R_b /\!/ r_s) + r_{be}]/(1+\beta) \tag{2-28}$$

当考虑 R_e 时，从输出端向里看进去的输出电阻 r_o 为

$$r_o = R_e /\!/ r'_o \tag{2-29}$$

由式（2-29）可知，共集电极电路的输出电阻 r_o 很小，表明它带负载能力很强。实际

中常常用来作为多级放大器的输出级，用于带动负载。

综上所述，共集电极放大电路的特点如下：电压放大倍数小于 1，但接近于 1，输出电压与输入电压相位相同，具有良好的电压跟随特性，有一定的电流和功率放大作用；输入电阻较高，输出电阻很低。常用作多级放大器的输入级、输出级和中间缓冲级。

二、共基极电路

图 2-11（a）所示为共基极放大电路的原理图，其中，R_{b1} 和 R_{b2} 为基极偏置电阻，R_c 为集电极电阻，用来保证三极管有个合适的 Q 点。图 2-11（b）所示为其交流等效电路。由图 2-11 可知，输入信号加在 e、b 之间，而输出电压从 c、b 之间取出，基极是输入和输出回路的公共端点。

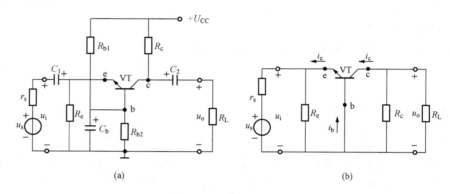

图 2-11　共基极电路

（a）原理电路；（b）交流电路

1. 静态工作点

直流通路如图 2-12 所示。显然此电路和前面所讨论的分压式偏置电路的直流通路完全一样，可得

$$U_B \approx \frac{U_{CC}}{R_{b1}+R_{b2}}R_{b2}$$

$$I_{CQ} \approx I_{EQ} = \frac{U_B - U_{BE}}{R_e} \approx \frac{U_B}{R_e}$$

$$I_{BQ} = \frac{I_{EQ}}{1+\beta}$$

$$U_{CEQ} = U_{CC} - I_{CQ}R_c - I_{EQ}R_e \approx U_{CC} - I_{CQ}(R_c + R_e)$$

2. A_u、r_i、r_o 的计算

微变等效电路如图 2-13 所示。

（1）电压放大倍数 A_u。

$$u_o = -i_c R_L' = -\beta i_b R_L'$$

$$R_L' = R_c \mathbin{/\mkern-5mu/} R_L$$

$$u_i = -i_b r_{be}$$

所以

$$A_u = \frac{u_o}{u_i} = \frac{-\beta i_b R_L'}{-i_b r_{be}} = \frac{\beta R_L'}{r_{be}}$$

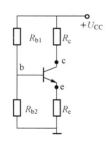

图 2-12　直流通路

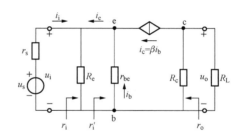

图 2-13　图 2-11 的微变等效电路

（2）输入电阻 r_i。

$$r_i = \frac{u_i}{i_i} = R_e \mathbin{/\mkern-5mu/} r_i'$$

$$r_i' = \frac{u_i}{-i_e} = \frac{-i_b r_{be}}{-(1+\beta)i_b} = \frac{r_{be}}{1+\beta}$$

则

$$r_i = R_e \mathbin{/\mkern-5mu/} \frac{r_{be}}{1+\beta}$$

（3）输出电阻 r_o。

$$r_o \approx R_c$$

由上述分析可知，共基极电路的电压放大倍数为正值，即输出电压 u_o 和输入电压 u_i 同相。输入电阻很小，一般为几欧到几十欧，适合用于高频或宽频带电路；由于输出电流近似等于输入电流，所以又把共基电路称为电流跟随器。

综上所述，在表 2-1 中列出三极管放大电路三种基本组态的特点，并列出了电流放大倍数。其中，α 为共基极电流放大系数，有

$$\alpha = \frac{\beta}{1+\beta}$$

表 2-1　　　　　　　　　　　放大电路三种基本组态的比较

接法\性能	共发射极电路	共基极电路	共集电极电路
交流通路			
A_i	大 （几十到一百以上） $A_i = \beta$	小 （小于或近似于 1） $A_i = \alpha$	大 （几十到一百以上） $A_i = 1+\beta$

接法 性能	共发射极电路	共基极电路	共集电极电路
A_u	大 （几十到几百） $A_u \approx -\dfrac{\beta R_L'}{r_{be}}$ 其中，$R_L' = R_c /\!/ R_L$	大 （几十到几百） $A_u \approx \dfrac{\beta R_L'}{r_{be}}$ 其中，$R_L' = R_c /\!/ R_L$	小 （小于而近似于1） $A_u \approx \dfrac{(1+\beta)R_e'}{r_{be}+(1+\beta)R_e'}$ 其中，$R_e' = R_e /\!/ R_L$
r_i	中 （几百欧到几千欧） $r_i = R_b /\!/ r_{be} \approx r_{be}$	小 （几欧到几十欧） $r_i = \dfrac{r_{be}}{1+\beta} /\!/ R_e$	大 （几千欧以上） $r_i = R_b /\!/ [r_{be}+(1+\beta)R_e']$ 其中，$R_e' = R_e /\!/ R_L$
r_o	大 （几千欧） $r_o = R_c /\!/ r_o' \approx R_c$ 其中，$r_o' \approx r_{ce}$	大 （几千欧） $r_o = R_c /\!/ r_o' \approx R_c$ 其中，$r_o' = (1+\beta)r_{ce}$	小 （几欧到几十欧） $r_o = R_e /\!/ r_o' \approx r_o'$ 其中，$r_o' = \dfrac{r_s' + r_{be}}{1+\beta}$，$r_s' = r_s /\!/ R_b$

第三节　多级放大器

一、多级放大器的方框图

实际中，为了得到足够大的放大倍数或考虑到输入电阻、输出电阻等特殊要求，放大器往往由多级电路组成。图 2 - 14 所示为多级放大器的方框图，其中的输入级主要完成与信号源的衔接并对信号进行放大；中间级主要用于电压放大，将微弱的输入电压放大到足够的

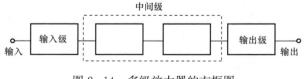

图 2 - 14　多级放大器的方框图

幅度；输出级则主要是完成信号的功率放大，以达到满足输出负载需要的功率，并要求和负载相匹配。

二、级间耦合方式

在多级放大器中，单级放大器之间的连接方式称为耦合，以实现信号的顺利传递。常用的级间耦合方式有三种，即阻容耦合、变压器耦合和直接耦合。

1. 阻容耦合

图 2 - 15 所示为两级阻容耦合放大器。两级放大器之间通过电容连接起来，后级放大器的输入电阻充当了前级放大器的负载，故称为阻容耦合。由于电容器具有"隔直流、通交流"的作用，在电容器取值合适的条件下，前级放大器的输出信号经耦合电容传递到后级放大器的输入端，而两级放大器的静态工作点互相不影响，有利于放大器的设计、调试和维修。阻容耦合方式电路的体积小、质量轻，在多级放大器中得到广泛的应用。它的缺点是信号在通过耦合电容加到下一级时会大幅度衰减，阻容耦合方式不适合传递直流信号，因此阻容耦合放大器不能放大直流信号。另外在集成电路中制造大电容很困难，所以阻容耦合只适合分立元件电路。

2. 变压器耦合

利用变压器实现级间耦合的放大电路如图 2-16 所示。变压器 T1 将第一级放大器的输出信号传递给第二级放大器，变压器 T2 将第二级放大器的输出信号耦合给负载。由于变压器的一次侧和二次侧之间无直接联系，所以采用变压器耦合方式的放大器，其各级静态工作点是独立的，这样便于设计、调试和维修。这种耦合方式的最大优点在于其能实现电压、电流和阻抗的变换，特别适合于放大器之间、放大器与负载之间的匹配，这在高频信号的传递和功率放大器的设计中为重点考虑的问题。变压器耦合的缺点是体积大，且不能放大直流信号，不能集成化，再由于频率特性差，一般只应用于低频功率放大和中频调谐电路中。

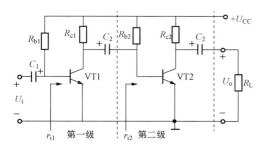

图 2-15　两级阻容耦合放大电路

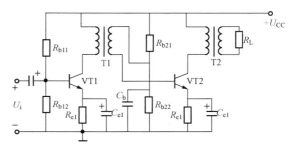

图 2-16　变压器耦合放大电路

3. 直接耦合

前两种耦合方式都存在放大器频率特性不好的缺点，为了解决这个问题，人们设计了直接耦合放大器，把前、后级放大器直接相连，电路如图 2-17 所示。直接耦合放大器不但能放大交流信号，还能放大直流信号，其频率特性是最好的。但直接耦合放大器的直流通路是互相连通的，各级放大器的静态工作点互相影响，不便于调试和维修。直接耦合放大器还有一个最大的问题，就是零点漂移。零点漂移使人们无法分清放大器的输出是有用信号还是无用信号，这个问题必须加以解决，否则直接耦合放大器就无法使用。解决零点漂移的方法是采用差动放大器，这个内容将在后面专门讲述。由于直接耦合放大器便于集成，是集成电路中普遍采用的耦合方式。

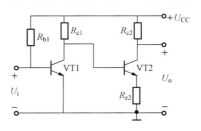

图 2-17　直接耦合放大电路

三、多级放大器的增益

在多级放大器中，如各级电压增益分别为 $A_{u1} = \dfrac{U_{o1}}{U_{i1}}$，$A_{u2} = \dfrac{U_{o2}}{U_{i2}}$，…，$A_{un} = \dfrac{U_{on}}{U_{in}}$，如图 2-18 所示，则由于 $U_{i2} = U_{o1}$，$U_{i3} = U_{o2}$，…，$U_{in} = U_{o(n-1)}$，所以总电压增益为

$$A_u = \frac{U_{on}}{U_{i1}} = A_{u1} A_{u2} \cdots A_{un} \qquad (2-30)$$

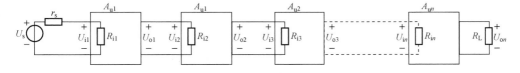

图 2-18　多级放大器的电压增益

多级放大器的输入电阻等于第一级放大电路的输入电阻，即 $r_i = r_1$。

多级放大器的输出电阻等于最后一级放大电路的输出电阻，即 $r_o = r_{on}$。

美国国家半导体公司（NS 公司），是推动信息时代发展的领先模拟技术公司，其产品前冠字母是 LM××××。该公司推出的双声道大功率放大集成电路 LM4766，多用于家庭影院，每个声道在 8Ω 的负载上可以输出 40W 平均功率，而且失真率小于 0.1%，属于最高端的单片双声道音频功率放大集成块。LM1875 是单声道音频功放芯片，广泛应用于汽车立体声收录机，具有体积小、输出功率大、失真小等特点。LM4920 音频功放芯片则用于手机，还有其他应用较多的芯片 LM3886 等。具体请参考相关资料，在此不予详述。

第四节　放大器中的负反馈

一、反馈的基本概念

1. 反馈的基本概念

所谓反馈，就是将放大电路输出回路信号的一部分或全部，通过反馈网络回送到输入回路，从而影响（增大或减小）净输入信号的过程。使净输入信号增大的为正反馈，使净输入信号减小的为负反馈。这样，在反馈电路中输出不仅取决于输入，而且取决于输出本身，因而就有可能使电路根据输出状况自动地对输出进行调节，达到改善电路性能的目的。

2. 负反馈放大器的方框图及一般表达式

（1）负反馈放大器的方框图。可以把负反馈放大器抽象为图 2-19 所示的方框图，图中主要包括基本放大电路和反馈网络两大部分。若没有反馈网络，仅有基本放大电路，则该电路是一个开环放大电路。有了反馈网络，该电路则为闭环放大电路。图中箭头表示信号传递方向，在这里我们按理想情况来考虑，即在基本放大电路中，信号是正向传递，而在反馈网络中，信号是反向传递（即输入信号只通过基本放大电路传向输出端，反馈信号只通过反馈网络传向输入端）。图中 $\dot{X}_i$、$\dot{X}_o$、$\dot{X}_f$ 和 $\dot{X}_d$ 分别表示放大器的输入信号、输出信号、反馈信号和净输入信号，$\dot{A}$ 表示基本放大电路的放大倍数（开环增益），$\dot{F}$ 表示反馈网络的反馈系数，符号⊗表示比较环节，$\dot{X}_i$ 和 $\dot{X}_f$ 通过此比较环节进行比较得到净输入信号 $\dot{X}_d$。

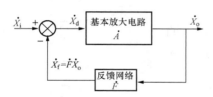

图 2-19　负反馈放大器的方框图

（2）负反馈放大器的一般表达式。由图 2-19 所示的方框图可知，各信号之间有如下关系：

$$\dot{X}_o = \dot{A}\,\dot{X}_d \tag{2-31}$$

$$\dot{X}_f = \dot{F}\,\dot{X}_o \tag{2-32}$$

$$\dot{X}_d = \dot{X}_i - \dot{X}_f \tag{2-33}$$

根据关系式，经整理可得负反馈放大电路闭环增益（闭环放大倍数）的一般表达式为

$$\dot{A}_f = \dot{X}_o / \dot{X}_i = \dot{A}/(1 + \dot{A}\,\dot{F}) \tag{2-34}$$

由式（2-34）可知，放大电路引入反馈后，其增益改变了。$\dot{A}_f$ 的大小和 $|1 + \dot{A}\,\dot{F}|$ 这

一因数有关。$|1+\dot{A}\dot{F}|$ 称为反馈深度,是衡量反馈强弱程度的一个重要指标。下面分三种情况进行讨论:

(1) 若 $|1+\dot{A}\dot{F}| > 1$,则 $|\dot{A}_{\mathrm{f}}| < |\dot{A}|$,即引入反馈后,增益减小,这种反馈称为负反馈。

(2) 若 $|1+\dot{A}\dot{F}| < 1$,则 $|\dot{A}_{\mathrm{f}}| > |\dot{A}|$,即引入反馈后,增益增大,这种反馈称为正反馈。

(3) $|1+\dot{A}\dot{F}| = 0$,则 $|\dot{A}_{\mathrm{f}}| \to \infty$,即放大电路没有输入信号时,也有输出信号,称为放大电路的自激。

3. 反馈的类型与判别

放大电路中的反馈,按反馈极性可分为正反馈和负反馈,按反馈信号与输出信号的关系可分为电压反馈和电流反馈,按反馈信号与输入信号的关系可分为串联反馈和并联反馈,按反馈信号的成分又可分为直流反馈和交流反馈。

(1) 正反馈和负反馈。在放大器中,当输入量不变时,引入反馈后,若放大电路的净输入信号减小,导致放大器的放大倍数下降,这种反馈称为负反馈;若使净输入信号增大,导致放大器的放大倍数增大,这种反馈称为正反馈。

判断反馈的正负通常采用瞬时极性法,即先假定输入信号为某一极性,一般设为正的极性。然后根据各级输入、输出之间的相位关系,依次判断其他有关各点受输入信号作用所呈现的瞬时极性,用(+)表示同相,用(-)表示反相。对于分立元件放大器,共射反相,共集、共基同相;对集成运放,U_{o} 与 U_{-} 反相,与 U_{+} 同相。最后看反馈到输入回路是增大还是减小了净输入信号。

对于图 2-20 所示的电路,现在用瞬时极性法来判断它们的反馈极性。图 2-20 (a) 中 R_{f} 为反馈元件,当输入信号的瞬时极性为(+)时,输入电流 I_{i} 将增加,根据共射极电路集电极与基极相位相反的原理,VT1 的基极极性为(+),则 VT1 的集电极为(-),VT2 的基极为(-),从而使 VT2 的集电极为(+),经过电容 C_2 耦合到输出端电位为(+),流经 R_{f} 的电流 I_{f} 减小,而使净输入 I_{d} 电流增加,所以电路引入正反馈。图 2-20 (b) 所示为运放组成的放大电路,R_{f} 为反馈元件,当输入电压 U_{i} 的瞬时极性为(+)时,输入电流 I_{i} 增加,由运放输入和输出的相位关系,则输出端的瞬时极性为(-),因而使反馈电流 I_{f} 增加,由 $I_{\mathrm{d}} = I_{\mathrm{i}} - I_{\mathrm{f}}$ 可知,净输入电流 I_{d} 减小,所以电路引入负反馈。

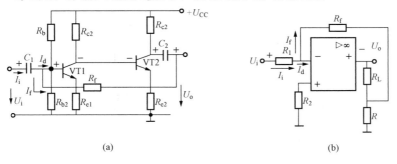

图 2-20 反馈极性的判别

(a) 正反馈;(b) 负反馈

（2）直流反馈和交流反馈。在反馈放大电路中，若反馈信号是直流分量，称为直流反馈；若反馈信号是交流分量，称为交流反馈；若反馈信号中既有直流又有交流分量，则称为交直流反馈。

在图 2 - 21 所示的电路中，图 2 - 21（a）所示反馈信号的交流成分被 C_e 旁路掉，在 R_e 上的反馈信号只有直流分量，因此是直流反馈；图 2 - 21（b）所示反馈信号通道仅能通交流信号，不通直流，因此为交流反馈。若将图 2 - 21（a）中的电容 C_e 去掉，则 R_e 两端的压降既有直流成分也有交流成分，因此是交直流反馈。

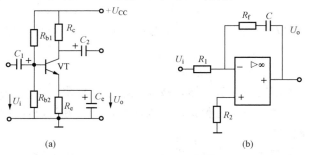

图 2 - 21　直流反馈和交流反馈

（a）直流反馈；（b）交流反馈

（3）电压反馈和电流反馈。这是按反馈信号和输出信号之间的关系来确定，即按反馈信号的取样对象来确定的。若反馈信号取样的是输出电压，则为电压反馈；若反馈信号取样的是输出电流，则为电流反馈。

区分电压和电流反馈可采用假想负载短路法。假设把输出负载 R_L 短路，即 $U_o = 0$，如果反馈信号因此消失，说明反馈信号与输出电压成正比，则为电压反馈；如果反馈信号依然存在，说明反馈信号与输出电压无关，则为电流反馈。

图 2 - 22（a）中，假想将负载 R_L 短路，则 $U_o = 0$，没有了反馈回路，反馈信号 U_f 消失，故为电压反馈。图 2 - 22（b）中，假想将负载 R_L 短路，则 $U_o = 0$，但输出电流则 I_o 依然存在，则反馈信号 U_f 存在，故为电流反馈。

（4）串联反馈和并联反馈。这是按反馈信号接入输入回路中与输入信号相叠加的方式来区分。若反馈信号和输入信号在输入回路中是以电压的形式叠加，是串联接在输入回路中，则为串联反馈；若反馈信号和输入信号是以电流的形式叠加，是并联接在输入回路中，则为并联反馈。换句话说，若反馈信号以电压的形式存在，则引入了串联反馈；若反馈信号以电流的形式存在，则引入了并联反馈。如图 2 - 22（a）中 $X_f = U_f$，反馈信号以电压形式存在，则此电路引入了串联反馈。

串联负反馈要求信号源内阻足够小，反馈效果更显著。若是并联负反馈则要求信号源内阻足够大，反馈效果才更显著。

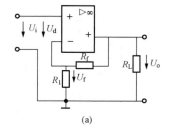 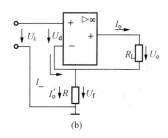

图 2 - 22　电压反馈和电流反馈

（a）电压反馈；（b）电流反馈

4．四种基本负反馈类型

反馈信号按取样方式和接入输入回路的方式来分，可以构成四种反馈，即电压串联负反馈、电压并联负反馈、电流串联负反馈和电流并联负反馈。

（1）电压串联负反馈。图 2 - 22（a）所示电路中，R_f 和 R_1 为反馈元件，它们构成反馈网络，在输入和输出回路之间建立联系。分析可知，反馈信号 U_f 是输出电压 U_o 在 R_f、R_1 组成的分压电路中，分在 R_1 上的电压，即 $U_f = \dfrac{R_1}{R_1 + R_f} U_o$，若 $U_o = 0$，则 $U_f = 0$，因此，反馈为电压反馈。由于反馈信号 U_f 是以电压形式存在，则为串联反馈。由瞬时极性法可知，引入反馈后，反馈信号 U_f 是使净输入信号 U_d 减小，故为负反馈。因此，电路引入电压串联负反馈。

电压负反馈具有稳定输出电压的作用。由图 2 - 22（a）可知，设输入信号 U_i 不变，负载 R_L 由于某种原因减小使输出电压 U_o 减小，可由电路自身的调节作用自动增大 U_o。过程如下：

$$R_L \downarrow \;\rightarrow\; U_o \downarrow \;\rightarrow\; U_f \downarrow \;\rightarrow\; U_d \uparrow$$
$$U_o \uparrow \;\longleftarrow$$

可见电压负反馈具有稳定输出电压的作用。

电压串联负反馈具有输入电阻大、输出电阻小和输出电压稳定的特点。

（2）电压并联负反馈。在图 2 - 23（a）中，R_f 为反馈元件，它在输入和输出间建立反馈通道。由分析可知，反馈信号 I_f 是取样输出电压，即 $I_f = \dfrac{-U_o}{R_f}$，若 $U_o = 0$，则 $I_f = 0$，因此为电压反馈。由于反馈信号 I_f 是以电流形式存在，则为并联反馈。由瞬时极性法可知，引入反馈后，反馈电流 I_f 增加，由 $I_d = I_i - I_f$ 可知，反馈信号是使净输入电流 I_d 减小，所以电路引入负反馈。故此电路引入电压并联负反馈。

电压并联负反馈具有输入电阻小、输出电阻小和输出电压稳定的特点。

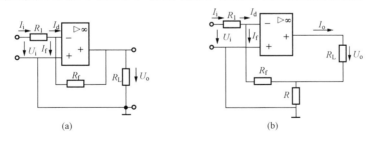

图 2 - 23　电压并联负反馈和电流并联负反馈
（a）电压并联负反馈；（b）电流并联负反馈

（3）电流串联负反馈。图 2 - 22（b）所示电路中，R 为反馈元件，在输出和输入回路之间建立联系。分析可知，R 上的电压 U_f 为反馈信号，由于 I_- 很小，故 $U_f = I_o R$，即 U_f 取样于输出电流，为电流反馈。由于反馈信号以电压形式存在，为串联反馈。由瞬时极性法可知，引入反馈后，反馈信号 U_f 是使净输入信号 U_d 减小，故为负反馈。因此，电路引入电流串联负反馈。电流负反馈有稳定输出电流的作用。由图 2 - 22（b）可知，设输入信号 U_i 不变，负载 R_L 由于某种原因减小，使输出电流 I_o 增大，可由电路自身的调节作用自动减小 I_o。过程如下：

$$R_L\!\downarrow\;\to\;I_o\!\uparrow\;\to\;U_f\!\uparrow\;\to\;U_d\!\downarrow\;\to\;U_o\!\downarrow\;\rule[0.5ex]{2em}{0.4pt}$$
$$I_o\!\downarrow\;\longleftarrow$$

可见电流负反馈具有稳定输出电流的作用。电流串联负反馈具有输入电阻大、输出电阻大和输出电流稳定的特点。

（4）电流并联负反馈。在图 2-23（b）中，R、R_f 为反馈元件，由它们在输出和输入回路之间建立联系。从输出回路分析，将 R_L 短路，即 $U_o=0$，反馈信号 I_f 依然存在，故为电流反馈，反馈信号以电流形式存在，为并联反馈。用瞬时极性法，可判断为负反馈，因此电路为电流并联负反馈。电流并联负反馈具有输入电阻小、输出电阻大和输出电流稳定的特点。

二、负反馈对放大器性能的影响

由前面的讨论可知，放大电路引入负反馈后，放大倍数下降，但可以改善放大器的动态性能，例如提高放大器的稳定性、减少非线性失真、抑制干扰、降低电路内部的噪声和扩展通频带，还会改变输入和输出电阻等。这些指标的改善对于提高放大器的性能是有益的，至于放大倍数的下降可以通过增加放大器的级数加以解决。

1. 提高放大倍数的稳定性

负反馈之所以能提高放大倍数的稳定性，是因为负反馈对相应的输出量有调节作用。

下面从数量上来分析负反馈对放大倍数稳定性提高的作用，由式（2-34）对 A 求导，可得

$$\frac{\mathrm{d}A_f}{\mathrm{d}A}=\frac{1}{(1+AF)^2} \tag{2-35}$$

即

$$\mathrm{d}A_f=\frac{\mathrm{d}A}{(1+AF)^2} \tag{2-36}$$

两边除以 A_f，得

$$\frac{\mathrm{d}A_f}{A_f}=\frac{1}{1+AF}\frac{\mathrm{d}A}{A} \tag{2-37}$$

式（2-37）表明，负反馈放大器闭环放大倍数的相对变化量，是开环放大倍数相对变化量的 $1/(1+AF)$，也就是说引入负反馈后放大倍数的稳定性提高了 $1+AF$ 倍。

例如某放大器的反馈深度 $D=1+AF=101$，$\dfrac{\mathrm{d}A}{A}=\pm10\%$，则

$$\frac{\mathrm{d}A_f}{A_f}=\frac{1}{101}\times(\pm10\%)\approx\pm0.1\% \tag{2-38}$$

即放大倍数的稳定性提高了 100 倍。

2. 减少非线性失真

由于三极管是非线性器件，所以放大器对信号进行放大时不可避免地产生非线性失真，问题是如何减小非线性失真。给三极管设置合适的工作点可以减小非线性失真。然而当输入信号的幅度较大时，三极管就可能工作在特性曲线的非线性部分，从而使输出波形失真。这是用合理设置工作点解决不了的问题，需要采用交流负反馈解决。

　　假设正弦信号经过开环放大电路后，变成正半周幅度大、负半周幅度小的输出波形，如图 2-24（a）所示。如果引入负反馈，如图 2-24（b）所示，并假定反馈网络是不会引起失真的纯电阻网络，则在输入端将得到正半周幅度大、负半周幅度小的反馈信号 x_f，由此得到的净输入信号 x_d 则是正半周幅度小、负半周幅度大的波形，即引入了失真，再经过基本放大器的放大，就使输出趋于正弦波，减小了非线性失真。但对于输入信号本身固有的失真，负反馈无能为力。

　　3. 抑制反馈环内的干扰和噪声

　　对于放大电路中的干扰和噪声，负反馈电路可以抑制反馈环内的干扰和噪声，其原理和改善非线性失真相同。

　　4. 扩展通频带

　　因为负反馈的作用就是对输出的任何变化都有纠正作用，所以放大电路在高频区和低频区放大倍数的下降，必然会引起反馈量的减小，从而使净输入量增加，放大倍数随频率的变化减小，幅频特性变得平坦，使上限截止频率升高，下限截止频率下降，通频带被扩展，如图 2-25 所示。

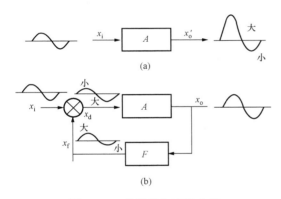

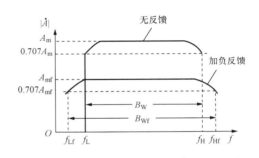

图 2-24　非线性失真的改善
（a）无反馈；（b）负反馈

图 2-25　负反馈展宽通频带

　　可见，借助于负反馈的自动调节作用，放大器的幅频特性得以改善，其改善程度和反馈深度有关，当 $1+AF$ 越大，负反馈越强，则通频带就越宽。计算表明，负反馈使放大器的通频带扩展了约 $1+AF$ 倍。

　　5. 改变输入电阻和输出电阻

　　（1）输入电阻。串联负反馈使输入电阻增加，并联负反馈使输入电阻减小。设基本放大器的输入电阻为 r_i，引入负反馈后电路的输入电阻为 r_{if}，则

　　　　串联负反馈，有　　　　　　　　$r_{if} = (1+AF)r_i$

　　　　并联负反馈，有　　　　　　　　$r_{if} = r_i/(1+AF)$

　　（2）输出电阻。电压负反馈使输出电阻减小，电流负反馈使输出电阻增加。设基本放大器的输出电阻为 r_o，引入负反馈后电路的输出电阻为 r_{of}，则

　　　　电压负反馈，有　　　　　　　　$r_{of} = r_o/(1+AF)$

　　　　电流负反馈，有　　　　　　　　$r_{of} = (1+AF)r_o$

本 章 小 结

（1）放大电路的基本任务是不失真地放大信号，其实质体现了对能量的控制作用，负载得到比输入信号大得多的能量是由直流电源提供的。

（2）要实现信号放大，正确组成电路是关键。即要保证晶体管等有源器件能正常工作，必须有合适的静态工作点。偏置电路的作用就是为放大电路提供合适而且稳定的静态工作点。

（3）衡量放大电路的性能指标有放大倍数、输入电阻、输出电阻、输出功率和效率、通频带等。其中，放大倍数是衡量放大能力的指标，输入电阻是衡量放大电路对信号源影响的指标，输出电阻则反映放大电路带负载能力的指标。

（4）放大电路的工作情况可以利用图解法进行分析，但工程上常利用放大电路的直流通路来分析静态工作点，而动态工作则利用微变等效电路分析。

（5）由晶体管组成的单管放大电路有共射、共集和共基极三种电路。共射电路具有较大的电压放大倍数，适中的输入电阻和输出电阻，适用于一般放大或多级放大电路的中间极。共集电路的电压放大倍数小于1，但近似于1，但它有输入电阻大、输出电阻小的特点，多用于多级放大电路的输入级、输出级或中间级。共基极放大电路适合用于高频或宽频带电路。

（6）多级放大电路的耦合方式有阻容耦合、直接耦合、变压器耦合等。其中，阻容耦合和变压器耦合只能放大交流信号，静态工作点相互独立。直接耦合可以放大交、直流信号，但存在各级静态工作点相互影响和零点漂移的问题。

（7）将输出信号的一部分或全部通过一定的方式引回到输入回路的过程称为反馈。

（8）判断反馈的极性用瞬时极性法。判断电压还是电流反馈看反馈信号的取样，取样输出电压则为电压反馈，取样输出电流则为电流反馈。判断是串联还是并联反馈则看反馈信号接入输入回路的方式，若是串联接入即串联反馈，若是并联接入即并联反馈。

（9）负反馈有电压串联负反馈、电压并联负反馈、电流串联负反馈和电流并联负反馈四种基本类型。

（10）负反馈对放大电路的性能有影响，主要体现在稳定放大倍数、减小非线性失真、扩展通频带、减小反馈环内的噪声和干扰，对电路的输入电阻和输出电阻也有影响。代价是降低了放大电路的放大倍数。

习　　题

2-1　试分析图 2-26 所示电路中，哪些可以实现正常的交流放大，哪些不能实现交流放大，并说明理由。

2-2　图 2-27 所示电路中，三极管的型号是 3DG6，$\beta=50$，$U_{BE}=0.7V$，$R_C=3k\Omega$，$R_b=300k\Omega$，$U_{CES}=0.3V$。试求：

（1）估算集电极的饱和电流值和基极饱和电流。

（2）设当开关 S 接通 A 时，三极管的 Q 点各值？

（3）当开关接通 B 时，三极管处于什么状态？

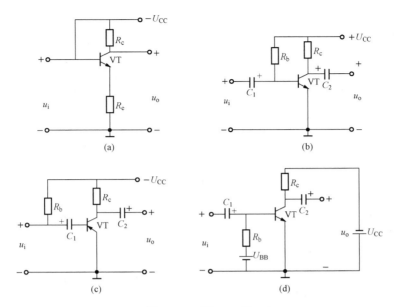

图 2 - 26 题 2 - 1 图

2 - 3 电路如图 2 - 28 所示，三极管的 $\beta = 100$，$r_{be} = 1k\Omega$，$R_{b1} = 30k\Omega$，$R_{b2} = 51k\Omega$，$R_e = 2k\Omega$，$U_{CC} = 12V$。试完成：

（1）估算 $R_{b3} = 0$ 和 $R_{b3} = 100k\Omega$ 时的 r_i。

（2）说明 R_{b3} 的作用。

图 2 - 27 题 2 - 2 图   图 2 - 28 题 2 - 3 图

2 - 4 试画出图 2 - 29 所示电路的直流通路和微变等效电路，设电路中各电容的容抗均可忽略，并注意标出电压、电流的正方向。

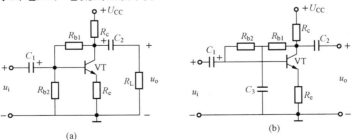

图 2 - 29 题 2 - 4 图（一）

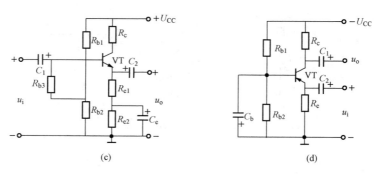

图 2-29 题 2-4 图（二）

2-5 图 2-30 所示固定偏置电路中，已知 $U_{CC}=12V$，$R_b=750k\Omega$，$R_c=6.8k\Omega$，采用 3DG6 型三极管。试完成：

（1）当 $T=25℃$，$\beta=60$，$U_{BE}=0.7V$ 时，求 Q 点值。

（2）如 β 随温度变化为 $0.5\%/℃$，而 U_{BE} 随温度的变化为 $-2mV/℃$，当温度升高到 75℃ 时，估算 Q 点的变化情况。

（3）如果温度维持 25℃ 不变，只是换一个 $\beta=150$ 的三极管，Q 点如何变化，此时放大电路是否能正常工作？

2-6 单管放大电路如图 2-31 所示，已知电流放大系数 $\beta=50$，$R_b=300k\Omega$，$R_c=2k\Omega$，$R_L=4k\Omega$，$U_{CC}=12V$。试完成：

（1）估算静态工作点 Q。

（2）画出微变等效电路。

（3）计算电压放大倍数、输入电阻和输出电阻的值。

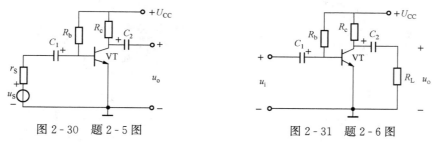

图 2-30 题 2-5 图   图 2-31 题 2-6 图

2-7 如图 2-32 所示的电路中，已知 $\beta=50$，$R_b=150k\Omega$，$R_e=3k\Omega$，$R_L=2k\Omega$，$r_S=0.6k\Omega$，$U_{CC}=24V$。试完成：

（1）估算静态工作点 Q。

（2）画出微变等效电路。

（3）计算电压放大倍数、输入电阻和输出电阻的值。

2-8 如图 2-33 所示的电路中，已知 $\beta=50$，$R_{b1}=33k\Omega$，$R_{b2}=10k\Omega$，$R_e=1.5k\Omega$，$R_c=3.3k\Omega$，$R_L=3.3k\Omega$，$U_{CC}=24V$。试完成：

（1）估算静态工作点 Q。

（2）画出微变等效电路。

（3）计算电压放大倍数、输入电阻和输出电阻的值。

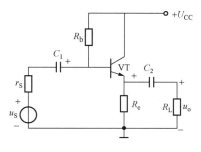

图 2-32 题 2-7 图

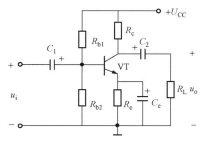

图 2-33 题 2-8 图

2-9 如图 2-34 所示电路，设 $\beta=100$，$R_{b1}=20\text{k}\Omega$，$R_{b2}=15\text{k}\Omega$，$R_e=2\text{k}\Omega$，$R_c=2\text{k}\Omega$，$U_{CC}=10\text{V}$，$r_S=0.6\text{k}\Omega$。试完成：

（1）估算静态工作点 Q。

（2）计算电压增益 $A_{u1}=\dfrac{U_{o1}}{U_S}$ 和 $A_{u2}=\dfrac{U_{o2}}{U_S}$。

（3）计算输入电阻 r_i 和输出电阻 r_{o1}、r_{o2} 的值。

2-10 图 2-35 所示电路中，已知 $\beta_1=\beta_2=60$，$U_{BE}=0.7\text{V}$，试求静态工作点和电压放大倍数。

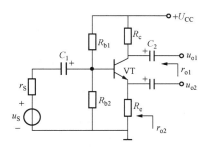

图 2-34 题 2-9 图

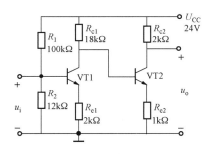

图 2-35 题 2-10 图

2-11 有一负反馈电路，$A=10^3$，$F=0.099$，已知输入信号 $u_i=0.1\text{V}$，求净输入信号 u_d、u_f 以及输出信号 u_o 的值。

2-12 电路如图 2-36 所示，试完成：

（1）找出反馈元件或支路。

（2）判断各电路的反馈类型。

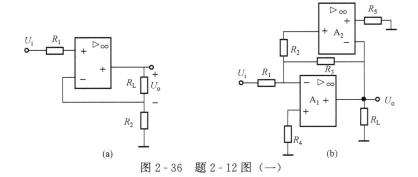

(a)   (b)

图 2-36 题 2-12 图（一）

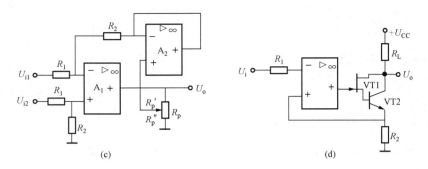

图 2-36 题 2-12 图（二）

2-13 分析图 2-37 所示电路的交流反馈类型，并说明反馈元件。

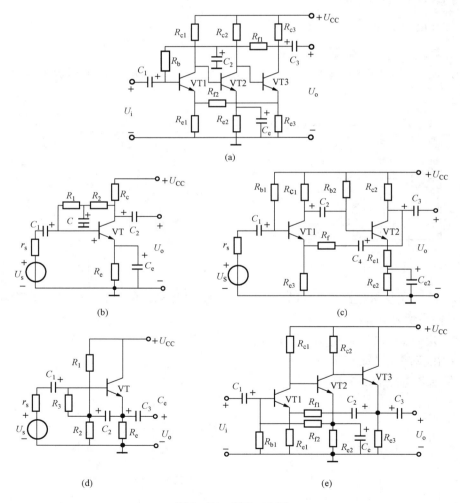

图 2-37 题 2-13 图

2-14 由单级负反馈级联而成多级负反馈电路的方式有四种，如图 2-38 所示。试从得到更好的反馈效果来分析，这些级联方式中哪些合理，哪些不合理。

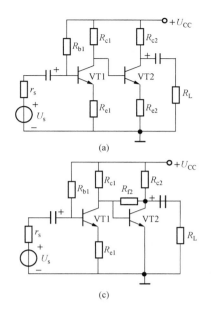
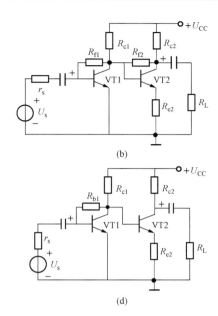

(a)　　　　　　　　　　　　　(b)

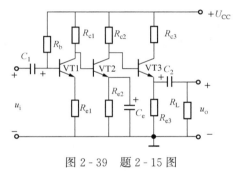

(c)　　　　　　　　　　　　　(d)

图 2 - 38　题 2 - 14 图

2 - 15　图 2 - 39 所示电路中想实现下列要求，应分别引入什么反馈（在图中添加元件来实现）。

（1）希望稳定各级电路的静态工作点。

（2）希望输入端向信号源索取的电流小。

（3）希望加入信号后，I_{c3} 基本不受 R_{c3} 变化的影响。

（4）希望 R_L 变化时输出电压 U_o 基本不变。

图 2 - 39　题 2 - 15 图

第三章　集 成 运 算 放 大 器

本章主要介绍集成运算放大器的组成和理想运放的特点，以通用型集成运算放大器 $\mu A741$ 为例介绍了集成运放主要的技术指标，并对集成运放在信号运算中的应用和在信号检测与处理方面的应用做了分析。

第一节　概　　　述

集成电路是 20 世纪 60 年代初发展起来的一种新型的电子器件。它是在一小块硅单晶片上制成许多半导体三极管、二极管、电阻、电容等器件，组成能实现一定功能的电子线路组件，实现器件、线路和系统的三结合。与分立元件电路相比较，采用集成电路可使电子设备具有成本低、体积小、重量轻、耗能低和可靠性高的特点。

集成电路可分为模拟电路和数字电路两大类。数字集成电路是用来产生和处理各种数字信号的集成电路，模拟集成电路则是用来产生、放大、处理各种模拟信号的集成电路。模拟集成电路的种类很多，集成运算放大器就是其中的一种，简称为集成运放。

集成运放实际上是一个具有高电压放大倍数、高输入电阻和低输出电阻的直接耦合多级放大器。由于发展初期集成运放主要用在模拟计算机中以实现各种数学运算而得名，但其应用范围现已远远超出了数学运算，涉及信号产生、变换与处理、电源稳压、有源滤波、测量、自动控制等方面。

与分立元件电路相比，模拟集成电路具有以下特点：

（1）元件数值的相对误差小，电路由于各元件是在同一硅片上用相同的工艺条件制造出来的，容易制成参数基本相同的元件，且同一硅片内的元件参数具有同向偏差，温度均一性好，这样对制造差动放大器特别有利。

（2）电路中的电阻元件是利用硅半导体的体电阻构成，其阻值范围有局限性，一般在几十欧到 20 千欧之间，大电阻则常用三极管恒流源来代替。

（3）电路中使用的二极管一般用 NPN 型三极管的发射结代替，即把基极和集电极短接，常用作温度补偿或电位移动电路。

（4）采用复合结构的电路，由于复合结构电路的性能较佳，而制作又不增加多少困难，因而在集成电路中多采用复合管、共射-共基、共集-共基等组合电路。

（5）电路中的电容常用 PN 结的结电容构成，故其容量不大，一般为几皮法到几十皮法，如果再大就采用外接电容器件。电感的制作更难，因此集成电路中都采用直接耦合方式。

一、集成运算放大器内部电路简介

（一）电路组成框图和符号

集成运放的种类很多，但在电路结构上大都是由输入级、中间级、输出级和偏置电路四部分组成，如图 3-1 所示，此外还有一些辅助电路。

（1）输入级的任务是在尽可能小的零漂和输入电流情况下，得到尽可能高的输入电阻和输入电压变化范围，它由带有恒流源的差动放大电路组成，是整个运放的关键部分。

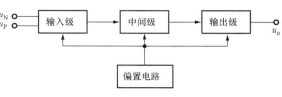

图 3-1　集成运放电路结构框图

（2）中间级的任务是在实现单端化和电平移动的同时还要为整个放大电路提供足够高的电压放大倍数，一般由 1 或 2 级直流放大器组成。

（3）输出级的任务是保证运放有一定幅度的输出电压和输出电流，并将负载与输入端加以隔离，一般由单端或互补射极输出器组成，有的还设有过流保护电路。

（4）偏置电路的任务是向各级放大电路提供稳定的偏置电流，主要包括镜像电流源和微电流源。

辅助电路有调零电路，用以保护输出管的过载保护电路、自动恒温控制电路等。

集成运放组件外形常见的有三种，分别为双列直插式、扁平式和圆壳式封装，如图 3-2 所示。每个管脚在电路中的位置、功能和用途可查阅器件手册或产品说明书。

集成运放电路符号如图 3-3 所示。它有两个输入端，"－"号表示反相输入端，当输入信号 u_{i1} 由此输入时，输出信号 u_o 与输入 u_{i1} 反相；"＋"号表示同相输入端，当输入信号 u_{i2} 由此输入时，输出信号 u_o 与输入 u_{i2} 同相。负反馈通常加在反相输入端。

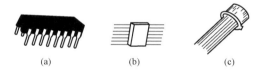

图 3-2　集成运放外形图

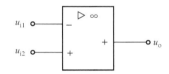

图 3-3　集成运放电路符号

（二）集成运放 μA741

μA741 是国外集成运放中的一种，其内部电路与我国 F007 集成运放的内部电路相似，二者可以直接替换使用。μA741 是一种具有高开环增益、高输入电压范围、高共模抑制比、高输入阻抗、有过载保护、内部频率补偿、低功耗、便于调零等特点的高性能集成运算放大器，是一种通用性很强的运算放大器，因此其应用最广泛。μA741 内部电路见图 3-4（a），引脚排列见图 3-4（b）。

（1）偏置电路由 VT8～VT13 和 R_5 组成。其中，VT11、VT12 和 R_5 串联构成主偏置电路，决定偏置电路的基准电流 I_{REF}，为输入级、中间级和输出级的几个恒流源提供稳定的偏置电流。其中，VT8 和 VT9 为一对横向 PNP 管，组成镜像电流源，供给输入级 VT1 和 VT2 稳定的工作电流，主偏置电路中 VT10 和 VT11 组成微电流源电路，由 I_{C10} 供给输入级中 VT3 和 VT4 的偏置电流；VT12 和 VT13 构成双端输出的镜像电流源，VT13 是一个双集电极的横向 PNP 型三极管，可视为两个三极管，它们两个的集电结彼此并联，一路输出为 $VT13_B$ 的集电极，为中间放大级 VT17 提供偏流；另一路输出的是 $VT13_A$ 的集电极，为输出级提供偏流。

（2）输入级由 VT1～VT7 组成。VT1、VT3 和 VT2、VT4 组成了共集电极-共基极复合差动放大电路。由于共集电极电路的输入电阻高、共基极电路的电压放大倍数大，两者耦

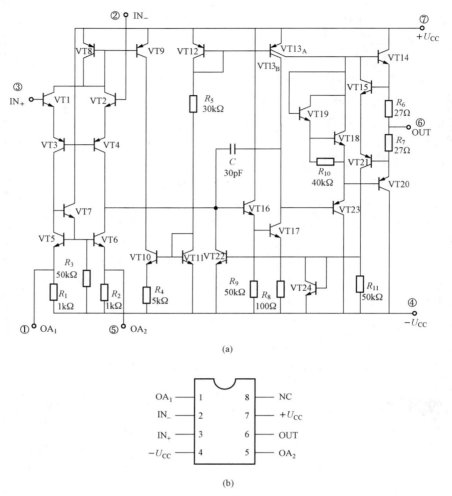

图 3-4　μA741 内部结构及引脚图
(a) 内部结构；(b) 引脚图

合，就具有差模电压增益大和输入电阻高的特点。而横向 PNP 管 VT3 和 VT4，其发射结反向耐压很高，可以提高共模输入电压范围，VT5～VT7 组成的恒流源作为差动放大电路的有源负载，有利于提高输入级的差模放大倍数、最大差模输入电压和共模抑制比。VT5、VT6 的发射极引出①、⑤端，外接调零电位器，可调节使输入为零时输出也为零。

　　（3）中间级由 VT16、VT17 复合管组成共射极放大电路，VT13$_B$ 组成的有源负载是其集电极负载。本级可获得很高的电压放大倍数，电容 C 起频率补偿作用，用于防止电路产生自激振荡。

　　（4）输出级由 VT14、VT20 组成互补对称电路。为克服交越失真，将 VT18 的集电极、发射极接在 VT14、VT20 的基极之间，使 VT14、VT20 工作在甲乙类状态。VT18、VT19 由 VT13$_A$ 组成的电流源供给恒定的工作电流，中间级的输出信号送到 VT23 管组成的共集电极电路，由于输入电阻大，减小了对中间级的负载影响。为了防止输入级信号过大或输出短路而损坏三极管，电路设有由 VT15、VT21、VT22、VT24 组成的过电流保护电路。

　　μA741 使用 ±15V 双电源供电。关于 μA741 的主要参数见附表 B-2。

我国集成运放的命名方法如下：按国家标准规定，前两个字母是 CF，CF 后面的字母或数字与国际标准的相同。国家标准规定的这类型号的封装、引脚排列和参数指标与国际标准的相同。如我国的 CF741 与国外的 AD741、PM741、μPC741、LM741、μA741 等的封装、引脚排列、功能和性能指标完全相同，可以互相代替。有关我国半导体集成电路命名方法及各部分含义见附录 2。

我国有些产品型号按电子工业部标准命名，第一个字母是 F，F 后面的部分与国际标准不同，但技术标准与国际的一样，在此不予详述。

常用 NS 公司（美国国家半导体公司）的运放产品有 LM324-四单电源运放、LM358 双运算放大器，适合于电源电压范围很宽（3～32V）的单电源使用，也适用于双电源（±1.5～15V）工作模式。

（三）差动放大电路简析

1. 零点漂移现象

在集成电路中，由于级间都采用直接耦合方式，可以放大频率很低（变化缓慢）的信号，同时也存在着零点漂移现象。零点漂移（简称零漂）是指当输入信号为零时，输出电压并不等于零，即输出电压偏离零点而上下漂动的现象。直接耦合放大电路级数越多，放大倍数越大，零漂就越严重。当漂移电压的大小足以和输出端有用信号的大小相比拟时，就无法分辨出谁是有用的信号电压，严重时漂移电压甚至会淹没有用信号，使放大电路不能正常工作。因此，零漂是直接耦合放大电路中的一个特殊现象，必须克服。而在交流放大器中，由于级间采用隔直电容，缓慢变化的漂移电压只被限制在本级内而不会被逐级放大，因此不必考虑零漂问题。

在放大电路中，任何元器件参数的变化都是产生零漂的原因，例如电源电压波动、元器件老化、三极管的参数随温度的变化等，其中最主要的原因是温度的变化引起三极管参数的变化，因此零点漂移也称为温度漂移。

在直接耦合多级放大电路中，因为第一级放大电路零点漂移被后面各级电路逐级传送和放大，致使放大电路的输出端产生较大的漂移电压，故第一级零漂对输出端的影响最为严重。抑制零漂的方法较多，例如可以采用温度补偿电路、输入级采用差动放大电路等。在集成运放中，第一级就是采用了差动放大电路，以实现抑制零漂的作用。

2. 基本差动放大电路

（1）电路组成。差动放大电路具有非常好的抑制零漂的性能。如图 3-5 所示，基本差动放大电路由两个完全对称的单管放大电路组成（三极管的特性及相应器件的参数都相同）。输入信号从两管的基极输入，输出信号取自两管集电极电位之差。这种输入输出方式称为双端输入双端输出。因为直接耦合放大电路的信号常常是变化缓慢的信号，而不一定是正弦信号，所以输入电压和输出电压分别用 ΔU_i 和 ΔU_o 表示。

（2）静态分析。静态分析即对电路零点漂移的抑制能力分析。在静态即没有输入信号电压，$\Delta U_{i1} = \Delta U_{i2} = 0$ 时，由于电路完全对称，则两管静态的集电极电流和集电极电位都相同，即 $I_{c1} = I_{c2}$，$U_{c1} = U_{c2}$，所以输出电压 $\Delta U_o = U_{c1} - U_{c2}$

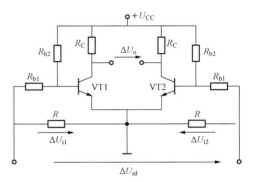

图 3-5　基本差动放大电路

0。由此可知，输入信号电压（$\Delta U_i = \Delta U_{i1} - \Delta U_{i2}$）为零时，输出信号电压 ΔU_o 也为零。而在温度变化时，由于电路完全对称，两管的集电极电流和集电极电位变化量都是相等的，电路输出电压仍为零。上面的分析说明了完全对称的差动放大电路，从两管集电极取输出信号时，能有效地抑制零点漂移。在理想情况下，图 3-5 所示电路的零点漂移为零。但是完全对称是不可能的，所以抑制零漂能力取决于电路（尤其是三极管）的对称程度。

（3）动态分析。动态分析即对信号的放大能力分析。

1）共模输入。若两个输入信号是大小相等、极性相同，这样的输入信号称为共模输入信号，用 ΔU_{iC} 表示，即 $\Delta U_{iC} = \Delta U_{i1} = \Delta U_{i2}$。共模输入时，由于电路完全对称，两管的集电极电位变化相同，因此输出电压为零（$\Delta U_{oC} = 0$），即对共模信号无放大作用。完全对称的差动放大电路，双端输出时的共模电压放大倍数 A_{uc} 为

$$A_{uc} = \frac{\Delta U_{oC}}{\Delta U_{iC}} = 0$$

在差动电路中，无论是温度变化，还是电源电压的波动，都会引起两管集电极电流和集电极电压做相同的变化，其效果相当于在两管输入端加入了共模信号，即共模输入信号相当于将输出端漂移电压折算到输入端来的一个等效漂移电压。因此，电路抑制共模信号的能力就是抑制零漂的能力。差动放大电路两边对称性越好，共模电压放大倍数越小，说明放大电路抑制零漂能力越强，电路性能越好。

2）差模输入。若两管获得的输入信号是大小相等、极性相反，这样的输入称为差模输入，$\Delta U_{i1} = -\Delta U_{i2}$，使用时常常将差模输入信号 ΔU_{id} 分别加到两管的输入端（见图 3-5），由于 R 的分压作用，因而得到

$$\Delta U_{i1} = -\Delta U_{i2} = \frac{1}{2}\Delta U_{id}$$

或

$$\Delta U_{id} = \Delta U_{i1} - \Delta U_{i2} = 2\Delta U_{i1} = -2\Delta U_{i2} \tag{3-1}$$

此时电路中两管的集电极电位变化是一管上升，另一管下降，且变化量相同，即 $\Delta U_{c1} = -\Delta U_{c2}$。因而差模输出电压 $\Delta U_{od} = \Delta U_{c1} - \Delta U_{c2} = 2\Delta U_{c1} = -2\Delta U_{c2}$，即在两输出端间有差模信号电压输出。差模电压放大倍数 A_{ud} 为

$$A_{ud} = \frac{\Delta U_{od}}{\Delta U_{id}} = \frac{\Delta U_{c1} - \Delta U_{c2}}{\Delta U_{i1} - \Delta U_{i2}} = \frac{2\Delta U_{c1}}{2\Delta U_{i1}} = -\frac{\beta R_c}{R_{b1} + r_{be}} \tag{3-2}$$

通常 R_{b2} 阻值较大，近似计算时可视作开路。式（3-2）表明，双端输入、双端输出的差放电路差模电压放大倍数与单边基本放大电路的电压放大倍数绝对值相同。可见该电路是采用成倍的元器件以换取抑制零点漂移的能力。

3）共模输入、差模输入共存。若两个输入信号的大小和极性都是任意的，这样的输入信号可以把它视作差模信号和共模信号并存，可将其等效分解为差模输入信号和共模输入信号。若两输入端信号为 ΔU_{i1}、ΔU_{i2}，则

差模信号为

$$\Delta U_{id} = \Delta U_{i1} - \Delta U_{i2} \tag{3-3}$$

共模信号为

$$\Delta U_{iC} = \frac{1}{2}(\Delta U_{i1} + \Delta U_{i2}) \tag{3-4}$$

即差模信号是两个输入信号之差，而共模信号则是二者的算术平均值，若用共模和差模信号表示两个输入电压时有

$$\Delta U_{i1} = \Delta U_{ic} + \frac{1}{2}\Delta U_{id}$$

$$\Delta U_{i2} = \Delta U_{ic} - \frac{1}{2}\Delta U_{id} \tag{3-5}$$

在差模信号和共模信号并存情况下，差动放大电路在线性工作区时可利用叠加原理来求总的输出电压，即

$$\Delta U_o = A_{ud}\Delta U_{id} + A_{uc}\Delta U_{ic} \tag{3-6}$$

3. 共模抑制比 K_{CMR}

为了表示差动放大电路对共模信号的抑制能力，常用共模抑制比来表示。其定义为差动放大电路的差模电压放大倍数与共模电压放大倍数之比的绝对值，即

$$K_{CMR} = \left| \frac{A_{ud}}{A_{uc}} \right| \tag{3-7}$$

用分贝（dB）数表示为

$$K_{CMR} = 20\lg \left| \frac{A_{ud}}{A_{uc}} \right| (dB)$$

共模抑制比是衡量差动放大电路性能优劣的重要指标之一。共模抑制比越大，电路对零点漂移的抑制能力越强，放大电路性能越优良。

上述基本差动放大电路是靠两边电路对称来抑制零点漂移的。但是完全对称是不可能的，而且上述差动放大电路中，每边管子的零点漂移并未受到抑制，只不过是两边的漂移相同，在双端输出中抵消罢了。如果采用单端输出（即在某管的集电极与地之间接负载），则每管的零点漂移仍能反映到输出上。为了减小每管的零漂，可以采用下述具有公共发射极电阻的差动放大电路。

4. 具有公共发射极电阻的差动放大电路

如图 3-6 所示，其中 R_w 为调零电位器，是为了减小电路中两个管子特性不对称的影响而设的，其抽头两侧电阻分别是两管的发射极电阻，具有电流串联负反馈作用。因此，调节 R_w 就可以改变两管的负反馈系数，从而使不对称得到补偿，R_w 对差模放大倍数有影响，故取值不大，一般为几十欧到几百欧。

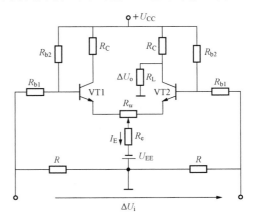

图 3-6　具有公共 R_e 的差动放大电路

（1）R_e 对零漂有抑制作用。R_e 是为了抑制零漂而设的，其作用如下：

$$温度\uparrow \begin{cases} I_{C1}\uparrow \\ I_{C2}\uparrow \end{cases} \searrow I_E\uparrow (=2I_{E1}) \rightarrow U_E\uparrow \begin{cases} U_{BE1}\downarrow \rightarrow I_{B1}\downarrow \rightarrow I_{C1}\downarrow \\ U_{BE2}\downarrow \rightarrow I_{B2}\downarrow \rightarrow I_{C2}\downarrow \end{cases}$$

显然，R_e 对每管的零点漂移抑制作用是单管放大电路中 R_e 的两倍。

（2）R_e 对差模信号无影响。对于差模信号，情况就不同了，两管信号电流在 R_e 上的变化大小相等、方向相反，因此，流过 R_e 上的信号电流为零，R_e 对差模信号没有负反馈作用。因此，增大 R_e 对差模输入信号的放大没有影响，而对零点漂移及共模信号的抑制能力却增强许多。但是增大 R_e 后，每管的 U_{CEQ} 值会减小。为了能采用较大的 R_e，又能保证管子有合适的工作点，通常接入辅助电源 U_{EE}，用来补偿 R_e 上的电压降。

增大 R_e 虽然可以减小零点漂移，提高共模抑制比，但是 R_e 太大，需要的 U_{EE} 就很高，况且在集成电路中不易制作高阻值的电阻，因此，用具有恒流源特性的三极管电路代替 R_e 成为最佳选择，如图 3-7 所示。

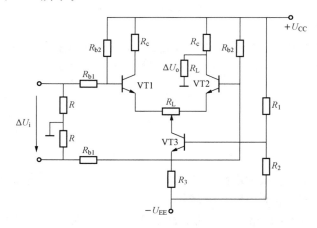

图 3-7　具有恒流源的差动放大电路

图 3-7 中，VT3 为恒流管。我们知道三极管工作在放大区时，其集电极电流具有近似恒流的性质，动态电阻大，直流电阻小，因此，采用恒流源的差动放大器对零点漂移的抑制能力就大大增强了。

另外，差动放大电路的输入方式还有单端输入，电路工作状态与双端输入时近似一致。

二、理想运算放大器的参数和特点

（一）集成运放的主要参数

衡量集成运放质量好坏的技术指标很多，可通过查阅器件手册来选取合适的器件，因此必须了解表示集成运放特性的主要参数的含义。

1. 开环差模电压放大倍数 A_{uo}

A_{uo} 是指集成运放工作在线性区，接入规定的负载并处于开环状态下的直流差模电压放大倍数，它代表了放大器的放大能力，且是决定运算精度的重要参数。目前，通用型集成运放 A_{uo} 一般为 60～140dB，高质量的集成运放可达 170dB 以上。μA741 的 A_{uo} 典型值约为 100dB。

2. 最大输出电压 U_{om}

U_{om} 是指输出与输入保持不失真的最大输出电压值。U_{om} 越大，表示集成运放线性动态范围越大。μA741 的 U_{om} 为 ±（13～14)V。

3. 输入失调电压 U_{io}

一个理想的集成运放，当输入电压为零时，输出电压也应为零（不加调零装置）。但实际上做不到,还是存在着一定的输出电压。输入失调电压是指输入电压为零时,为了使集成运放的输出电压为零,在输入端加的补偿电压。即指输入电压为零时,输出电压折算到输入端的电压值,它反映了运放电路中对称程度和电位配合情况。U_{io}越小越好,一般为几毫伏。

4. 输入失调电流 I_{io}

I_{io}是指输入信号为零时,两个输入端静态电流之差。它反映了输入级差动对管的不对称程度,其值越小越好。对于用三极管作输入级的运放,I_{io}一般为 $0.1\mu A$ 以下;对于用场效应管作输入级的运放,I_{io}一般为 $10^{-4}\mu A$ 左右。

5. 输入偏置电流 I_{iB}

当输入信号为零时,差动对管的两个静态输入电流的平均值称为输入偏置电流,即

$$I_{iB} = \frac{I_{B1} + I_{B2}}{2}$$,通常 I_{iB} 为 $1nA \sim 0.1\mu A$。

6. 最大共模输入电压 U_{icmax}

U_{icmax}是指不破坏运放正常工作的条件下,两个输入端所允许加的最大共模输入电压。显然,其值越大,对称程度越好,应用范围越广。

7. 开环带宽 BW(f_H)

开环带宽又称−3dB带宽,开环差模电压增益下降3dB时对应的频率 f_H 称为上限频率,$0 \sim f_H$ 的频带宽度即为开环带宽 BW。

除上述参数外,还有最大差模输入电压、共模抑制比、输入电阻、输出电阻、转换速率、功耗、温漂等参数,此处不再一一列举。附表 B-2 列出了典型集成运算放大器参数,供选用时参考。

(二)理想运放的参数及特点

在分析集成运放的各种应用电路时,为了使问题的分析得到简化,常常将它看成是一个理想器件。尽管理想运放是不存在的,但这样理想化处理时的分析与计算所带来的误差一般能满足工程要求,本书除特别指出外,均按理想运放对待。

1. 理想运放的条件

理想运放应满足以下各项条件:

(1)开环电压放大倍数 $A_{uo} = \infty$。

(2)差模输入电阻 $r_{id} = \infty$。

(3)输出电阻 $r_o = 0$。

(4)共模抑制比 $K_{CMR} = \infty$。

(5)输入失调电流 $I_{io} = 0$。

(6)带宽 BW $= \infty$。

(7)输入失调电压及它们的温漂均为零。

实际运放的电压传输特性曲线如图 3-8 所示,运放的工作范围有两种:工作在线性区或非线性区。因运放的 A_{uo} 值通常很高,所以线性放大范围很小,如果不采取适当措施,即使在输入端加上一个很小的电压,仍有可能使集成运放超出线性区而进入非线性区。为了保证运放工作在线性区,通

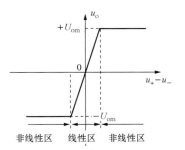

图 3-8 电压传输特性

常在电路中引入深度负反馈，以减小直接加在运放两个输入端的净输入电压。

2. 理想运放工作在线性区的特点

（1）虚短。理想运放如图 3-9 所示。当运放工作在线性区时，其输出电压与两个输入端的电压差呈线性关系，即

$$u_o = A_{uo}(u_+ - u_-) \tag{3-8}$$

因理想运放的 $A_{uo} = \infty$，u_o 为有限值，由式（3-8）得

$$u_+ - u_- = \frac{u_o}{A_{uo}} = 0$$

即

$$u_+ = u_- \tag{3-9}$$

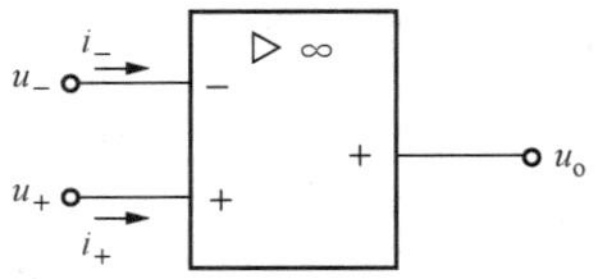

式（3-9）表示运放的同相输入端与反相输入端两点的电位相等。两点像短路了一样，但实际运放的 $A_{uo} \neq \infty$，这两点电位差只是很小，小到可以忽略不计。因此，这两点并未真正短路而是虚假短路，称为虚短。

（2）虚断。由于理想运放的差模输入电阻 $r_{id} = \infty$，$u_+ - u_- = 0$，输入的偏置电流 $I_B = 0$。因此其两个输入端电流为零，即

图 3-9　理想运放

$$i_+ = i_- = 0 \tag{3-10}$$

如同这两点被断开一样，但实际运放 $r_{id} \neq \infty$，i_+ 和 i_- 只是非常小而忽略不计，所以并未真正断路，而是虚假断路，称为虚断。

虚短、虚断是理想运放工作在线性区时的两个重要结论，常用来进行电路的分析，必须理解与掌握。

3. 理想运放工作在非线性区的特点

如果运放处于开环状态或工作信号超出了线性放大的范围，则输出电压不再随输入电压线性增长，而将达到饱和，进入非线性区，式（3-8）不再成立，而此时也有两个重要结论。

（1）理想运放输出电压 u_o 的值只有两种可能。理想运放工作在非线性区，其输出电压为正饱和电压 U_{om} 或负饱和电压 $-U_{om}$，两者必居其一。

当 $u_+ > u_-$ 时

$$u_o = U_{om} \tag{3-11}$$

当 $u_+ < u_-$ 时

$$u_o = -U_{om} \tag{3-12}$$

而 $u_+ = u_-$ 是正、负两种饱和状态的转折点。

（2）虚断仍成立。即 $i_+ = i_- = 0$，因此，在分析集成运放电路时，首先应判断它工作在什么区域，再运用上述特点进行分析与计算。

第二节　集成运算放大器在信号运算中的应用

一、比例运算电路

比例运算电路的输出电压与输入电压之间存在比例关系，即电路可实现比例运算。比例

运算是最基本的运算电路，是其他各种运算电路的基础。

根据输入信号接法的不同，比例电路有三种基本形式：反相输入、同相输入及差动输入比例电路。

（一）反相比例运算电路

反相比例运算电路如图 3-10 所示。信号从反相端（N）输入，同相端（P）经过电阻 R_2 接地，反馈电阻 R_f 跨接于输出端和反相端之间，引入了电压并联负反馈，使运放工作在线性区。

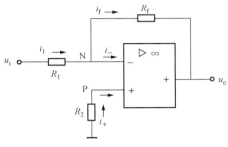

R_2 称为平衡电阻，其值为 $R_2 = R_1 /\!/ R_f$，它保证了集成运放两个输入端静态时外接电阻相等，用以提高集成运放差动输入级的对称性，即使两个输入端的静态电位平衡，以提高对共模信号的抑制能力，提高共模抑制比。平衡电阻的求法如下：令 u_i =0，则 u_o =0，此时 "-" 端对地总电阻值，即为所求平衡电阻值。

图 3-10 反相比例运算电路

利用理想运放工作在线性区虚短、虚断两个重要结论分析：由于 $i_+ = 0$，则 $u_+ = u_p = 0$；又因为 $u_- = u_+$，所以 $u_- = 0$。即反相输入端 N 点的电位近似等于 "地" 电位，但又不是 "地"，故称为虚地。反相端 N 为虚地是反相输入运放电路的一个重要特点。

由于 $i_- = 0$ 则有 $i_1 = i_f$，即

$$\frac{u_i - u_-}{R_1} = \frac{u_- - u_o}{R_f}$$

其中，$u_- = 0$，由此可得

$$u_o = -\frac{R_f}{R_1} u_i \qquad (3-13)$$

或用闭环电压放大倍数表示为

$$A_{uf} = \frac{u_o}{u_i} = -\frac{R_f}{R_1} \qquad (3-14)$$

式（3-14）表明，u_o 与 u_i 成反相比例关系，负号表示 u_o 与 u_i 相位相反，比例系数与集成运放本身的参数无关，仅与外接元件的参数有关。

若 $R_1 = R_f$，则 $u_o = -u_i$。即 u_o 与 u_i 大小相等相位相反，此时的电路称为反相器或倒相器。

【例 3-1】 电路如图 3-10 所示，已知 $R_1 = 1.5\text{k}\Omega$，$A_{uf} = -20$，求 R_f 值及 $u_i = 0.2\text{V}$ 时的 u_o 值。

解 由式（3-14）可知

$$A_{uf} = \frac{u_o}{u_i} = -\frac{R_f}{R_1}$$

$$R_f = -A_{uf}R_1 = -(-20) \times 1.5 = 30(\text{k}\Omega)$$

当 $u_i = 0.2\text{V}$ 时

$$u_o = A_{uf}u_i = (-20) \times 0.2 = -4(\text{V})$$

（二）同相比例运算电路

同相比例运算电路如图 3-11 所示，输入电压 u_i 接至同相输入端，R_f 仍接在输出与反相输入端之间，引入了电压串联负反馈，运放工作在线性区。图中平衡电阻 $R_2 = R_1 \mathbin{/\mkern-5mu/} R_f$，利用虚短、虚断结论分析如下：

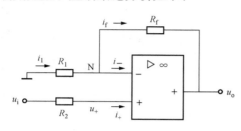

图 3-11　同相比例运算电路

由于 $i_+ = 0$，所以 $u_+ = u_i$；又因为 $u_- = u_+$，即 $u_- = u_+ = u_i$。

由于 $i_- = 0$，$i_1 = i_f$，即

$$\frac{0 - u_-}{R_1} = \frac{u_- - u_o}{R_f}$$

将 $u_- = u_i$ 代入可得

$$u_o = \left(1 + \frac{R_f}{R_1}\right)u_i \qquad (3-15)$$

用闭环电压放大倍数表示为

$$A_{uf} = \frac{u_o}{u_i} = 1 + \frac{R_f}{R_1} \qquad (3-16)$$

式（3-16）表明，u_o 与 u_i 成同相比例运算关系，与反相比例运算电路相比，其电压放大倍数总是大于等于 1，u_o 与 u_i 同相位。

图 3-11 中若 $R_1 = \infty$ 或 $R_f = 0$，由式（3-15）可知 $u_o = u_i$。此时的电路称为电压跟随器，如图 3-12 所示。这种电压跟随器输入电阻很高，输出电阻很低，其性能比分立元件的电压跟随器强很多，跟随性能很稳定。

同相比例运算电路中，由于 $u_- = u_+ = u_i$，所以反相输入端 N 不再是虚地。同时，两输入端存在共模电压，因而在应用中，要避免电路中的实际共模输入信号超过运放所允许的最大共模输入电压，否则运放不能正常工作。

（三）差动输入比例运算电路

在图 3-13 中，输入电压 u_{i1} 和 u_{i2} 分别接到反相输入端和同相输入端。为了保证运放两个输入端对地的电阻平衡，同时为了不降低共模抑制比，要求 $R_1 = R_2$，$R_f = R_3$，利用虚短、虚断结论分析如下：

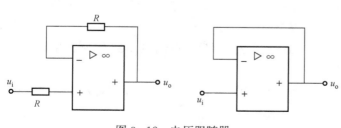

图 3-12　电压跟随器

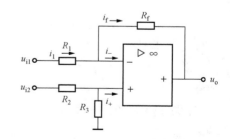

图 3-13　差动比例运算电路

由于 $i_+ = 0$，有

$$u_+ = \frac{u_{i2}}{R_2 + R_3}R_3$$

由于 $u_- = u_+$，$i_- = 0$，所以 $i_1 = i_f$。

即

$$\frac{u_{i1} - u_-}{R_1} = \frac{u_- - u_o}{R_f}。$$

整理得
$$u_o = \left(1 + \frac{R_f}{R_1}\right)u_- - \frac{R_f}{R_1}u_{i1} \qquad (3\text{-}17)$$

将 $u_- = u_+$ 表达式代入式（3-17），且满足 $R_1 = R_2$，$R_f = R_3$ 时，整理可得
$$u_o = \frac{R_f}{R_1}(u_{i2} - u_{i1}) \qquad (3\text{-}18)$$

可见，输出电压与输入电压的差值成正比，实现了差动比例运算。比例系数只与外接元件有关，即
$$A_{uf} = \frac{u_o}{u_{i2} - u_{i1}} = \frac{R_f}{R_1} \qquad (3\text{-}19)$$

若取 $R_1 = R_f$，由式（3-17）可得
$$u_o = u_{i2} - u_{i1}$$

即输出电压等于两个输入电压之差，实现了减法运算。因此，图 3-13 也称为减法器。

由上述分析可知，差动比例运算电路的两输入端存在共模电压，应选用 K_{CMR} 较高的运放，才能保证一定的运算精度。

【例 3-2】 试求图 3-14 所示电路中 u_o 与 u_{i1} 和 u_{i2} 之间的关系。

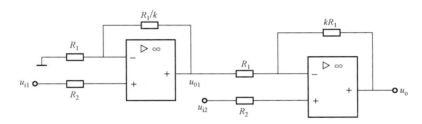

图 3-14 〔例 3-2〕图

解 这是由两级集成运放组成的运算电路。第一级的输出电压 u_{o1} 又从第二级反相输入端输入，第一级是同相比例运算电路，故
$$u_{o1} = \left(1 + \frac{R_1/k}{R_1}\right)u_{i1} = (1 + \frac{1}{k})u_{i1}$$

第二级是差动输入比例运算电路，由式（3-17）和 $u_- = u_+ = u_{i2}$，得
$$u_o = \left(1 + \frac{kR_1}{R_1}\right)u_{i2} - \frac{kR_1}{R_1}u_{o1}$$
$$= (1 + k)u_{i2} - k\left(1 + \frac{1}{k}\right)u_{i1}$$
$$= (1 + k)(u_{i2} - u_{i1})$$

二、加法运算电路

实现加法运算可采用反相输入运算放大器，也可采用同相输入运算放大器。

（一）反相求和运算电路

如图 3-15 所示的反相求和运算电路，在运放的反相输入端加入多个输入信号，便可组成反相求和运算电路。图中平衡电阻 $R = R_1 /\!/ R_2 /\!/ R_3 /\!/ R_f$，利用虚短、虚断结论分析可知，

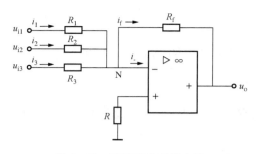

图 3-15　反相求和运算电路

反相输入端 N 为虚地，即 $u_- = 0$。分析如下：

$$i_- = 0, \quad i_1 + i_2 + i_3 = i_f$$

即

$$\frac{u_{i1}}{R_1} + \frac{u_{i2}}{R_2} + \frac{u_{i3}}{R_3} = \frac{-u_o}{R_f}$$

$$u_o = -R_f \left(\frac{u_{i1}}{R_1} + \frac{u_{i2}}{R_2} + \frac{u_{i3}}{R_3} \right) \quad (3-20)$$

若取 $R_1 = R_2 = R_3 = R$，式（3-20）可简化为

$$u_o = -\frac{R_f}{R} (u_{i1} + u_{i2} + u_{i3}) \quad (3-21)$$

可见，输出电压正比于各输入电压之和，所以称为加法运算电路。如果取 $R_f = R$，则

$$u_o = -(u_{i1} + u_{i2} + u_{i3}) \quad (3-22)$$

式（3-22）表示输出电压等于各输入电压之和。若在其输出端再接一级反相器，则可消去负号，实现完全符合常规的算术加法。

反相求和运算电路由于反相输入端是虚地，故各输入信号源之间相互影响小。该电路在测量和自控系统中，用来对各种信号按不同比例进行组合。

（二）同相求和运算电路

如图 3-16 所示，输入信号 u_{i1}、u_{i2} 从同相输入端加入。利用叠加定理、虚断概念，可求得

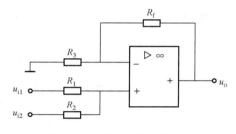

图 3-16　同相求和运算电路

$$u_+ = \frac{R_2}{R_1 + R_2} u_{i1} + \frac{R_1}{R_1 + R_2} u_{i2}$$

则输出电压 u_o 为

$$u_o = \left(1 + \frac{R_f}{R_3} \right) u_+$$

$$= \left(1 + \frac{R_f}{R_3} \right) \left(\frac{R_2}{R_1 + R_2} u_{i1} + \frac{R_1}{R_1 + R_2} u_{i2} \right) \quad (3-23)$$

可见，同相求和运算关系比反相求和运算关系复杂。外接电阻在选配时，既要考虑运算时对各种比例系数的要求，还要满足外接平衡电阻的要求，故比较麻烦。

三、减法运算电路

（一）利用反相求和实现减法运算

如图 3-17 所示，第一级为反相比例放大电路，$u_{o1} = -\frac{R_{f1}}{R_1} u_{i1}$，若 $R_1 = R_{f1}$，则 $u_{o1} = -u_{i1}$；第二级为反相求和运算电路，可得

$$u_o = -R_{f2} \left(\frac{u_{i2}}{R_2} + \frac{u_{o1}}{R_3} \right)$$

若 $R_{f2} = R_2 = R_3$，则上式为

$$u_o = u_{i1} - u_{i2}$$

图 3-17 中 R_4、R_5 为平衡电阻，$R_4 = R_1 /\!/ R_{f1}$，$R_5 = R_2 /\!/ R_3 /\!/ R_{f2}$。

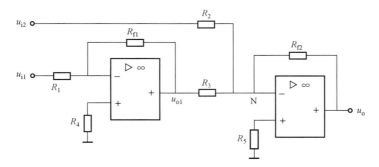

图 3-17 用反相求和运算电路构成减法电路

(二) 利用差动输入电路实现减法运算

电路如图 3-13 所示。利用虚短、虚断结论分析或由式 (3-17) 可知:

$$u_o = \left(1 + \frac{R_f}{R_1}\right)\frac{u_{i2}}{R_2 + R_3} \times R_3 - \frac{R_f}{R_1}u_{i1} \tag{3-24}$$

为了使集成运放两输入端平衡,应使 $R_1 // R_f = R_2 // R_3$。

若 $R_1 = R_2, R_3 = R_f$, 则

$$u_o = \frac{R_f}{R_1}(u_{i2} - u_{i1}) \tag{3-25}$$

若 $R_1 = R_f$, 则

$$u_o = u_{i2} - u_{i1}$$

差动输入运算电路除了可作减法器外,还经常用于自动检测仪用放大器中,广泛应用于非电量 (经传感器) 的精密测量、计算机的数据采集等装置中。

【例 3-3】 计算各电路的阻值并画出电路图,使它满足 u_o 与 u_i 之间的下列运算关系:

(1) $u_o = -8(u_{i1} + u_{i2} + u_{i3})$。

(2) $u_o = 15(u_{i1} - u_{i2})$。

解 (1) 由 $u_o = -8(u_{i1} + u_{i2} + u_{i3})$ 和式 (3-21) 可知,$R_f/R_1 = 8$。因此,可用反相求和运算电路实现,电路连接如图 3-18 (a) 所示,且取 $R_1 = R_2 = R_3 = 10\text{k}\Omega$,则 $R_f = 8R_1 = 80\text{k}\Omega$,平衡电阻 $R = R_1 // R_2 // R_3 // R_f = 3.2\text{k}\Omega$。

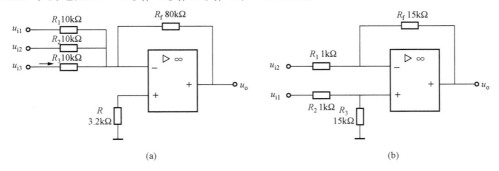

图 3-18 [例 3-3] 电路图

(2) 由 $u_o = 15(u_{i1} - u_{i2})$ 和式 (3-25) 可知,$R_f/R_1 = 15$。因此,可用差动输入运算放大器构成的减法器来实现,电路连接如图 3-18 (b) 所示。取 $R_1 = R_2 = 1\text{k}\Omega$,则取 $R_3 =$

$R_f = 15\text{k}\Omega$。注意此时电路应将 u_{i1} 加到同相输入端，u_{i2} 加到反相输入端即可。

四、积分运算电路

积分运算电路是模拟计算机的一种基本运算单元，同时也是自动控制和测量系统中的一种单元电路，应用比较广泛。基本的积分运算电路如图 3-19（a）所示。

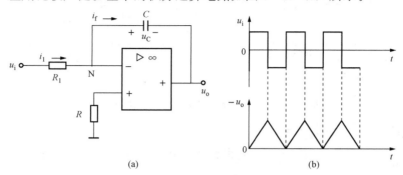

（a）　　　　　　　　　　　　（b）

图 3-19　积分运算电路

（a）基本积分电路；（b）积分电路输入输出波形图

电路中，$R = R_1$。理想情况下，利用虚短、虚断结论分析可知，反相输入端 N 为虚地，即 $u_- = 0$，$i_1 = i_f = \dfrac{u_i}{R_1}$，$i_f$ 对电容 C 进行充电，于是有

$$u_C = \frac{1}{C}\int i_f \mathrm{d}t + u_{c(0)}$$

其中，$u_{C(0)}$ 为电容 C 上的初始电压，若 $u_{C(0)} = 0$，则

$$u_o = -u_C = -\frac{1}{C}\int \frac{u_i}{R_1}\mathrm{d}t = -\frac{1}{R_1 C}\int u_i \mathrm{d}t \tag{3-26}$$

式（3-26）表明 u_o 与 u_i 成积分关系。若输入电压为方波，积分电路可将其变换为三角波输出，如图 3-19（b）所示。

五、微分运算电路

微分运算是积分运算的逆运算。将积分电路中的电阻、电容位置互换，便可构成微分运算电路，如图 3-20（a）所示。利用虚短、虚断结论分析如下：

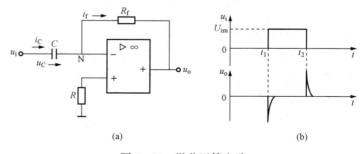

（a）　　　　　　　　　　　　（b）

图 3-20　微分运算电路

（a）微分运算电路图；（b）微分电路输入输出波形图

因为
$$u_- = 0, u_C = u_i$$

$$i_c = i_f = C\frac{\mathrm{d}u_C}{\mathrm{d}t} = C\frac{\mathrm{d}u_i}{\mathrm{d}t}$$

所以
$$u_\mathrm{o} = -i_\mathrm{f}R_\mathrm{f} = -R_\mathrm{f}C\frac{\mathrm{d}u_\mathrm{i}}{\mathrm{d}t} \tag{3-27}$$

式（3-27）表明 u_o 与 u_i 成微分关系。当输入电压为一矩形波时，微分电路将其变换为尖顶脉冲波输出。仅在 u_i 发生突变时，运放才有尖顶脉冲电压输出，而当输入电压不变时，运放输出端电压为零，如图 3-20（b）所示。

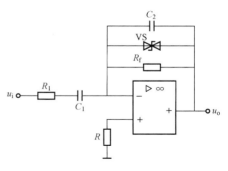

图 3-21 实用微分电路

微分电路对输入信号中的高频噪声十分敏感，故此电路抗干扰性能差。如输入 $u_\mathrm{i} = U_\mathrm{im}\sin\omega t$，输出则为 $u_\mathrm{o} = U_\mathrm{im}R_\mathrm{f}C\omega\cos\omega t$，可见输出电压幅度将随频率而线性增加，严重时高频噪声可能完全淹没微分信号。改进后的实用微分电路如图3-21所示。

图中 R_1 阻值远小于 C_1，起限制输入电流作用；稳压管 VS 限制输出电压幅度；小电容 C_2 以加强高频噪声的负反馈，降低高频噪声。

微分电路还在自动调节系统中，用作反映输入信号变化快慢 $\dfrac{\mathrm{d}u_\mathrm{i}}{\mathrm{d}t}$ 的调节电路，称为微分校正电路。

第三节　集成运算放大器在信号检测与处理方面的应用

随着近代集成运放的发展，运算放大器的应用越来越广。除了早期的运算范畴之外，集成运放还广泛应用于各种模拟信号及脉冲信号的测量、处理、产生、变换等方面。

一、测量放大器

测量放大器又称仪用放大器，广泛应用于非电量的精密测量、计算机的数据采集、工业自动控制等装置中。图 3-22 所示为三运放组成的测量放大器电路图。整个电路等效为一个高输入阻抗（$10^6\,\mathrm{M}\Omega$ 以上）、高共模抑制比（110dB 以上）、低输出阻抗的差动放大电路。由运放 A1、A2 组成第一级差动电路，A3 组成第二级差动电路。在第一级电路中，u_i1、u_i2 分别加到 A1 和 A2 的同相端，R_1 和两个 R_2 组成的反馈网络，引入了深度电压串联负反馈。由运放 A1、A2 的两输入端的虚短和虚断，有 $u_\mathrm{R1} = u_\mathrm{i1} - u_\mathrm{i2} = u_\mathrm{i}$ 和 $u_\mathrm{R1}/R_1 = (u_\mathrm{o1} - u_\mathrm{o2})/(2R_2 + R_1)$，故得

$$u_\mathrm{o1} - u_\mathrm{o2} = \frac{R_1 + 2R_2}{R_1}u_\mathrm{R1} = \left(1 + \frac{2R_2}{R_1}\right)(u_\mathrm{i1} - u_\mathrm{i2})$$

由式（3-18）可得

$$u_\mathrm{o} = -\frac{R_4}{R_3}(u_\mathrm{o1} - u_\mathrm{o2}) = -\frac{R_4}{R_3}\left(1 + \frac{2R_2}{R_1}\right)(u_\mathrm{i1} - u_\mathrm{i2})$$

若 $R_3 = R_4$，则

$$u_\mathrm{o} = -\left(1 + \frac{2R_2}{R_1}\right)(u_\mathrm{i1} - u_\mathrm{i2}) \tag{3-28}$$

该电路能实现高精度测量。因第一级是具有深度电压串联负反馈的电路，所以它的输入

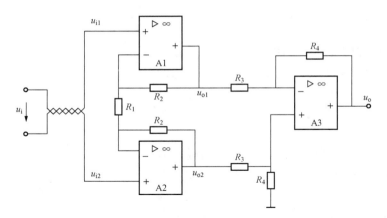

图 3 - 22　测量放大器电路

电阻很高。若 A1、A2 选用相同特性的运放，则它们的共模输出电压和漂移电压也都相等，再通过 A3 组成的差动电路，在输出端就可以互相抵消，故它具有很强的共模抑制能力和较小的输出漂移电压，同时该电路有较高的差模电压放大倍数，其值可随 R_1 的改变而得到改变，这样有利于把各种传感器将非电量的变化转换过来的电压信号（常常很小，一般只有几毫伏到几十毫伏）加以放大。

目前这种仪用放大器已有多种型号的单片集成电路，如 LH0036 型，除了一个用来调节增益大小的电阻 R_1 外，所有的元件都封装在内部。它的几个主要指标为 $A_u = 1 \sim 1000$，$R_i = 300\text{M}\Omega$，$K_{\text{CMR}} = 100\text{dB}$。这类放大器在工程实践中应用是非常广的。

二、有源滤波器

滤波器是一种允许有用频率信号通过而同时抑制（或衰减）无用频率信号的电子装置。工程上常用它来作信号处理、数据传送、抑制干扰等。据其工作频率的不同，滤波器可分为低通滤波器和高通滤波器。低通滤波器允许低频信号通过，将高频信号衰减。高通滤波器允许高频信号通过，将低频信号衰减。

带通滤波器：允许某一频带范围内的信号通过，将此频带以外的信号衰减。

带阻滤波器：阻止某一频带范围内的信号通过，而允许此频带以外的信号通过。

通常用幅频响应来表征一个滤波器的特性。对于幅频响应，通常把能够通过的信号频率范围定义为通带，把受阻或衰减的信号频率范围称为阻带，通带和阻带的界限频率称为截止频率。

滤波电路可以只用一些无源元件 R、L、C 组成，也可以包含有源元件，前者称为无源滤波器，后者称为有源滤波器。这里讨论的是以集成运算放大器组成的 RC 有源滤波器。与无源滤波器相比，有源滤波器的主要优点如下：由于不使用电感元件，所以体积小、质量轻；集成运放起着隔离和放大的作用，提高了电路的增益；由于运放的输入电阻很高，故运放本身对 RC 网络的影响很小；同时运放的输出电阻很低，因而具有一定的带负载能力，这些是无源滤波器所不能做到的。但其缺点是集成运放的带宽有限，所以目前有源滤波器的工作频率较低，一般使用频率在几十千赫以下，而当频率高于几十千赫时，通常采用 LC 无源滤波器。

（一）有源低通滤波电路

基本的一阶有源低通滤波器如图 3 - 23（a）所示。其中，RC 网络是接到运放同相输入

端。在图中运用虚断、虚短结论，可得输出、输入关系为

$$\dot{A}_{u} = \frac{\dot{U}_o}{\dot{U}_i} = \frac{\dot{U}_o}{\dot{U}_+} \frac{\dot{U}_+}{\dot{U}_i} = \left(1 + \frac{R_f}{R_1}\right) \frac{\frac{1}{\mathrm{j}\omega C}}{R + \frac{1}{\mathrm{j}\omega C}} = \frac{A_{uf}}{1 + \mathrm{j}\frac{f}{f_0}} \qquad (3\text{-}29)$$

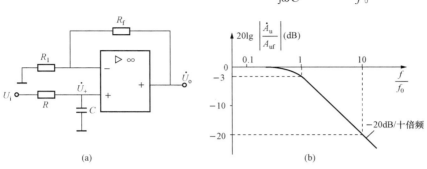

图 3-23 基本的一阶有源低通滤波器

（a）电路；（b）幅频特性

其中，$A_{uf} = 1 + \dfrac{R_f}{R_1}$ 是通带电压放大倍数，即为 $f=0$ 时输出电压与输入电压之比。图中的电容对直流信号相当于开路，因此它的通带电压放大倍数就是同相比例运算电路的电压放大倍数。$f_0 = \dfrac{1}{2\pi RC}$ 称为特征频率，与元件参数有关。由式（3-29）可以看出，当 $f = f_0$ 时，$|\dot{A}_u| = \dfrac{A_{uf}}{\sqrt{2}}$，因此通带截止频率为

$$f_p = f_0 = \frac{1}{2\pi RC}$$

由式（3-29）可写出对数幅频特性

$$20\lg\left|\frac{\dot{A}_u}{A_{uf}}\right| = 20\lg \frac{1}{\sqrt{1 + \left(\frac{f}{f_0}\right)^2}} \qquad (3\text{-}30)$$

由式（3-30）可画出对数幅频特性如图 3-23（b）所示。理想的低通滤波器，要求频率大于 f_0 后特性陡峭下降至零，而一阶低通滤波器当 $f = 10f_0$ 处，输出幅度仅下降 20dB/十倍频。阻带区衰减太慢，滤波效果不好。为了改善滤波效果，使电路滤波特性更接近理想情况，可采用二阶低通有源滤波电路。

图 3-24 所示为常用的二阶低通有源滤波电路。在 f_0 附近，通过 C 引入适当的正反馈，使 f_0 处输出幅度

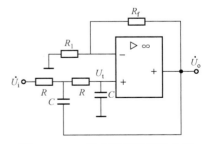

图 3-24 二阶有源低通滤波电路

不至于下降 3dB，幅频特性更加陡峭并接近于理想的矩形特性。当 $f > f_0$ 时，二阶滤波可提供 -40dB/十倍频的衰减，比一阶滤波的衰减快了一倍。因此，二阶滤波效果要好得多。

（二）有源高通滤波器

基本的一阶有源高通滤波电路如图 3-25（a）所示。将低通滤波器中 R、C 位置互换即

成为高通滤波器。由图可写出

$$\dot{A}_u = \frac{A_{uf}}{1 - j\dfrac{f_0}{f}} \tag{3-31}$$

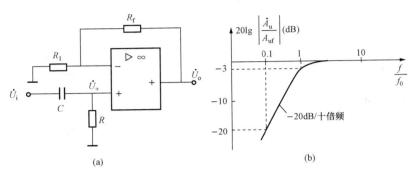

图 3 - 25   一阶有源高通滤波电路

（a）电路；（b）幅频特性

其中，$f_0 = \dfrac{1}{2\pi RC}$，当 $f = f_0$ 时，$|\dot{A}_u| = \dfrac{A_{uf}}{\sqrt{2}}$，故通带截止频率为

$$f_P = f_0 = \frac{1}{2\pi RC}$$

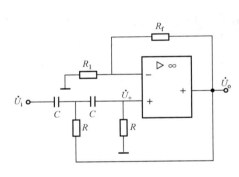

图 3 - 26   二阶有源高通滤波电路

由式（3 - 31）可画出其幅频特性如图 3 - 25（b）所示。当 $f > f_0$ 时，信号顺利通过；$f < f_0$ 时，信号被衰减。幅频特性曲线以 +20dB/十倍频的斜率上升，故称为高通滤波器。

图 3 - 26 所示为二阶有源高通滤波电路。在 $f \ll f_0$ 时，其幅频响应以 40dB/十倍频的斜率上升，比一阶滤波效果要好得多。

（三）有源带通滤波电路

带通滤波器由低通和高通滤波器串联而成，其组成如图 3 - 27 所示。典型有源带通滤波电路如图 3 -28 所示。

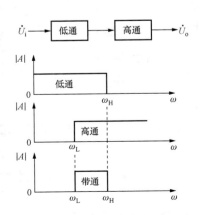

图 3 - 27   带通滤波电路组成

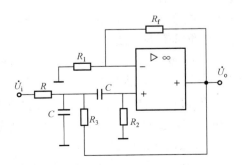

图 3 - 28   典型有源带通滤波电路

（四）有源带阻滤波电路

将一个低通滤波电路和一个高通滤波电路并联可以组成带阻滤波电路，其组成如图 3 - 29 所示。典型带阻滤波电路如图 3 - 30 所示。

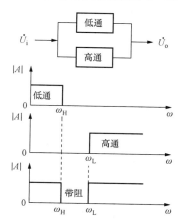

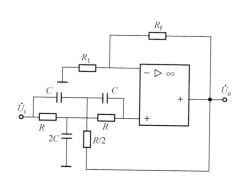

图 3 - 29　带阻滤波电路组成

图 3 - 30　典型有源带阻滤波电路

三、电压比较器

电压比较器的功能是将一个模拟输入电压与一个参考电压 U_R 进行比较，并将比较的结果输出。它广泛应用于数字仪表、越限报警、模/数转换及各种非正弦波的产生和变换等方面。

（一）单门限电压比较器

图 3 - 31（a）所示为单门限电压比较器的基本电路。这时运放处于开环工作状态，具有很高的开环电压放大倍数，只要两输入端电压（u_{id}）不为零，输出端就立即饱和，工作在非线性区。因此，比较器的输出只有高电平或低电平两种状态。为了改善输入、输出特性，常在电路中引入正反馈。

图中，参考电压 U_R 加于运放的反相端，输入信号加于同相端，电路的传输特性如图 3 - 31（b）中的实线所示。

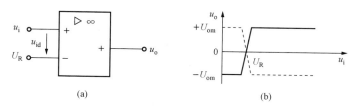

(a)　　　　　　　　　　　　(b)

图 3 - 31　单门限电压比较器
（a）基本电路图；（b）传输特性

当 $u_i < U_R$ 时，$u_+ < u_-$，$u_o = -U_{om}$，运放处于负饱和状态。

当 $u_i > U_R$ 时，$u_+ > u_-$，$u_o = +U_{om}$，运放立即转入正饱和状态。

它表示 u_i 在参考电压 U_R 附近有微小的减小时，u_o 将从正的饱和值 $+U_{om}$ 过渡到负的饱和值 $-U_{om}$；若有微小的增加，u_o 又将从负的饱和值 $-U_{om}$ 过渡到正的饱和值 $+U_{om}$。

由上述可知，输出电压 u_o 发生跳变的临界条件是：运放的两输入端电位近似相等，即

$u_+ \approx u_-$。把使比较器输出电压 u_o 发生跃变时对应的输入电压值称为门限电压或阈值电压 U_{th}，所以此电路 $U_{th} = U_R$，且只有这一个门限电压，故称为单门限电压比较器（简称单限比较器）。

图中的电压比较器采用同相输入方式，如果需要，也可以采用反相输入方式。反相输入单限比较器传输特性则如图 3-31（b）中的虚线所示。另外，U_R 值可为正值也可为负值。

如果参考电压 $U_R = 0$，则称为过零比较器，如图 3-32（a）所示。u_i 每次过零时，u_o 就要产生突然的变化。其传输特性如图 3-32（b）所示。若输入信号 u_i 为正弦信号，比较器输出电压则为矩形波，并且是在 u_i 过零时 u_o 发生跃变，如图 3-32（c）所示。

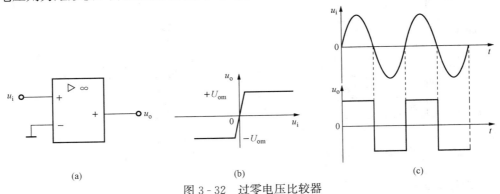

图 3-32　过零电压比较器

（a）电路图；（b）传输特性；（c）输出波形图

（二）滞回比较器

单限比较器具有电路简单、灵敏度高等优点，但存在的主要问题是抗干扰能力差。如果输入电压受到干扰或噪声的影响，在门限电压上下波动，则输出电压将在两个高、低电平之间反复地跳变，如图 3-33 所示。如果在控制系统中发生这种情况，将会影响执行机构的正常工作。提高抗干扰能力的一种办法就是采用具有滞回传输特性的比较器。

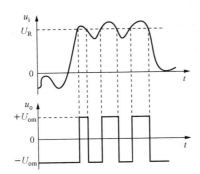

图 3-33　有干扰时同相输入单限比较器工作波形

滞回比较器又称为施密特触发器，电路如图 3-34（a）所示。u_i 经 R_1 加在反相输入端，参考电压 U_R 经 R_2 加在同相输入端，R_3、R_2 构成了正反馈网络。u_+ 则由参考电压 U_R 及输出电压 u_o 两者共同决定，而 u_o 有两种可能的输出电压：$+U_{om}$ 或 $-U_{om}$。因此，比较器 u_o 发生跃变时（$u_- = u_+$）的门限电压是随 u_o 的变化而改变的。由此可见，此电路组成了具有双门限值的反相输入滞回比较器。

设运放是理想的，利用叠加原理求得同相输入端电位 u_+，即门限电压 U_{th} 为

$$u_+ = U_{th} = \frac{R_3 U_R}{R_3 + R_2} + \frac{R_2 u_o}{R_3 + R_2} \qquad (3-32)$$

根据输出电压 u_o 的不同值，可分别求出上门限电压 U_{T+} 和下门限电压 U_{T-} 为

$$U_{T+} = \frac{R_3 U_R}{R_3 + R_2} + \frac{R_2 U_{om}}{R_3 + R_2} \qquad (3-33)$$

$$U_{T-} = \frac{R_3 U_R}{R_3 + R_2} - \frac{R_2 U_{om}}{R_3 + R_2} \qquad (3-34)$$

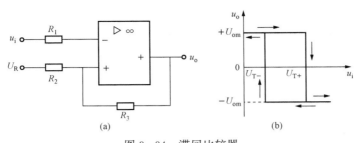

图 3-34　滞回比较器

(a) 电路图；(b) 电压传输特性

其电压传输特性如图 3-34（b）所示。设从 $u_i = 0$，$u_o = +U_{om}$ 开始分析，此时门限电压 $u_+ = U_{T+}$，若 u_i 从零开始增加，只要 $u_i < U_{T+}$，则 $u_o = +U_{om}$ 不变；当 u_i 增加到略大于 U_{T+}，则 u_o 由 $+U_{om}$ 下跳到 $-U_{om}$，此时门限电压变为 $u_+ = U_{T-}$；若 u_i 继续增加，即 $u_i > u_+ = U_{T-}$，则 u_o 保持 $-U_{om}$ 不变。相反，若减小 u_i，但只要 $u_i > u_+ = U_{T-}$，则 u_o 仍保持 $-U_{om}$ 不变。只有当 u_i 减小到略小于下门限电压 U_{T-} 时，u_o 才由 $-U_{om}$ 跳回到 $+U_{om}$，而此时，门限电压又变为上门限电压，$u_+ = U_{T+}$。工作状态又重复上述分析过程。

由上述分析得出其电压传输特性曲线具有滞回特性，所以这种比较器称为滞回电压比较器。如果将 u_i 与 U_R 位置互换，就可以构成同相输入滞回比较器，电压传输特性读者可自行分析。

上述两个门限电压之差称为门限宽度或回差电压，用符号 ΔU_T 表示，有

$$\Delta U_T = U_{T+} - U_{T-} = \frac{2R_2 U_{om}}{R_3 + R_2} \qquad (3-35)$$

由式（3-35）可见，门限宽度 ΔU_T 的值与参考电压 U_R 无关，取决于 R_2、R_3 及运放的最大输出电压。因此，改变 U_R 的大小可以同时调节 U_{T+} 和 U_{T-} 的大小，但 ΔU_T 保持不变，即比较器的传输特性曲线会随 U_R 的大小变化而平行地右移或左移，滞回曲线的宽度则一直保持不变。

滞回比较器应用在控制系统时，其主要优点是抗干扰能力强。当受干扰或噪声影响的输入信号 u_i 加于图 3-34（a）所示的滞回比较器时，只要根据干扰或噪声电压的大小，适当调整滞回比较器两个门限电压 U_{T+} 和 U_{T-} 的值，就可以输出一个完好的信号，如图 3-35 所示，这种作用称为波形整形。此外，滞回比较器在波形变换、波形产生及信号鉴别电路中也有着广泛的应用。图 3-36 所示为用于信号幅度大小鉴别电路中的工作波形。把一列幅度不同、波形杂乱的信号送到滞回比较器输入端，比较器能从中选出所需要的信号，而其中幅度小于 U_{T+} 的信号由于不能使电路动作均被淘汰。

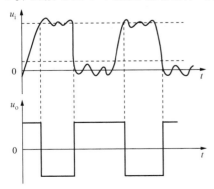

图 3-35　滞回比较器用于波形整形

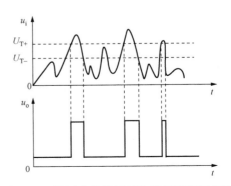

图 3-36　滞回比较器用于信号幅度鉴别作用

【**例 3 - 4**】　滞回比较器如图 3 - 37（a）所示，$U_R = 2V$，$U_S = 6V$。试计算其门限电压 U_{T+}、U_{T-} 和回差电压，画出其传输特性。当 $u_i = 5\sin\omega t$（V）时，画出输出电压 u_o 的波形。

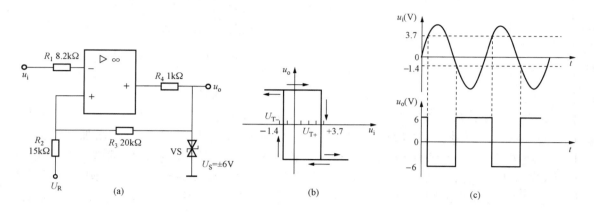

图 3 - 37　［例 3 - 4］图
(a) 电路图；(b) 传输特性；(c) 输入输出波形图

解　电路中，R_4 和稳压管 VS 的作用是限幅，将输出电压的幅度限制在 $\pm U_S$，因此由式（3 - 32）～式（3 - 34）可得

$$U_{T+} = \frac{R_3 U_R}{R_3 + R_2} + \frac{R_2 U_{om}}{R_3 + R_2} = \frac{20 \times 2 + 15 \times 6}{20 + 15} = 3.7(\text{V})$$

$$U_{T-} = \frac{R_3 U_R}{R_3 + R_2} - \frac{R_2 U_{om}}{R_3 + R_2} = \frac{20 \times 2 - 15 \times 6}{20 + 15} = -1.4(\text{V})$$

$$\Delta U_T = U_{T+} - U_{T-} = 5.1(\text{V})$$

由此可作出电压传输特性曲线如图 3 - 37（b）所示。根据图 3 - 37（a）、（b）可画出输出电压 u_o 的波形如图 3 - 37（c）所示。由此可见，输入正弦电压 u_i 经滞回比较器后被整形（或变换）为矩形波。由式（3 - 35）可知，改变 R_2 的大小可以改变门限宽度，即可以改变矩形波的脉宽。

目前，国内外均有专用集成电路电压比较器产品，如 CJ0510、CJ0339、CJ0119、LM319 等，所以电压比较器可用通用型集成运放组成，也可采用专用的单片集成电压比较器。

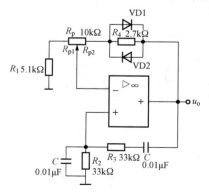

图 3 - 38　RC 桥式正弦波振荡器

四、信号的产生与变换电路

在实践中，广泛采用各种类型的信号产生电路，就其波形来看，正弦波和非正弦波均可以采用集成运放来组成。在自动控制系统和测量系统中，常常需要把待测电压转换成电流，或把待测电流转换成电压，利用集成运放组成的转换电路就可以完成电压、电流间的相互转换。

（一）RC 桥式正弦波振荡器（文氏电桥振荡器）

由集成运放构成的 RC 桥式正弦波振荡器如图 3 - 38 所示。

其中，RC串、并联电路构成正反馈支路，同时兼作选频网络，R_1、R_p、R_4及二极管等元件构成负反馈和稳幅环节。调节电位器R_p可以改变负反馈的强弱，以满足振荡器的振幅条件和改善波形，利用两个反向并联二极管 VD1、VD2 正向电阻的非线性特性来实现稳幅。VD1、VD2 采用硅管（温度稳定性好），且要求特性匹配，才能保证输出波形正、负半周对称。R_4的接入是为了削弱二极管非线性的影响，以改善波形失真。

电路的振荡频率为
$$f_o = \frac{1}{2\pi R_2 C}$$

起振的幅值条件为
$$\frac{R_f}{R_1 + R_{p1}} \geqslant 2$$

其中，$R_f = R_{p2} + (R_4 \parallel r_d)$，$r_d$为二极管正向导通电阻。

调整反馈电阻R_f（调R_p），使电路起振且波形失真最小。如果不能起振，说明负反馈太强，应适当加大R_f；如果波形失真严重，则应适当减小R_f。

改变选频网络的参数C或R，即可调节振荡频率。一般采用改变电容C做频率量程切换，而调节R做量程内的频率细调。

（二）电压-电流变换器

电压-电流变换器是将一个低内阻的电压源（信号）经过变换电路，得到一个不受负载变化影响的恒定电流，如图 3-39 所示。

图 3-39 中，信号从同相端输入，从 AB 端输出。据理想运放特性，$u_- = u_+ = u_i$，则
$$i_o = i_1 = \frac{u_- - 0}{R_1} = \frac{u_i}{R_1} \tag{3-36}$$

式（3-36）表明输出电流与输入电压成正比，与负载电阻R_L的大小无关，从而将电压转换成电流输出。我们知道，电流传输回路由于电流恒定，可以很好地抑制外来杂散电压信号的干扰和噪声，这对现场传感器检测的弱电压信号的传输具有实际意义。

（三）电流-电压变换器

电流-电压变换器是将一个高内阻的电流源，经过变换，得到一个与输入电流成正比的低内阻电压源，如图 3-40 所示。

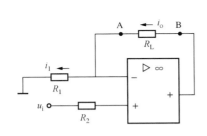

图 3-39 电压-电流变换器

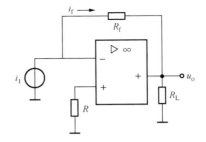

图 3-40 电流-电压变换器

图 3-40 中信号i_1从反相端输入，由于$u_- = u_+ = 0$，则$0 - u_o = i_1 R_f$，即
$$u_o = -i_1 R_f \tag{3-37}$$

式（3-37）表明输出电压与输入电流成正比，而与负载R_L无关，从而将电流转换成电压输出，且R_L变化时，u_o与i_1的关系不变。在自动检测系统中，常常需要将微弱电流（如光电二极管或光电池输出的微弱电流）转换成电压，再进行信号的放大和处理等。

本 章 小 结

（1）零点漂移是多级直接耦合放大电路中的特殊问题。零漂严重时，会影响电路正常工作。因此多级直接耦合放大器必须具有抑制零点漂移的能力。

（2）差动放大电路常作为多级直接耦合放大电路的第一级，是集成运放的重要组成单元。它既能放大直流信号，又能放大交流信号。差放对差模输入信号具有较强的放大能力，对共模信号具有很强的抑制作用，即能有效地抑制零点漂移。差放主要性能指标有差模电压放大倍数、共模电压放大倍数、输入电阻、输出电阻、共模抑制比等。

（3）集成运放一般由输入级、中间级、输出级和偏置电路组成。分析时，通常将运放视作理想器件。当理想运放引入负反馈工作在线性区时，有虚短（$u_+ = u_-$）、虚断（$i_+ = i_- = 0$）两个重要结论；当运放开环或引入正反馈工作在非线性区时，也有两个重要结论，即虚断和输出电压的值只有两种可能（$u_o = \pm U_{om}$）。在应用电路中，首先应判断运放工作在哪个区域，再运用以上特点进行分析与计算。

（4）集成运算放大电路有反相输入、同相输入和差动输入三种输入方式。而反相比例、同相比例运算电路是最基本的电路，是进一步学习、理解和应用其他运算电路的基础。

（5）电压比较器是用来比较输入信号与参考电压信号相对大小的。单门限电压比较器电路简单，灵敏度高，但运放工作在开环状态，传输特性曲线不陡，且抗干扰能力差。滞回比较器中运放工作在正反馈状态下，因此传输特性曲线陡，有回差电压，能显著提高电路的抗干扰能力，应用较广。

（6）集成运放还可以用来组成仪用放大器对信号进行精密测量；可构成有源滤波电路，对所需频率信号进行选择；并在自动控制系统和测量系统中，集成运放可组成信号变换电路，实现电压与电流间的相互转换，在实际中应用较广。

习 题

3-1　试思考放大电路产生零点漂移的主要原因是什么。

3-2　图 3-5 所示差动放大电路能抑制零点漂移的原理是什么？

3-3　图 3-6 所示具有 R_e 的差动放大电路能抑制零漂的原理是什么？

3-4　集成运放的输入级为什么采用差动放大电路？

3-5　理想运放有哪些特点？有哪两个工作区？采取什么措施可使运放工作在线性区域？

3-6　什么是虚短、虚断和虚地？

3-7　如图 3-41 所示的电路中，当 $u_i = 2V$ 时，$u_o = -15V$，试求电阻 R_f 的值。

3-8　计算如图 3-42 所示的电路中，开关在以下各情况时的电压放大倍数：

（1）S1、S2 都断开。

（2）S2 闭合，S1 断开。

（3）S1、S2 都闭合。

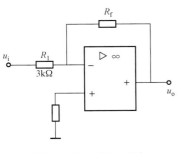

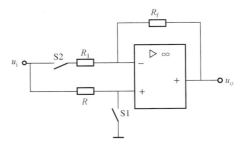

图 3-41　题 3-7 图　　　　　　　　　　图 3-42　题 3-8 图

3-9　图 3-43 中，求出 u_o 与 u_i 的关系。当 $R_1=2\text{k}\Omega$，$R_f=10\text{k}\Omega$，$R_2=5\text{k}\Omega$，$R_3=15\text{k}\Omega$，$u_i=2\text{V}$ 时，试求 u_o 值。

3-10　在图 3-44 中，已知 $R_f=18\text{k}\Omega$，$R_1=2\text{k}\Omega$，求电路 A_{uf} 的值。当 $u_i=8\text{mV}$ 时，求出 u_o 值。

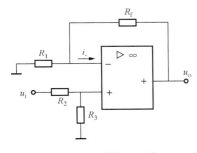

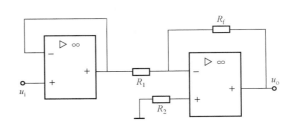

图 3-43　题 3-9 图　　　　　　　　　　图 3-44　题 3-10 图

3-11　运算电路如图 3-45 所示，试求出各电路 u_o 的大小。

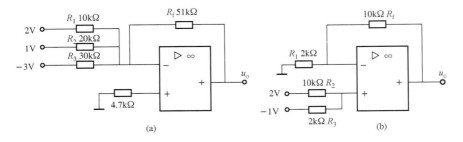

图 3-45　题 3-11 图

3-12　如图 3-46 所示电路，试求出 u_{o1}、u_{o2} 及 u_o 的值。

3-13　如图 3-47 所示，试求 u_o 与输入电压关系的表达式。

3-14　如图 3-48 所示电路，$t=0$ 时，$u_C=0$。

（1）若 $u_i=100\text{mV}$，求输出电压 u_o 由 0 达到 -1V 时所需的时间 t。

（2）若输入电压改为图（b）所示方波，试画出在 $T=R_1C$ 时输出电压的波形。

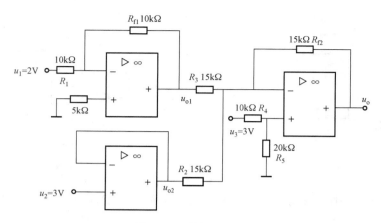

图 3-46　题 3-12 图

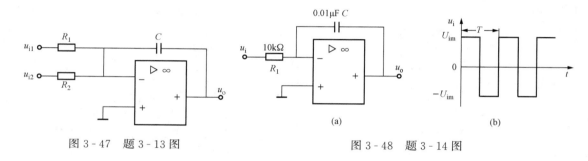

图 3-47　题 3-13 图　　　　　　　　图 3-48　题 3-14 图

3-15　如图 3-49（a）所示电路，输入电压波形如图 3-49（b）所示。试画出输出电压 u_o 的波形，并标出 u_o 的幅值。

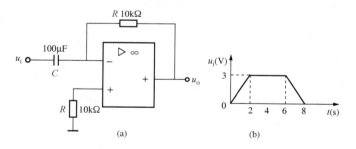

图 3-49　题 3-15 图

3-16　图 3-50（a）所示基本微分电路中，设 $C=0.22\mu F$，$R=300k\Omega$，输入电压波形如图 3-50（b）所示。试画出输出电压 u_o 的波形。

3-17　在下列几种情况下，请正确选择滤波电路的类型（低通、高通、带通、带阻）。

（1）抑制频率低于 120Hz 的信号。

（2）有用信号为 20Hz～200kHz 的音频信号，抑制其他频率的干扰及噪声。

（3）有用信号频率低于 100Hz。

（4）在有效信号中抑制 50Hz 的工频干扰。

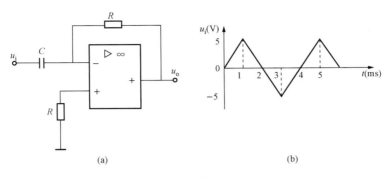

图 3 - 50 题 3 - 16 图

3 - 18 试判断如图 3 - 51 所示各电路是什么类型的滤波器，并指出是有源还是无源滤波器。

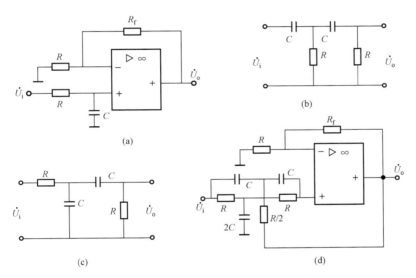

图 3 - 51 题 3 - 18 图

3 - 19 单限比较器如图 3 - 52 （a）所示，运放的 $U_{om}=6V$，已知输入波形如图 3 - 52 （b）所示，试画出输出电压 u_o 的波形。

3 - 20 滞回电压比较器如图 3 - 53 所示，试画出该电路的电压传输特性曲线。当输入 $u_i=6\sin\omega t$ （V）时，试画出输出电压 u_o 的波形。

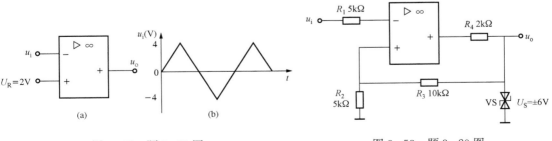

图 3 - 52 题 3 - 19 图   图 3 - 53 题 3 - 20 图

3-21　单限比较器如图 3-54（a）所示，已知输入电压波形如图 3-54（b）所示，运放的 $U_{om}=6V$，试画出输出电压 u_o 的波形。

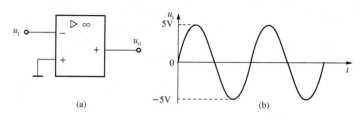

图 3-54　题 3-21 图

3-22　滞回电压比较器如图 3-55 所示，试求该电路两个门限电压 U_{T+}、U_{T-}，并画出其传输特性曲线。

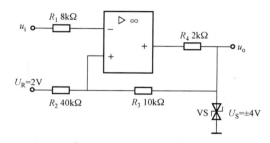

图 3-55　题 3-22 图

第四章 数字逻辑基础

本章主要介绍描述数字电路逻辑功能的数学方法。首先简要介绍数字电路中常用的数制与码制，然后介绍逻辑代数的基本定律、常用公式和三个重要规则及逻辑函数的表示方法，最后着重介绍逻辑函数的公式化简法和卡诺图化简法两种化简方法。

第一节 模拟信号与数字信号

一、模拟量与数字量

在自然界中，存在着许多的物理量，尽管它们的性质各异，但就其变化规律和特点而言，可将它们分为模拟量和数字量两大类。

1. 模拟量

在时间上和幅度上都连续变化的物理量称为模拟量。把表示模拟量的信号称为模拟信号，如图 4 - 1（a）所示。例如语音信号，无论在时间上还是幅度上都是连续变化的，因此它是模拟信号。把处理模拟信号的电路称为模拟电路，例如各种交/直流放大电路、振荡电路、频率变换电路等。模拟电路研究的主要问题是信号的放大倍数、信号的各种失真及信号波形的变化等。分析模拟信号的主要方法是等效电路法和图解法。

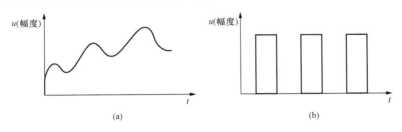

图 4 - 1 模拟信号与数字信号

（a）模拟信号；（b）数字信号

2. 数字量

在时间上和幅度上都是离散变化的物理量称为数字量。把表示数字量的信号称为数字信号，如图 4 - 1（b）所示。例如用电子电路记录从自动生产线上输出的零件数目时，每送出一个零件便给电路一个信号，使之记为 1，而在没有零件送出的时间里的信号为 0，零件数目这个信号无论在时间上还是数量上都是不连续的，因此它是一个数字信号。把处理数字信号的电路称为数字电路，例如各种门电路、触发器，以及由它们构成的各种组合逻辑电路和时序逻辑电路。数字电路中关注的是输出信号的状态（0 或 1）和输入信号的状态（0 或 1）之间的逻辑关系，即电路的逻辑功能。数字电路研究的主要问题是对电路进行逻辑功能分析和根据具体要求完成逻辑功能的设计。

二、数字电路的优点及应用概述

微电子技术的发展加速了数字技术的发展，人们越来越多地采用数字技术完成过去用模拟技术完成的工作。数字电路和模拟电路相比，主要有以下优点：

（1）抗干扰性好。数字电路不易受到噪声干扰，抗干扰能力很强。

（2）可靠性高。数字电路只需分辨出信号的有或无，这一点是很容易做到的，从而大大提高了电路的工作可靠性。

（3）能长期存储。数字信息可以利用某些介质，如磁盘、光盘等进行长时间的存储。

（4）便于计算机处理。数字信号不需要转换就可由计算机进行处理。

（5）便于高度集成化。由于数字电路的基本单元电路结构比较简单，并允许器件有较大的分散性，因而有利于将众多的基本单元电路集成在同一块硅片上进行批量生产。

（6）保密性好。数字信息容易进行加密处理。

当然，数字电路也存在一定的局限性。在自然界中，大多数物理量如温度、压力、速度等均为模拟量，而为了采用数字电路来处理这些模拟信号，必须先将其转换成数字信号（模数转换），再送到数字电路中去处理。同理，还必须把处理过的数字信号再转换成相应的模拟信号（数模转换）输出。这样会导致设备的复杂化，并且使整个电路的精度受到转换电路的制约而失去数字电路的优点。

第二节　数　制　和　码　制

数字电路中，经常会遇到数字量的计算问题。在日常生活中，人们习惯于用十进制，但数字系统和计算机中常采用二进制数和十六进制数。

一、数制

用数字量表示物理量的大小时，仅用一位数码往往不够用，因此经常要用进位计数的方法组成多位数码使用。数制是构成多位数码中每一位的方法和由低位向高位的进位规则。

（一）十进制数

十进制是人们最熟悉和最常使用的计数体制。十进制数的特点如下：

（1）有十个不同的数码：0、1、2、3、4、5、6、7、8、9。

（2）计数规则是"逢十进一"，即 $9+1=10$。

（3）位权是 10^i，$i=\cdots-3$，-2，-1，0，1，2，$3\cdots$。

例如，十进制数 819 可写成：

$$(819)_D = 8 \times 10^2 + 1 \times 10^1 + 9 \times 10^0$$

其中，各数位的乘数即 10^2、10^1 及 10^0 称为各相应数位的"权"，与位权相乘的数称为系数。因此，一个具有 m 位整数和 n 位小数的十进制数，可按权展开为

$$(N)_D = a_{m-1} \times 10^{m-1} + a_{m-2} \times 10^{m-2} + \cdots + a_2 \times 10^2 + a_1 \times 10^1$$
$$+ a_0 \times 10^0 + a_{-1} \times 10^{-1} + a_{-2} \times 10^{-2} + \cdots + a_{-n} \times 10^{-n}$$
$$= \sum_{i=-n}^{m-1} a_i \times 10^i$$

其中，a_i 为第 i 位的系数，是 $0\sim9$ 这 10 个数码中的任意一个；10^i 为第 i 位的权。

十进制数的下标可用 10 或用 D（decimal）表示。

（二）二进制数

在许多器件中，常常只有两个状态，如三极管的饱和或截止、继电器接点的闭合或断开、输出电位的高或低。这两种状态可以分别用逻辑 0 和逻辑 1 来表示。在数字电路中，半导体器件基本工作在开关状态，因此采用二进制数来表示很方便。

二进制数的特点如下：

（1）有两个不同的数码：0、1。

（2）计数规则是"逢二进一"，即 $1+1=10$，读作"壹零"，它与十进制数的拾（10）意义完全不同。

（3）位权是 2^i，$i=\cdots-3$、-2、-1、0、1、2、$3\cdots$。

任何一个 n 位的二进制数可用下式表示：

$$(N)_B = \sum_{i=-n}^{m-1} a_i \times 2^i$$

其中，a_i 为第 i 位的系数，2^i 为该位的权。例如

$$(11011.101)_2 = 1 \times 2^4 + 1 \times 2^3 + 1 \times 2^1 + 1 \times 2^0 + 1 \times 2^{-1} + 1 \times 2^{-3} = (27.625)_{10}$$

二进制数的下标可用 2 或用 B（binary）表示。

（三）十六进制数

对于计算机、数字通信等数字系统来说，采用二进制计数体制运算、存储和传输信息极为方便，但书写起来由于数码过长很不方便，并且极易产生错误。为此经常采用十六进制数表示。

十六进制数的特点：

（1）有十六个不同的数码：0、1、2、3、4、5、6、7、8、9、A、B、C、D、E、F，数码 A～F 分别表示十进制数 10～15。

（2）计数规则是"逢十六进一"，即 $F+1=10$。

（3）位权是 16^i，$i=\cdots-3$、-2、-1、0、1、2、$3\cdots$。

任何一个 n 位的十六进制数可用下式表示：

$$(N)_H = \sum_{i=-n}^{m-1} a_i \times 16^i$$

其中，a_i 为第 i 位的系数，是 0～9 和 A～F 这 16 个数码中的任一个，16^i 为第 i 位的权。例如

$$(B6E)_H = 11 \times 16^2 + 6 \times 16^1 + 14 \times 16^0 = (2926)_D$$

十六进制数的下标可用 16 或用 H（hexadecimal）表示。计数体制对照见表 4-1。

表 4-1   计 数 体 制 对 照 表

十进制数	0	1	2	3	4	5	6	7
二进制数	0	1	10	11	100	101	110	111
十六进制数	0	1	2	3	4	5	6	7
十进制数	8	9	10	11	12	13	14	15
二进制数	1000	1001	1010	1011	1100	1101	1110	1111
十六进制数	8	9	A	B	C	D	E	F

二、数制转换

1. 二进制数转换为十进制数

将一个二进制数转换成十进制数，只要写出该进制数的按权展开式，然后按十进制数的计数规律相加，就可得到所求的十进制数。

【例 4-1】　将二进制数 $(1011)_B$ 转换成十进制数。

　解　　　　　　　　$(1011)_B = 1 \times 2^3 + 0 \times 2^2 + 1 \times 2^1 + 1 \times 2^0 = (11)_D$

【例 4-2】　将二进制数 $(1101.011)_B$ 转换成十进制数。

　解　$(1101.011)_B = 1 \times 2^3 + 1 \times 2^2 + 0 \times 2^1 + 1 \times 2^0 + 0 \times 2^{-1} + 1 \times 2^{-2} + 1 \times 2^{-3}$

　　　　　　　　$= 8 + 4 + 1 + 0.25 + 0.125 = (13.375)_D$

2. 十进制数转换为二进制数

（1）整数部分的转换。将十进制整数转换为二进制时，可采用"除 2 取余法"，即将这个十进制数连续除以 2，直至商为 0，每次除以 2 所得余数的组合便是所转换的二进制数。这样便可求得二进制数的各位数码 a_{n-1}、a_{n-2}、$\cdots$、a_1、a_0。

【例 4-3】　将十进制数 25 转换为二进制数。

　解　采用"除 2 取余法"，有

$$
\begin{array}{r|l}
2 & 25 \quad \cdots \quad 余1 \quad \cdots \quad a_0 = 1 \\ \hline
2 & 12 \quad \cdots \quad 余0 \quad \cdots \quad a_1 = 0 \\ \hline
2 & 6 \quad \cdots \quad 余0 \quad \cdots \quad a_2 = 0 \\ \hline
2 & 3 \quad \cdots \quad 余1 \quad \cdots \quad a_3 = 1 \\ \hline
2 & 1 \quad \cdots \quad 余1 \quad \cdots \quad a_4 = 1 \\ \hline
& 0
\end{array}
\quad
\begin{array}{l}
\text{低位} \\ \\ \\ \\ \text{高位}
\end{array}
$$

最后得到的商必须为 0，转换得

$$(25)_D = (11001)_B$$

（2）小数部分的转换。将十进制的小数部分转换为二进制时，可采用"乘 2 取整法"，即将这个十进制数的小数部分连续乘 2，直至为 0 或满足所要求的误差。每次乘 2 所得整数的组合便是所求的二进制数。

【例 4-4】　将十进制数 $(0.6875)_D$ 转换成二进制数。

　解　采用"乘 2 取整法"，有

$$0.6875 \times 2 = 1.375 \cdots 1 \cdots a_{-1}$$
$$0.375 \times 2 = 0.75 \cdots 0 \cdots a_{-2}$$
$$0.75 \times 2 = 1.5 \cdots 1 \cdots a_{-3}$$
$$0.5 \times 2 = 1.0 \cdots 1 \cdots a_{-4}$$

得　　　　　　　　$(0.6875)_D = (0.1011)_B$

对于同时具有整数和小数部分的，可将其整数部分和小数部分分别转换。

3. 二进制数与十六进制数的相互转换

因为 $2^4 = 16$，因此四位二进制数构成一位十六进制数。四位二进制数有 16 个状态，而把这 4 位二进制数看成一个整体时，它的进位输出又正好是逢十六进一，所以对于整数，只要从低位到高位每四位二进制数分为一组，不够添 0，并代之以等值的十六进制数，即可得到对应的十六进制数。对于小数部分，可将二进制数以小数的第一位开始，每四位为一组，不够添 0，然后代之以等值的十六进制数即可。同理，把十六进制数转换成二进制数，只需将十六进制数中的每一位用等值的四位二进制数代替即可。

【例 4 - 5】 将 $(10011011011.001)_B$ 转换成十六进制数。

解　　　$(100\quad 1101\quad 1011\quad .\quad 0010)_B$

　　　　　　　↓　　　　↓　　　　↓　　　　　↓

　　　　　$(4\qquad D\qquad B\qquad .\quad 2\quad)_H$

故 $(10011011011.001)_B = (4DB.2)_H$

【例 4 - 6】 将十六进制数 $(2C6.4B)_H$ 转换成二进制数。

解　　　$(2\qquad C\qquad 6\qquad .\quad 4\qquad B)_H$

　　　　　　↓　　　　↓　　　　↓　　　　　↓　　　↓

　　　　$(0010\quad 1100\quad 0110\quad .\quad 0100\quad 1011)_B$

故 $(2C6.4B)_H = (1011000110.01001011)_B$

三、码制

在数字系统中，以二进制数码表示的信息可分为两类：一类是数值；另一类是文字符号。为了表示各种信息，往往采用一定位数的二进制数码，这个特定的二进制数码称为代码。建立这种代码与数字、字母、符号的一一对应关系的过程称为编码。

例如，运动会中为了便于识别运动员，通常给每个运动员编号。显然，这些编号仅仅表示不同的运动员，已失去了数量大小的含义。

1. 二—十进制编码

一位二进制只有 0、1 两个状态，可以表示两个码，两位二进制有 00、01、10、11 四个状态，可以表示四个码。N 位二进制代码有 2^n 个状态，可以表示 2^n 个码。因而一位十进制数需四位二进制代码表示，且只需取其中十种组合，剩下的六种组合是多余状态。采用不同的方案可以得到不同特点的 BCD 码。BCD 码是 binary coded decimal 的缩写，即二进制编码的十进制码。常用的 BCD 编码见表 4 - 2。

表 4 - 2　　　　　　　　　　　常用的 BCD 编码

十进制数	8421 码	5421 码	格雷码	余 3 码	十进制数	8421 码	5421 码	格雷码	余 3 码
0	0000	0000	0000	0011	5	0101	1000	0111	1000
1	0001	0001	0001	0100	6	0110	1001	0101	1001
2	0010	0010	0011	0101	7	0111	1010	0100	1010
3	0011	0011	0010	0110	8	1000	1011	1100	1011
4	0100	0100	0110	0111	9	1001	1100	1000	1100

8421BCD 码编码的特点是：每个十进制码所对应的四位二进制代码就是与该十进制数等值的二进制数。因为其四位代码从左至右各位对应的权为 2^3、2^2、2^1、2^0，所以称为 8421 编码，它属于有权码，即每一位有固定的权。

8421BCD 码和十进制数之间的转换是直接按位转换的。例如：

$(283)_D = (0010\ 1000\ 0011)_{8421BCD}$

$(0110\ 0111\ 0001\ 1000)_{8421BCD} = (6718)_{10}$

BCD 码除了 8421 码外，常用的还有 5421 码、格雷码、余 3 码等。5421BCD 码因其二进制代码的权从左至右依次为 5、4、2、1 而得名，这些码为有权码。

　　格雷码是一种无权码，它们没有固定的权。格雷码属于可靠性编码，是一种错误最小化的编码方式，因为，自然二进制码可以直接由数/模转换器转换成模拟信号，但某些情况，如从十进制的 7 转换成 8 时二进制码的每一位都要变，会使数字电路产生很大的尖峰电流脉冲。而格雷码则没有这一缺点，它是一种数字排序系统，其中的所有相邻整数在它们的数字表示中只有一个数字不同。它在任意两个相邻的数之间转换时，只有一个数位发生变化，大大地减少了由一个状态到下一个状态时逻辑的混淆。另外由于最大数与最小数之间也仅一个数不同，故通常又称为格雷反射码或循环码。

　　余 3 码是一种无权码，它们没有固定的权。由表 4-2 可以看出，表示同一个十进制数，余 3 码比 8421BCD 码始终多了 3，故称为余 3 码。

　　2. 格雷码

　　格雷码（Gray code）是一种最小变化代码，这种码从一个数往下一个变化时，代码中只有一位发生变化。格雷码是一种无权码，即代码中每一位没有任何固定的权，故格雷码不宜作算术运算，只应用在输入/输出装置和某些数/模转换器中。

　　十进制数 0～15 的格雷码编码表见表 4-3。从表中可以看出从任何一个十进制数到其相邻的数，格雷码仅有一位变化。在其他编码中，相邻两组代码之间可能有两位、三位，甚至四位都不同，如代码由 0111 变为 1000 时，四位都将发生变化。实际数字系统中，这四位代码不可能真正严格地同时发生变化，总会有先后之分，这将在系统中引起瞬间的过渡状态，可能导致系统做出错误的响应。而格雷码没有这个问题，因此可以大大提高了数字系统的可靠性。

表 4-3　　　　　　　　　　　　　　格 雷 码 编 码 表

十 进 制 数	格 雷 码	十 进 制 数	格 雷 码
0	0000	8	1100
1	0001	9	1101
2	0011	10	1111
3	0010	11	1110
4	0110	12	1010
5	0111	13	1011
6	0101	14	1001
7	0100	15	1000

第三节　基 本 逻 辑 关 系

　　所谓逻辑关系是指条件与结果之间的关系。基本逻辑关系有三种：与逻辑、或逻辑和非逻辑。

一、与逻辑

　　当决定一件事物的全部条件都具备时，该事件才发生，这种逻辑关系称为与逻辑。

　　如图 4-2 所示，照明电路中的电灯经过两个开关与电源接通。显然，要使灯亮，必须将 A、B 两个开关都合上，两个条件缺一不可。在这里，开关的状态是条件，而灯的状态（亮或灭）则是结果。这里的条件与结果之间的关系就是与逻辑关系。

　　为了完整地描述逻辑关系，常把各种条件和对应的结果列成表格。如果设开关 A、B 闭合为 1，断开为 0，设灯 L 亮为 1，灭为 0，则 L 与 A、B 的与逻辑关系可以用表 4-4 的真值表来描述。这种将条件的各种可能的取值组合与其对应结果的值一一列出来的表格，称为真值表。

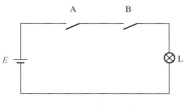

图 4 - 2 与逻辑电路图

表 4 - 4 与逻辑真值表

A	B	Y
0	0	0
0	1	0
1	0	0
1	1	1

与逻辑可以用逻辑表达式表示为

$$Y = A \cdot B$$

其中，"·"为逻辑乘符号，可省略。

逻辑乘的运算规则为

$$0 \cdot 0 = 0, 0 \cdot 1 = 0, 1 \cdot 0 = 0, 1 \cdot 1 = 1$$

以上逻辑乘的结果和普通代数的乘法结果是一样的，但两者有本质的区别。与逻辑功能可以描述为"有 0 为 0，全 1 为 1"。

与逻辑符号如图 4 - 3 所示。

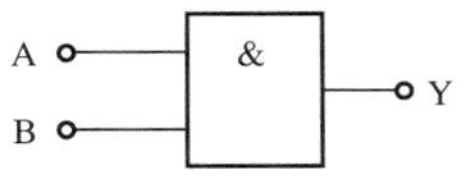

当输入变量为 n 个时，与逻辑表达式可推广到多输入的一般形式

$$Y = A \cdot B \cdot C \cdots$$

图 4 - 3 与逻辑符号

实现与逻辑关系的电路称为与门电路。常用与门的型号有 74LS08
四 2 输入与门、74LS21 双 4 输入与门、CD4081 四 2 输入与门、CD4082 双 4 输入与门、CD4073 三 3 输入与门。74LS08 引脚图、内部逻辑电路见图 4 - 4。

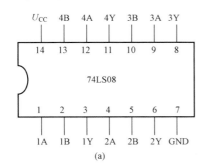

(a)

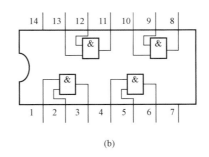

(b)

图 4 - 4 74LS08 四 2 输入与门引脚图和内部逻辑电路图

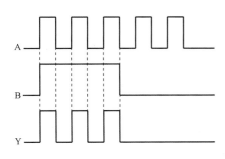

图 4 - 5 与逻辑输入和输出的波形

波形图是用来表示逻辑电路输入信号和输出信号随时间变化的图形，它具有形象直观的优点。若与逻辑的输入 A、B 的波形如图 4 - 5 所示，则根据与逻辑关系画出的输出 Y 的波形见图 4 - 5。

二、或逻辑

当决定一件事物的多个条件中，只要有一个或一个以上的条件具备时，该事件就发生，这种逻辑关系称为或逻辑。

图 4 - 6 所示的电路中，开关 A 或 B 只要有一个接

通，灯就会亮。显然，这就是或逻辑关系。参照前述，其真值表见表4-5。

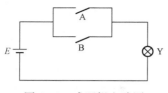

图4-6 或逻辑电路图

表4-5 或逻辑真值表

A	B	Y
0	0	0
0	1	1
1	0	1
1	1	1

或逻辑表达式为

$$Y = A + B$$

其中，"＋"为逻辑加符号。

逻辑加的运算规则为

$$0 + 0 = 0, 0 + 1 = 1, 1 + 0 = 1, 1 + 1 = 1。$$

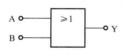

图4-7 或逻辑符号

或逻辑功能可以描述为"有1为1，全0为0"。或逻辑符号如图4-7所示。

当输入变量为 n 个时，或逻辑表达式可推广到多输入的一般形式为

$$Y = A + B + C + \cdots$$

实现或逻辑关系的电路称为或门电路。常用或门的型号有74LS32四2输入或门、CD4071四2输入或门、CD4072双4输入或门、CD4075三3输入或门。74LS32的引脚图和内部逻辑电路如图4-8所示。

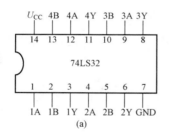
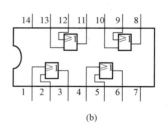

图4-8 74LS32四2输入或门引脚图和内部逻辑电路图

三、非逻辑

决定某个事物结果的条件具备时，结果不发生，而条件不具备时，结果一定发生。这种逻辑关系称为非逻辑。

图4-9所示电路中，开关A闭合，电灯Y熄灭；开关A断开，电灯Y亮。其真值表见表4-6。

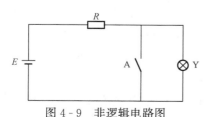

图4-9 非逻辑电路图

表4-6 非逻辑真值表

A	Y
0	1
1	0

其逻辑表达式为

$$Y = \overline{A}$$

其中，"‾"表示非运算。

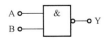

图 4-10　非逻辑符号

逻辑非的运算规则为

$$\overline{0} = 1 ，\overline{1} = 0$$

非逻辑符号如图 4-10 所示。

实现非逻辑关系的电路称为非门电路。常用非门的型号有 74LS04 六反相器、CD4069 六反相器。74LS04 的引脚图和内部逻辑电路如图 4-11 所示。

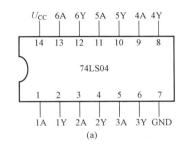
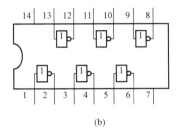

图 4-11　74LS04 六反相器引脚图和内部逻辑电路图

四、复合逻辑关系和复合门电路

在实际逻辑运算中，上述三种基本运算是很少单独出现的。复杂的逻辑关系往往是由与、或、非三种逻辑运算组合来实现。最常用的复合逻辑运算有与非、或非、与或非、异或、同或逻辑等。

1. 与非逻辑

与非逻辑是与逻辑和非逻辑运算的组合，是将输入先进行与运算，然后再进行非运算。其逻辑表达式为

$$Y = \overline{AB}$$

与非逻辑真值表见表 4-7。由真值表可见，输入中只要有 0，输出就为 1；只有当输入全为 1 时，输出才为 0。

实现与非运算的电路称为与非门电路，与非门的逻辑符号如图 4-12 所示，图中的小圆圈表示非运算。常用与非门的型号有 74LS00 四 2 输入与非门、74LS20 双 4 输入与非门、CD4011 四 2 输入与非门、CD4012 双 4 输入与非门。74LS00 的引脚图和内部逻辑电路如图 4-13 所示。

表 4-7　　　　　　　　与非逻辑真值表

A	B	Y
0	0	1
0	1	1
1	0	1
1	1	0

图 4-12　与非逻辑符号

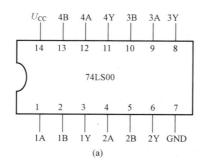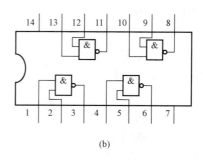

图 4-13　74LS00 四 2 输入与非门引脚图和内部逻辑电路图

2. 或非逻辑

或非逻辑是或逻辑和非逻辑运算的组合，它是将输入先进行或运算，然后再进行非运算。其逻辑表达式为

$$Y = \overline{A + B}$$

或非逻辑真值表见表 4-8。由真值表可见，输入中只要有 1，输出就为 0。只有当输入全为 0 时，输出才为 1。实现或非运算的电路称为或非门电路，或非门的逻辑符号如图 4-14 所示。常用或非门的型号有 74LS02 四 2 输入或非门、CD4001 四 2 输入或非门、CD4002 双 4 输入或非门。74LS02 引脚图和内部逻辑电路图如图 4-15 所示。

表 4-8　　　　　或非逻辑真值表

A	B	Y
0	0	1
0	1	0
1	0	0
1	1	0

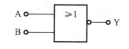

图 4-14　或非逻辑符号

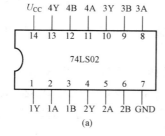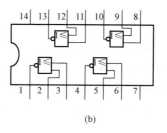

图 4-15　74LS02 四 2 输入或非门引脚图和内部逻辑电路图

3. 与或非逻辑

与或非逻辑是与逻辑、或逻辑和非逻辑运算的组合，是将输入先进行与运算，运算的结果再进行或非运算。其逻辑表达式为

$$Y = \overline{A \cdot B + C \cdot D}$$

与或非逻辑真值表见表 4-9。由真值表可见，只要 A、B 或 C、D 任何一组同时为 1，输出就为 0；只有当每一组输入都不全为 1 时，输出才为 1。

表 4 - 9 　　　　　　　　　　　　　 **与 或 非 逻 辑 真 值 表**

A	B	C	D	Y	A	B	C	D	Y
0	0	0	0	1	1	0	0	0	1
0	0	0	1	1	1	0	0	1	1
0	0	1	0	1	1	0	1	0	1
0	0	1	1	0	1	0	1	1	0
0	1	0	0	1	1	1	0	0	0
0	1	0	1	1	1	1	0	1	0
0	1	1	0	1	1	1	1	0	0
0	1	1	1	0	1	1	1	1	0

　　实现与或非运算的电路称为与或非门电路，与或非门的逻辑
符号如图 4 - 16 所示。常用的与或非门的型号有 74LS55 二组四输
入与或非门、CD4085 双 2 路 2 输入与或非门。74LS55 引脚图和
内部逻辑电路图如图 4 - 17 所示。其中，5、6、9 号引脚为空脚，
$Y = \overline{ABCD + EFGH}$。

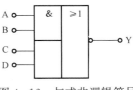

图 4 - 16 　与或非逻辑符号

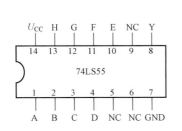
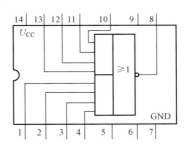

图 4 - 17 　74LS55 引脚图和内部逻辑电路图

4. 异或逻辑

　　异或逻辑是只有两个输入的逻辑函数。异或的逻辑表达式为

$$Y = A \cdot \overline{B} + \overline{A} \cdot B = A \oplus B$$

其中，"⊕" 是异或的运算符号。其真值表见表 4 - 10。由真值表可见，当两个输入不同
时，输出为 1；而当两个输入相同时，输出为 0。异或运算的逻辑符号如图 4 - 18 所示。
常用异或逻辑门有 74LS86 四 2 输入异或门、CD4070 四 2 输入异或门。74LS86 引脚图和
内部逻辑电路如图 4 - 19 所示。

表 4 - 10 　　　　 **异 或 逻 辑 真 值 表**

A	B	Y
0	0	0
0	1	1
1	0	1
1	1	0

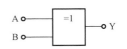

图 4 - 18 　异或逻辑符号

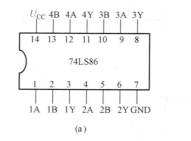
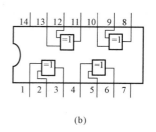

图 4-19　74LS86 引脚图和内部逻辑电路图

5. 同或逻辑

同或逻辑也是只有两个输入的逻辑函数。同或的逻辑表达式为

$$Y = A \cdot B + \overline{A} \cdot \overline{B} = A \odot B$$

其中，"$\odot$"是同或的运算符号。其真值表见表 4-11。由真值表可见，当输入相同时，输出为 1；输入不同时，输出为 0。同或运算的逻辑符号如图 4-20 所示。

表 4-11　　　　同或逻辑真值表

A	B	Y
0	0	1
0	1	0
1	0	0
1	1	1

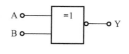

图 4-20　同或逻辑符号

由表 4-10 和表 4-11 可知，异或和同或互为反运算，即

$$A \oplus B = \overline{A \odot B}, \quad A \odot B = \overline{A \oplus B}$$
$$A\overline{B} + \overline{A}B = \overline{AB + \overline{A}\,\overline{B}}$$
$$AB + \overline{A}\,\overline{B} = \overline{A\overline{B} + \overline{A}B}$$

第四节　逻　辑　代　数

逻辑代数又称布尔代数（Boolean algebra），是由英国数学家乔治·布尔在 19 世纪提出的。逻辑代数与普通代数一样用字母表示变量，按一定规律进行运算，两者的区别在于逻辑代数的变量（称逻辑变量）只取 0 或 1 两个值，逻辑函数的取值也只有 0、1 两个值。通常，把 1 称逻辑 1，0 称逻辑 0。在这里，0 和 1 不再表示数量的大小，而只表示两种不同的逻辑状态，如电灯的亮、灭，电位的高、低，三极管的导通、截止等。因此，逻辑代数比普通代数要简单得多，但逻辑代数中也包含一些与普通代数不同的运算规律。在学习时需要加以注意。

逻辑代数是研究逻辑电路的数学工具，它为分析和设计逻辑电路提供了理论基础。逻辑代数有三种基本运算，即与运算、或运算、非运算。实现三种基本运算的电路是与门、或门和非门。

一、逻辑代数的基本定律和常用公式

1. 基本定律

逻辑代数的基本定律见表 4-12。

表 4 - 12　　　　　　　　　　　　　逻辑代数的基本定律

名　称	定　律　A	定　律　B
0-1 律	$A+0=A$	$A \cdot 1 = A$
	$A+1=1$	$A \cdot 0 = 0$
互补律	$A+\overline{A}=1$	$A \cdot \overline{A}=0$
重叠律	$A+A=A$	$A \cdot A=A$
交换律	$A+B=B+A$	$A \cdot B=B \cdot A$
结合律	$(A+B)+C=A+(B+C)$	$(A \cdot B) \cdot C = A \cdot (B \cdot C)$
分配律	$A+BC=(A+B)(A+C)$	$A \cdot (B+C) = A \cdot B + A \cdot C$
吸收律	$A+AB=A$	$A(A+B)=A$
摩根定律	$\overline{A+B}=\overline{A} \cdot \overline{B}$	$\overline{A \cdot B}=\overline{A}+\overline{B}$
还原律	$\overline{\overline{A}}=A$	

　　这些基本定律的证明方法有多种，最常用的证明方法是真值表法。即列出等式两边的逻辑表达式的真值表，观察与逻辑变量各种取值对应的函数值是否相等，若全部相等，则等式成立。

　　【例 4 - 7】　用真值表法证明 $A+BC=(A+B)(A+C)$。

　　解　将变量的各种取值组合逐一代入上式的两边，算出相应的结果，列出真值表，见表 4 - 13。可见，等式两边对应的真值表相同，故等式成立。

表 4 - 13　　　　　　　　　　　　　[例 4 - 7] 真值表

A	B	C	A+BC	(A+B)(A+C)	A	B	C	A+BC	(A+B)(A+C)
0	0	0	0	0	1	0	0	1	1
0	0	1	0	0	1	0	1	1	1
0	1	0	0	0	1	1	0	1	1
0	1	1	1	1	1	1	1	1	1

　　2. 常用公式

　　利用基本定理可以导出一些常用公式，这些公式对逻辑函数的化简和变换非常有用。

　　(1) $A+\overline{A}B=A+B$

　　证明：$A+\overline{A}B = A(1+B)+\overline{A}B = A+AB+\overline{A}B = A+B$

　　该式表明，两个乘积项相加时，若一项取反后是另一项的因子，则该因子是多余的，可以消去。

　　(2) $AB+\overline{A}C+BC=AB+\overline{A}C$

　　证明：$AB+\overline{A}C+BC = AB+\overline{A}C+(A+\overline{A})BC$

　　　　　　　　　$= AB+\overline{A}C+ABC+\overline{A}BC$

$$= AB(1+C) + \overline{A}C(1+B)$$
$$= AB + \overline{A}C$$

该式表明，若两个乘积项中分别包含了 A、$\overline{A}$ 两个因子，则由这两项的其余因子组成的第三个乘积项是多余的，可以消去。

由该式还可以进一步推出

$$AB + \overline{A}C + BCD = AB + \overline{A}C$$

二、逻辑代数的基本规则

逻辑代数有三个重要的基本规则，即代入规则、反演规则和对偶规则，这三个规则在逻辑分析和设计中是经常使用的，因此需要熟练地掌握。

1. 代入规则

在任何一个逻辑等式中，若将等式两边都出现的某一变量，用同一个逻辑函数代替，这等式仍然成立，这个规则称为代入规则。

代入规则在推导公式中很有作用，若将前面介绍的定律和公式中的某一变量用任意一个函数代替后，就可得到新的公式，从而推广了基本定律的应用范围。

例如摩根定理 $\overline{AB} = \overline{A} + \overline{B}$，若用 Y=BC 代替等式中的 B，由代入规则可知等式仍然成立。则有

$$\overline{ABC} = \overline{A} + \overline{BC} = \overline{A} + \overline{B} + \overline{C}$$

从而将摩根定理推广到三变量的情况。

2. 反演规则

若将逻辑函数 Y 的表达式中所有的"·"换成"+"、"+"换成"·"，"0"换成"1"、"1"换成"0"，原变量换成反变量、反变量换成原变量，这样得到的新的逻辑表达式就是原函数 Y 的反函数 $\overline{Y}$，这个规则称为反演规则。

运用反演规则，可以比较容易地求出一个逻辑函数的反函数。使用反演规则时应注意保持原函数中的运算顺序，即保持"先括号、然后乘、最后加"的运算顺序。还应注意不属于单个变量上的反号应保留不变，即两个和两个以上变量的反号应保持不变。

例如，$Y = \overline{A}B + \overline{\overline{C}+D}$，根据反演规则，反函数 $\overline{Y} = (A+\overline{B}) \cdot \overline{\overline{C} \cdot \overline{D}}$。

3. 对偶规则

若将逻辑函数 Y 的表达式中所有的"·"换成"+"、"+"换成"·"，"0"换成"1"、"1"换成"0"，这样得到的新的逻辑表达式 Y′就是原函数 Y 的对偶式。对偶规则是：若某个逻辑恒等式成立，则它的对偶式也成立。

我们在前面讨论的逻辑代数的基本定律中成对出现的等式均为对偶式。

例如，$A + BC = (A+B)(A+C)$ 和 $A \cdot (B+C) = A \cdot B + A \cdot C$ 即为对偶式。

利用对偶规则，可以从已知的公式中得到更多的公式，而当需要证明两个逻辑函数相等时，通过证明它们的对偶式相等来证明这两个逻辑函数相等，可能会更加容易。

三、逻辑函数的表示方法

常用的逻辑函数的表示方法有逻辑真值表（简称真值表）、逻辑函数式（也称逻辑式或函数式）、逻辑图和卡诺图。它们各有特色，又相互联系，并可以相互转换。本节只介绍前三种表示方法，用卡诺图表示逻辑函数的方法将在本章第五节详细介绍。

1. 真值表

将输入逻辑变量的各种可能取值的组合与逻辑函数值的对应关系，用表格的形式表示出来，这种表格称为逻辑真值表。例如有 n 个输入变量，就有 2^n 个不同取值的组合。逻辑函数的真值表具有唯一性，即若两个逻辑函数具有相同的真值表，则这两个逻辑函数必然相等。

真值表的优点是直观、明了。因此，将一个实际的逻辑问题抽象成数学模型时，使用真值表最为方便。

真值表的缺点是当变量较多时，列表相当烦琐，而且不能运用公式直接运算。

【例 4-8】　电路图如图 4-21 所示，写出其真值表。

解　开关 A、B、C 闭合用 1 表示，断开用 0 表示。灯 L 亮用 1 表示，灭用 0 表示，则真值表见表 4-14。

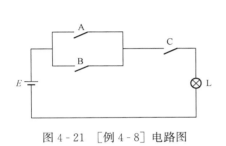

图 4-21　[例 4-8] 电路图

表 4-14　　　　[例 4-8] 真值表

A	B	C	L
0	0	0	0
0	0	1	0
0	1	0	0
0	1	1	1
1	0	0	0
1	0	1	1
1	1	0	0
1	1	1	1

2. 逻辑函数式

逻辑函数式是用与、或、非等逻辑代数运算式来表示输入变量与输出函数之间的逻辑关系的逻辑代数式。

当逻辑表达式和真值表都描述同一逻辑函数时，它们之间存在着一一对应的关系，可以互相转换。由真值表写出逻辑表达式的方法：把真值表中使逻辑函数取值为 1 时所对应的逻辑变量的与项相加即得其逻辑表达式。

【例 4-9】　写出真值表 4-14 所示的逻辑函数表达式。

解　$Y = \overline{A}BC + A\overline{B}C + ABC$

逻辑表达式的优点是：简洁地表示了各变量之间的逻辑关系，便于运用逻辑代数的定律和公式进行运算、化简和变换。

3. 逻辑图

将逻辑函数中各变量之间的与、或、非等逻辑关系用相应的逻辑符号连接而成的图形称为逻辑图。

由于逻辑表达式中的逻辑运算都有相应的逻辑元部件存在，如果用这些部件的逻辑符号来代替表达式中相应的逻辑运算，即可得到函数的逻辑图，所以它又称为逻辑电路图。

【例 4-10】　画出 $Y = (A + B)C$ 的逻辑图。

解　逻辑图如图 4-22 所示。

根据逻辑图，也可以写出逻辑函数式，列出真值表。

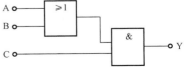

图 4-22　[例 4-10] 逻辑图

真值表、逻辑函数式和逻辑图都是描述逻辑功能的方法。针对不同的场合，可选择不同的描述方法。

第五节　逻辑函数的化简

通过前面的介绍，我们知道，一个逻辑函数式可以画出相应的逻辑图。如果一个逻辑函数的表达式比较简单，则意味着实现其逻辑功能所需的硬件少。这样，便可节约器件，降低成本，提高设备的可靠性。

逻辑函数化简的方法有代数化简法和卡诺图化简法两种。

一、逻辑函数的代数化简法

1. 逻辑表达式的类型

一个逻辑函数可以有不同的表达式，基本形式有与或式和或与式两种。此外还有与非-与非式、或非-或非式和与或非式这三种形式。

如　$Y = AB + \bar{B}C$　　　　　　　　与-或表达式

　　$= (A + \bar{B})(B + C)$　　　　　或-与表达式

　　$= \overline{\overline{AB} \cdot \overline{\bar{B}C}}$　　　　　　　与非-与非表达式

　　$= \overline{\overline{A + \bar{B}} + \overline{\bar{B} + C}}$　　　　或非-或非表达式

　　$= \overline{\bar{A} \cdot B + \bar{B} \cdot \bar{C}}$　　　　　与-或-非表达式

对于不同类型的表达式，最简式的标准也不同。在理论分析中，与或式最常用，也容易转换成其他类型的表达式。因此我们着重讨论与或式最简的标准。

最简与或式的标准是：①乘积项的个数为最少；②每个乘积项中变量的个数为最少。

2. 代数化简法

代数化简法也称公式化简法，就是利用逻辑代数的基本定律中的公式来化简逻辑函数。

（1）并项法。并项法是利用公式 $A + \bar{A} = 1$，将两个乘积项合并成一项，并消去一个变量。

【例 4 - 11】　试化简 $Y = AB\bar{C} + A\overline{B\bar{C}}$。

解　$Y = AB\bar{C} + A\overline{B\bar{C}} = A(B\bar{C} + \overline{B\bar{C}}) = A$

（2）吸收法。吸收法是利用公式 $A + AB = A$，消去多余项。

【例 4 - 12】　试化简 $Y = \bar{C} + AB\bar{C}D$。

解　$Y = \bar{C} + AB\bar{C}D = \bar{C}(1 + ABD) = \bar{C}$

（3）消去法。消去法是利用公式 $A + \bar{A}B = A + B$，消去多余的因子。

【例 4 - 13】　试化简 $Y = AB + \bar{A}C + \bar{B}C$。

解　$Y = AB + \bar{A}C + \bar{B}C = AB + (\bar{A} + \bar{B})C$

　　　　$= AB + \overline{AB}C = AB + C$

（4）配项法。当逻辑表达式中公共因子比较少，不能直接化简时，可利用 $A = A(B + \bar{B})$，添加某些因子，并将一项拆成两项，再和其他项进行化简。

【例 4 - 14】 试化简 $Y = A\bar{C} + \bar{A}C + \bar{B}C + B\bar{C}$ 。

解法一　$Y = A\bar{C} + \bar{A}C + \bar{B}C + B\bar{C}$

$\quad\quad = A(B + \bar{B})\bar{C} + \bar{A}C + (A + \bar{A})BC + B\bar{C}$

$\quad\quad = AB\bar{C} + A\bar{B} \cdot \bar{C} + \bar{A}C + ABC + \bar{A} \cdot BC + B\bar{C}$

$\quad\quad = (AB\bar{C} + B\bar{C}) + (A\bar{B} \cdot \bar{C} + ABC) + (\bar{A}C + \bar{A} \cdot BC)$

$\quad\quad = B\bar{C}(A + 1) + A\bar{B}(\bar{C} + C) + \bar{A}C(1 + B)$

$\quad\quad = B\bar{C} + A\bar{B} + \bar{A}C$

解法二　$Y = A\bar{C} + \bar{A}(B + \bar{B})C + \bar{B}C + (A + \bar{A})B\bar{C}$

$\quad\quad = A\bar{C} + \bar{A}BC + \bar{A} \cdot \bar{B}C + \bar{B}C + AB\bar{C} + \bar{A}B\bar{C}$

$\quad\quad = (A\bar{C} + AB\bar{C}) + (\bar{A}BC + \bar{A}B\bar{C}) + (\bar{A} \cdot \bar{B}C + \bar{B}C)$

$\quad\quad = A\bar{C}(1 + B) + \bar{A}B(C + \bar{C}) + \bar{B}C(\bar{A} + 1)$

$\quad\quad = A\bar{C} + \bar{A}B + \bar{B}C$

由［例 4 - 14］可见，代数法化简的结果并不是唯一的。如果两个结果的项数及每项中的变量数相同，则两者均正确。

采用配项法的关键在于：应给哪些乘积项配项，以及应配什么因子。

在实际中，往往需要综合运用上述几种方法，才能得到最简结果。

【例 4 - 15】 试化简 $Y = AB + AD + A\bar{D} + \bar{A}C + BD + A\bar{B}E + \bar{B}E$ 。

步骤一　利用并项法，将 AD 和 $A\bar{D}$ 合并成 A，得

$$Y = AB + A + \bar{A}C + BD + A\bar{B}E + \bar{B}E$$

步骤二　利用吸收法，消去包含 A 因子的两个乘积项 AB 和 $A\bar{B}E$，得

$$Y = A + \bar{A}C + BD + \bar{B}E$$

步骤三　利用消去法，消去 $\bar{A}C$ 中的因子 $\bar{A}$，得

$$Y = A + C + BD + \bar{B}E$$

二、逻辑函数的卡诺图化简法

采用代数化简法，要求熟练掌握基本定律中的公式，而且化简时无固定步骤可以遵循，技巧性强，尤其是所得到的结果是否最简，往往难以判断，这就给初学者采用该方法化简带来了一定的困难。为了解决这一问题，可采用卡诺图化简法。

卡诺图化简法是利用图形来化简逻辑函数的一种方法，直观、简捷，并有一套固定的化简规律，容易掌握。因此该方法在逻辑函数的化简中得到了广泛的应用。

（一）逻辑函数的最小项

1. 最小项的定义

在具有 n 个变量的逻辑函数表达式中，如果某一乘积项包含了全部变量，并且每个变量在该乘积项中以原变量或反变量的形式出现且仅出现一次，则该乘积项称为最小项。n 个变量的最小项共有 2^n 个。为了表述方便，用 m_i 表示最小项，其下标为最小项的编号。编号方法：最小项中原变量用 1 表示，反变量用 0 表示，然后将得到的一组二进制数转换为十进制数，就得到该最小项的编号。三变量的逻辑函数的全体最小项及编号见表 4 - 15。

表 4 - 15　　　　　　　　　　　　　　三变量的最小项及其编号

序　号	A	B	C	最小项	编　号	序　号	A	B	C	最小项	编　号
0	0	0	0	$\overline{A}\overline{B}\overline{C}$	m_0	4	1	0	0	$A\overline{B}\cdot\overline{C}$	m_4
1	0	0	1	$\overline{A}\overline{B}C$	m_1	5	1	0	1	$A\overline{B}C$	m_5
2	0	1	0	$\overline{A}B\overline{C}$	m_2	6	1	1	0	$AB\overline{C}$	m_6
3	0	1	1	$\overline{A}BC$	m_3	7	1	1	1	ABC	m_7

2. 最小项的性质

最小项具有下列性质：

（1）对于任意一个最小项，有且仅有一组变量取值使它的值为 1。

（2）任意两个最小项之积为 0。

（3）全体最小项之和为 1。

3. 最小项的逻辑相邻性

如果两个最小项中只有一个变量互为反变量，则这两个最小项具有逻辑相邻关系，并称它们为相邻项。例如，三变量中的最小项 $\overline{A}B\overline{C}$ 和 $AB\overline{C}$ 即为相邻项。最小项的逻辑相邻性在卡诺图化简中有着重要的作用，就是两个相邻项相加可合并成一项，并消去一个变量。例如：

$$\overline{A}B\overline{C} + AB\overline{C} = (\overline{A} + A)B\overline{C} = B\overline{C}$$

（二）卡诺图化简法

卡诺图是按照一定的规律画出的一种方格图，n 个变量的 2^n 个最小项用 2^n 个小方格表示，并且使逻辑相邻的最小项在几何位置上也相邻。将构成函数的最小项填入相应的方格中即可得到函数的卡诺图。它是化简逻辑函数式的专用工具图。

1. 卡诺图的画法

图 4 - 23 所示为二变量、三变量和四变量的卡诺图。

图 4 - 23（a）的小方格用最小项表示。图 4 - 23（b）和（c）是一种更为简单的表示方法，小方格采用最小项变量的二进制数对应的十进制数表示。采用图 4 - 23 的画法，可以使相邻的小方格中的最小项只有一个变量取值不同，其余变量相同。要特别指出的是，卡诺图中的上下之间、左右之间、同一行（或同一列）的两端之间，以及四个顶角之间的最小项，都是互为相邻的，这是卡诺图循环相邻的特点。这样就保证了在卡诺图中，几何位置上相邻的最小项同时在逻辑上也具有相邻性。

若变量数超过四个，画出的卡诺图就比较复杂，这里不予介绍。

任何逻辑函数都可以表示为最小项之和，因此也可以用卡诺图来表示逻辑函数。具体的做法是先把逻辑函数化成最小项之和，然后在卡诺图相应的小方格中填入 1，其余的填入 0，或空着。

【例 4 - 16】　用卡诺图表示逻辑函数 $Y = AB + \overline{A}B + \overline{B}C$。

解　$Y = AB + \overline{A}B + \overline{B}C$

$\qquad = AB(C + \overline{C}) + \overline{A}B(C + \overline{C}) + (A + \overline{A})\overline{B}C$

$\qquad = ABC + AB\overline{C} + \overline{A}BC + \overline{A}B\overline{C} + A\overline{B}C + \overline{A}\cdot\overline{B}C$

$\qquad = \sum m(1,2,3,5,6,7)$

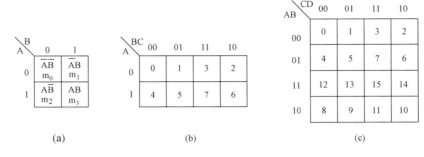

图 4-23　二变量、三变量和四变量卡诺图

(a) 二变量；(b) 三变量；(c) 四变量

其卡诺图如图 4-24 所示。

2. 卡诺图化简法

卡诺图化简法就是利用卡诺图化简逻辑函数。其基本原理是相邻的最小项可以合并，并消去不同的变量。由于在卡诺图上的几何位置相邻性与逻辑相邻性是一致的，因而能从卡诺图上直观地找到那些具有相邻性的最小项，并将其合并。

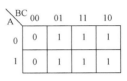

图 4-24　［例 4-16］卡诺图

(1) 最小项合并规律。

2 个相邻最小项可合并成一项，并消去一个变量。图 4-25 所示为合并的各种情况。

4 个相邻最小项可合并成一项，并消去两个变量。图 4-26 所示为合并的各种情况。

8 个相邻最小项可合并成一项，并消去三个变量。图 4-27 所示为合并的各种情况。

(2) 用卡诺图化简逻辑函数。化简分以下五个步骤：

1) 画出逻辑函数的卡诺图。

2) 用圈合并为 1 的相邻最小项。每个圈应包括 2^n 个方格，即 2 个、4 个、8 个……方格成为一圈。注意，有的 1 项可以被重复使用，但每个圈至少要包含一个新的 1 项（尚未被圈过），尽可能将更多的相邻项圈进去，圈入的最小项越多，圈数越少，化简后函数越简单。

3) 将每个圈内的最小项相加，消去多余变量和多余项。

4) 在图上把孤立的 1 项圈起来。

5) 将每个圈的化简量相加，即得最简与或表达式。

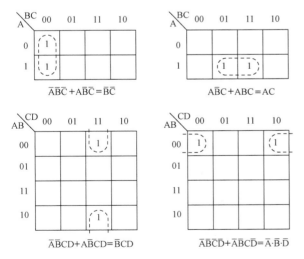

图 4-25　2 个相邻最小项的合并

必须指出的是：由于圈 1 的位置不同，有时答案不是唯一的。

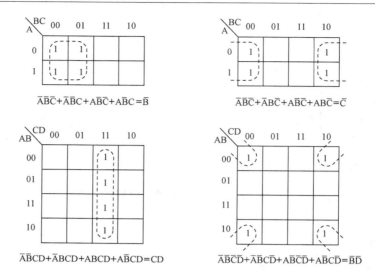

图 4 - 26　4 个相邻最小项的合并

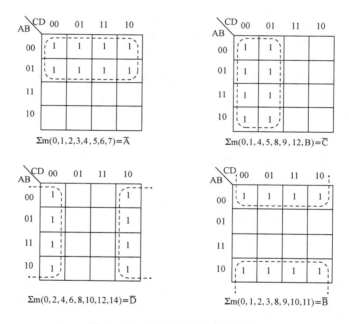

图 4 - 27　8 个相邻最小项的合并

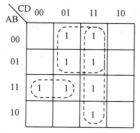

图 4 - 28　〔例 4 - 17〕卡诺图

【例 4 - 17】　用卡诺图化简逻辑函数 $Y = AB\overline{CD} + ACD + \overline{A}BD + BD$。

解　可根据每个乘积项直接画出卡诺图，如图 4 - 28 所示。例如，式中的 ACD 包括了所有含有 ACD 因子的最小项，因此可以直接在 A＝1、C＝1、D＝1 的小方格（即 m_{11}、m_{15}）内填入 1。其他乘积项同理直接填入。由此画出如图 4 - 28 所示的卡诺图。

化简结果为
$$Y = AB\overline{C} + \overline{A}D + CD$$

【例 4 - 18】 用卡诺图化简 $Y = \overline{ABCD} + \overline{A}B\overline{C}D + \overline{B}CD + ABC + B\overline{C}D + \overline{A}BCD$。

解 卡诺图如图 4 - 29 所示。

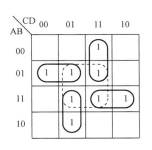

图 4 - 29 〔例 4 - 18〕卡诺图

化简结果为
$$Y = \overline{A}B\overline{C} + AC\overline{D} + \overline{A}CD + ABC$$

在〔例 4 - 18〕中，若先圈中间 4 个最小项的大圈（虚线所示），结果将会出现 5 个圈，这个大圈显然是多余的。

（三）具有约束项的逻辑函数的化简

1. 约束项与约束条件

在实际的逻辑问题中，输入变量的取值组合有时不是任意的，而是受到一定条件的限制。例如在 8421BCD 码中，变量 ABCD 只能取 $0000 \sim 1001$ 十种组合，而 $1010 \sim 1111$ 六种组合是不允许出现的。这种限制条件称为约束条件。因此，又把这些不可能出现或不允许出现的最小项的组合称为约束项。由于约束项所对应的变量取值组合不会出现，所以把这些变量取值组合所对应的逻辑函数值可看成 1 也可看成 0，对函数值不会产生影响，所以约束项也称为任意项或无关项，用字母 d 表示，在卡诺图中用"×"（任意值）表示其对应的逻辑函数值。

约束条件通常用约束方程表示。在限制某些输入变量的取值组合不能出现时，可以用它们对应的最小项等于 0 来表示。这样，8421BCD 码中的约束条件可以表示为
$$\sum d(10,11,12,13,14,15) = 0$$
或写成 $\quad A\overline{B}C\overline{D} + A\overline{B}CD + AB\overline{C}\overline{D} + AB\overline{C}D + ABC\overline{D} + ABCD = 0$
或用最简与式表示为
$$AB + AC = 0$$

2. 具有约束项的逻辑函数的化简

由于约束项对应的函数值可为 0 或 1，因此在化简时可以合理地使用约束项，使逻辑函数的化简结果变得更加简单。

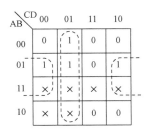

图 4 - 30 〔例 4 - 19〕卡诺图

【例 4 - 19】 化简 $Y(A,B,C,D) = \sum m(1,4,5,6) + \sum d(8,9,12,13,14,15)$。

解 画出卡诺图如图 4 - 30 所示。

若不考虑约束项，化简得
$$Y = \overline{A}B\overline{D} + \overline{A}\overline{C}D$$
考虑约束项，化简结果为
$$Y = B\overline{D} + \overline{C}D$$
可见利用约束项可使结果大为简化。

本 章 小 结

本章主要介绍了常用数制和编码。逻辑代数的基本定律和规则、逻辑函数的表示方法和

逻辑函数的化简三部分内容。

　　（1）在计数体制中，日常生活中采用十进制，但在计算机中基本上使用二进制，有时也用十六进制。

　　（2）二进制代码不仅可以表示数值，还可以表示符号或文字。

　　（3）逻辑代数中的基本定律和三个规则是分析、变换和化简逻辑函数的依据。

　　（4）逻辑函数的化简是分析和设计逻辑电路的一个重要环节。

习　　　题

4-1　数字信号和模拟信号的主要区别是什么？与模拟电路相比，数字电路有何特点？

4-2　试将下列数按权展开。

（1）$(375)_D$　　　　　　　（2）$(B5A)_H$　　　　　　　（3）$(1011101)_B$

4-3　试将十进制数 8、17.65、201 转换为二进制数。

4-4　试将下列二进制数分别转换成十进制数和十六进制数。

（1）$(1011)_B$　　　　　　（2）$(11010)_B$　　　　　　（3）$(110101)_B$

（4）$(10010110)_B$　　　　（5）$(101010.11)_B$　　　　（6）$(0.01101)_B$

4-5　试将下列十六进制数分别转换成二进制数和十进制数。

（1）$(3E)_H$　　　　　　　（2）$(2A)_H$　　　　　　　（3）$(1C2)_H$

（4）$(4BF)_H$　　　　　　（5）$(5E.F)_H$　　　　　　（6）$(0.8A)_H$

4-6　什么是 BCD 码？什么是 8421BCD 码？

4-7　试将下列 8421BCD 码转换成十进制数。

（1）$(001110010111)_{BCD}$　　　　（2）$(1000.01010110)_{BCD}$　　　　（3）$(01010001)_{BCD}$

4-8　如图 4-31 所示的电路设开关闭合为 1，断开为 0；灯亮为 1，灯灭为 0。试列出 Y_1、Y_2 的真值表，并写出它们的表达式。

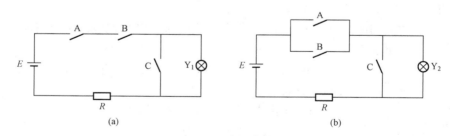

图 4-31　题 4-8图

　　4-9　图 4-32 所示为各门电路和输入信号 A、B、C、D 的波形，试画出各门电路输出端的波形。

　　4-10　试写出图 4-33 所示电路的逻辑表达式。

　　4-11　试写出下列函数的对偶式。

（1）$Y_1 = (A+B+C)\overline{ABC}$　　　　　　（2）$Y_2 = \overline{\overline{\overline{ABC}}}$

　　4-12　试求下列函数的反函数。

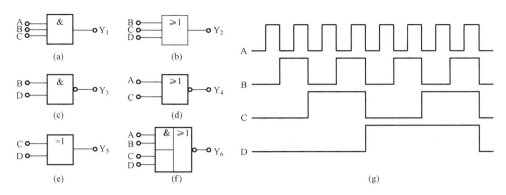

图 4-32 题 4-9 图

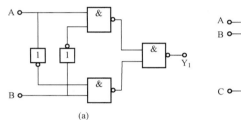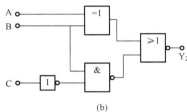

图 4-33 题 4-10 图

(1) $Y_1 = (\bar{A} + B)(\bar{C} + D)$ (2) $Y_2 = \bar{A}B + \bar{C}D$

(3) $Y_3 = A + B + \overline{AB\bar{C}}$ (4) $Y_4 = \overline{\bar{A}BC + \bar{A}\bar{B}}$

4-13 试用公式法证明下列等式成立。

(1) $AB + A\bar{B} + \bar{A}B = A + B$

(2) $AB + \bar{B}CD + \bar{A}C + \bar{B}C = AB + C$

(3) $A\bar{B} + B\bar{C} + \bar{A}C = \bar{A}B + \bar{B}C + A\bar{C}$

4-14 试用公式法化简下列函数。

(1) $Y_1 = \overline{A\bar{B}C + AB\bar{C} + ABC + A\bar{B}}$

(2) $Y_2 = \overline{AC + \overline{\bar{A}BC + \bar{B}C + AB\bar{C}}}$

(3) $Y_3 = A + B + C + \overline{AB\bar{C}}$

(4) $Y_4 = \bar{A}(C\bar{D} + \bar{C}D) + B\bar{C}D + A\bar{C}D + \bar{A}C\bar{D}$

(5) $Y_5 = \bar{A}B + \bar{A}C + AD + CDE + \bar{B}C$

(6) $Y_6 = (\bar{A} + \bar{B} + \bar{C})(B + \bar{B}C + \bar{C})$

(7) $Y_7 = (A \oplus B)C + ABC + \bar{A}\bar{B}C$

4-15 试用卡诺图化简下列函数。

(1) $Y_1 = \bar{A}\bar{B} + AC + \bar{B}C$

(2) $Y_2(A,B,C) = \sum m(0,1,2,5,6,7)$

(3) $Y_3 = A\bar{B}CD + AB\bar{C}D + A\bar{B} + A\bar{D} + A\bar{B}C$

(4) $Y_4(A,B,C,D) = \sum m(0,2,3,4,5,6,8,14)$

(5) $Y_5(A,B,C,D) = \sum m(0,3,5,7,8,9,10,11,13,15)$

(6) $Y_6 = AD + A\overline{C} + \overline{A}\overline{D} + \overline{A}\overline{B}C + (B+C)\overline{D}$

(7) $Y_7 = AC + BC + \overline{B}D + \overline{C}D + AB$

(8) $Y_8 = A\overline{B} + B\overline{C}\overline{D} + ABD + \overline{A}B\overline{C}D$

4 - 16 试用卡诺图化简下列具有约束项的函数。

(1) $Y_1(A,B,C,D) = \sum m(0,2,4,6,9,13) + \sum d(1,3,5)$

(2) $Y_2(A,B,C,D) = \sum m(0,2,3,5,6,7,8,9) + \sum d(10,11,12)$

(3) $Y_3(A,B,C,D) = \sum m(0,13,14,15) + \sum d(1,3,9,10,11)$

(4) $Y_4(A,B,C,D) = \sum m(2,3,4,7,12,13,14) + \sum d(5,6,8,9,10,11)$

4 - 17 已知逻辑函数 $Y = A\overline{B} + B\overline{C} + \overline{A}C$，试用真值表、卡诺图和逻辑图表示。

第五章　逻 辑 门 电 路

本章通过讨论半导体器件的开关特性，进一步介绍三极管反相器的特性。在此基础上，重点介绍集成 TTL 门电路和 CMOS 门电路的特性及其使用方法。

第一节　半导体二极管和三极管的开关特性

一、半导体二极管的开关特性

一个理想的开关应具有以下特点：开关接通时阻抗为零，相当于短路；开关断开时阻抗为无穷大，相当于开路；开关在通、断两状态之间的转换速度极快。二极管的主要特点是具有单向导电性，它在正向导通时，内阻很小，相当于开关接通；而在反向截止时，内阻很大，相当于开关断开。因此，二极管可作为开关器件。

1. 二极管的导通条件及特点

当加在二极管上的正向电压大于死区电压 0.5V 时，二极管开始导通，有电流流过，并随着外加电压的增大，电流急剧增加。当 $U_D = 0.7V$ 时，二极管的伏安特性曲线已经非常陡峭。即 I_D 在很大范围变化时，U_D 基本上保持在 0.7V 左右。因此，在数字电路的分析中，把 $U_D > 0.7V$ 作为硅二极管导通的条件，二极管导通以后，就近似地认为 U_D 保持在 0.7V，等效为一个具有 0.7V 压降的闭合开关，如图 5-1 所示。有时，0.7V 压降也可忽略不计，这时二极管阻抗为零，压降为零，等效为闭合的开关，其等效电路见图 5-2。

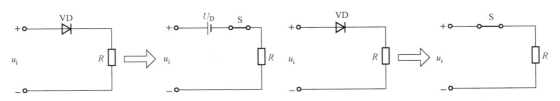

图 5-1　二极管导通时的等效电路　　　图 5-2　理想二极管导通时的等效电路

2. 二极管的截止条件及特点

硅二极管的死区电压为 0.5V，因此把 $U_D < 0.5V$ 作为硅二极管的截止条件。在截止时，认为 $I_D = 0$，等效为一个断开的开关，如图 5-3 所示。

为了可靠截止，一般使二极管反偏，即

$$U_D < 0V$$

二、半导体三极管的开关特性

三极管是数字电路中最基本的开关器件。在数字信号作用下，三极管不是工作在饱和区，就是工作在截止区，相当于开

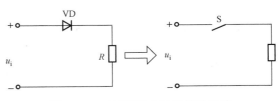

图 5-3　二极管截止时的等效电路

关的闭合和断开。

1. 三极管的饱和条件及特点

数字电路中常用 NPN 型硅管作为开关器件。图 5-4 所示为三极管开关电路。当输入电压 $u_i = U_{iH}$ 时，三极管发射结承受正向电压而导通。

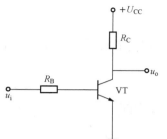

当三极管处于临界饱和状态时，$I_C = I_{CS}$，$I_B = I_{BS}$，$U_{CE} = U_{CES}$。

$$I_{CS} = \frac{U_{CC} - U_{CES}}{R_C} \approx \frac{U_{CC}}{R_C}$$

$$I_{BS} = \frac{I_{CS}}{\beta} \approx \frac{U_{CC}}{\beta R_C}$$

三极管的饱和条件是

图 5-4　三极管开关电路

$$I_B > I_{BS} \approx \frac{U_{CC}}{\beta R_C}$$

三极管饱和后，$U_{BE} = 0.7V$，$U_{CE} = 0.3V$。c、e 极间等效为一个闭合的开关。

2. 三极管的截止条件及特点

当输入电压 $u_i = U_{iL}$ 时，三极管的发射结承受反向电压而截止。

由三极管的输入特性可知，当输入电压使发射结的电压小于死区电压（即 $U_{BE} < 0.5V$）时，三极管一定截止。

为了可靠截止，一般使发射结反偏，即

$$U_{BE} < 0V$$

三极管截止时，$I_B \approx 0$，$I_C \approx 0$，c、e 极间等效为一个断开的开关。

综合上述分析可见，该电路工作在开关状态。

第二节　基本逻辑门电路

在数字电路中，输入信号和输出信号只有高电平和低电平两种状态。这里的高电平和低电平是一个相对的概念，而且高电平和低电平都有一定的范围，并不是一个固定不变的电压数值。在数字电路中，对高电平和低电平有两种表示方式，即存在两种逻辑体制：如高电平用逻辑 1 表示，低电平用逻辑 0 表示，则为正逻辑体制，简称正逻辑；如高电平用逻辑 0 表示，低电平用逻辑 1 表示，则为负逻辑体制，简称负逻辑。本书若未特别说明，一律采用正逻辑。

一、二极管与门

能实现与逻辑功能的电路称为与门电路。

二极管与门电路如图 5-5 所示。其中，A、B 为与门的输入信号，即输入变量；Y 为与门的输出信号，即输出函数。若二极管的正向压降 $U_D = 0.7V$，输入的高、低电平分别为 $U_{iH} = +3V$，$U_{iL} = 0V$，则可得到图 5-5 所示与门电路的输入与输出的电平关系，见表 5-1。

采用正逻辑表示，可将表 5-1 转换成真值表，见表 5-2。由真值表得到表达式为

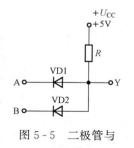

图 5-5　二极管与门电路

$$Y = AB$$

表 5 - 1 二极管与门电路的电平关系

A	B	Y
0	0	0.7V
0	3V	0.7V
3V	0	0.7V
3V	3V	3.7V

表 5 - 2 与门的真值表

A	B	Y
0	0	0
0	1	0
1	0	0
1	1	1

可见，电路实现了与运算。

二、二极管或门

能实现或逻辑功能的电路称为或门电路。

二极管或门电路如图 5 - 6 所示。若二极管的正向压降 U_D=0.7V，输入的高、低电平分别为 U_{iH}=+5V，U_{iL}=0V，则其输入 A、B 和输出 Y 的电平关系见表 5 - 3，转换得到的真值表见表 5 - 4。

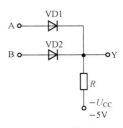

图 5 - 6 二极管或门电路

表 5 - 3 二极管或门电路的电平关系

A	B	Y
0	0	0V
0	5V	4.3V
5V	0	4.3V
5V	5V	4.3V

表 5 - 4 或门的真值表

A	B	Y
0	0	0
0	1	1
1	0	1
1	1	1

由真值表得到逻辑表达式为

$$Y=A+B$$

可见，电路实现了或运算。

三、三极管非门

能实现非逻辑功能的电路称为非门电路。

三极管非门电路如图 5 - 7 所示。

当输入端 A 为低电平时，三极管基极电位小于零，即 U_{BE}<0V，三极管截止，输出 Y 为高电平；当输入端 A 为高电平时，只要合理选择 R_1 和 R_2，就能使三极管工作在饱和状态，输出端 Y 为低电平，其真值表见表 5 - 5。

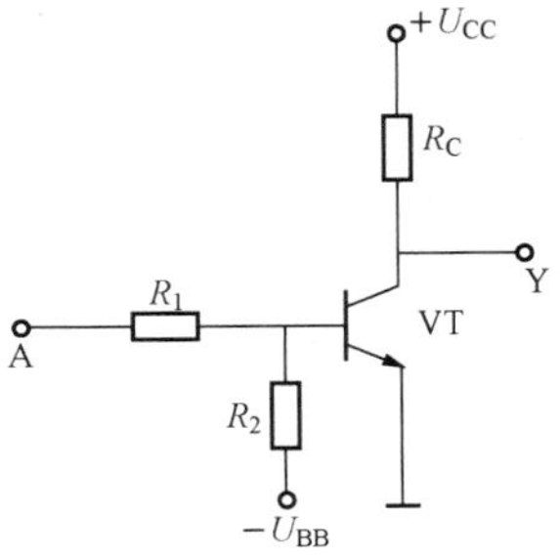

图 5 - 7 三极管非门电路

表 5 - 5 非门真值表

A	Y
0	1
1	0

由真值表得到逻辑表达式为

$$Y = \overline{A}$$

可见，该电路实现了非运算。

由于非门的输出信号与输入信号反相，因此非门也称为反相器。

【例 5 - 1】 图 5 - 7 所示电路，已知 $U_{CC} = +5V$，$-U_{BB} = -6V$，$R_1 = 10k\Omega$，$R_2 = 100k\Omega$，$R_C = 1.5k\Omega$，$\beta = 30$。试计算：

(1) 当 $u_i = U_{iL} = 0.3V$ 时，三极管能否可靠截止？

(2) 当 $u_i = U_{iH} = 3V$ 时，三极管能否可靠饱和？

解 (1) 输入为低电平时

$$u_{BE} = U_{iL} - \frac{R_1}{R_1 + R_2}(U_{iL} + U_{BB})$$

$$= 0.3 - \frac{10}{10 + 100} \times (0.3 + 6)$$

$$\approx -0.27(V) < 0$$

因此三极管可靠截止，输出信号 $U_Y = +5V = U_{OH}$。

(2) 输入为高电平时

$$I_{CS} = \frac{U_{CC} - U_{CES}}{R_C} = \frac{5 - 0.3}{1.5} \approx 3.1(mA)$$

$$I_{BS} = \frac{I_{CS}}{\beta} = \frac{3.1}{30} \approx 0.1mA$$

$$i_B = \frac{U_{IH} - U_{BE}}{R_1} - \frac{U_{BE} + U_{BB}}{R_2}$$

$$= \frac{3 - 0.7}{10} - \frac{0.7 + 6}{100} \approx 0.16(mA) > I_{BS}$$

因此三极管可靠饱和，输出信号 $U_Y \approx 0.3V = U_{OL}$。

第三节　集 成 TTL 门 电 路

集成电路 IC（integrated circuit）是指将三极管、电阻、电容、连接线等集中制作在一块很小的半导体硅片上，并加以封装，构成一个具有一定功能的电路。集成电路与分立元件电路相比具有许多显著的优点，如体积小、功耗低、重量轻、可靠性高等，得到了迅速发展。

在集成电路中，单块芯片上集成器件数量的多少称为集成度。据此可分为小规模集成电路 SSI（small scale integration），包含器件 100 个以下或 10 个以下门电路；中规模集成电路 MSI（medium scale integration），包含 100～1000 个器件或 10～100 个门电路；大规模集成电路 LSI（large scale integration），包含 1000～10 000 个器件或 100～1000 个门电路；超大规模集成电路 VLSI（very large scale integration），包含 10 000 个以上器件。

根据制造工艺的不同，集成电路又可分为双极型（三极管）和单极型（MOS 管）两大类。

双极型集成电路中，目前应用最多的类型是 TTL（transistor-transistor logic）型。TTL 型集成电路的输入级和输出级均采用三极管结构，故称三极管 - 三极管逻辑电路，简称 TTL 电路。

一、典型 TTL 与非门电路

（一）电路组成

图 5-8 所示为 TTL 与非门的典型电路。u_i 为输入电压，u_o 为输出电压，输入信号低电平为 0.3V，高电平为 3.6V。电路主要由输入级、中间级和输出级三部分组成。

VT1 为多发射极三极管，它和 R_1 构成输入级。其等效电路如图 5-9 所示，这部分电路实现与逻辑功能。

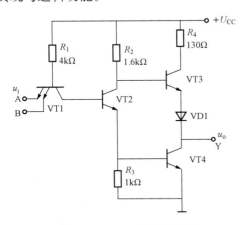

图 5-8 TTL 与非门电路

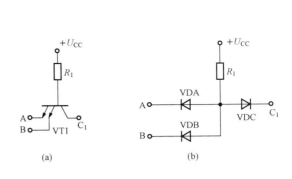

图 5-9 多发射极三极管
(a) 电路；(b) 等级电路

中间级包括三极管 VT2、R_2 和 R_3，是一级倒相电路，其作用是从 VT2 的集电极和发射极同时输出两个相位相反的信号，由集电极输出驱动 VT3，发射极输出驱动 VT4。

输出级由 VD1、VT3、VT4 和 R_4 组成。由于 VT3 和 VT4 总是一个管子饱和，另一个管子截止，通常称这种电路为推拉式电路，它既能提高带负载能力，又能提高电路的工作速度。R_4 为限流电阻，防止输出高电平时因负载短路而损坏 VT3。VD1 是为确保 VT3 可靠截止而引入的。

（二）工作原理

1. 输入有低电平（$U_{iL}=0.3V$）

当输入端 A、B 中至少有一个为低电平时，对应于该端的发射结导通，VD1 的基极电位被钳位在

$$u_{B1} = U_{iL} + U_{BE1} = 0.3 + 0.7 = 1(V)$$

这个 1V 的电压不足以使 VT1 集电结、VT2 发射结和 VT4 发射结三个 PN 结导通，故 VT2 和 VT4 都截止。

由于 VT2 截止，u_{c2} 约为 5V。因此输出电压

$$u_o = U_{CC} - U_{BE3} - U_D = 5 - 0.7 - 0.7 = 3.6(V)$$

即输入有低电平时，输出为高电平。

2. 输入全为高电平（$U_{iH}=3.6V$）

当 $u_A = u_B = 3.6V$ 时，VT1 的基极电位升高，使 VT2 及 VT4 的发射结均因正偏而导通。VT1 的基极电位钳位在

$$u_{B1} = U_{BC1} + U_{BE2} + U_{BE4} = 0.7 + 0.7 + 0.7 = 2.1(V)$$

于是 VT1 的两个发射结均反偏，电源 U_{CC} 经过 R_1、VT1 的集电结向 VT2、VT4 提供基极电流，使 VT2、VT4 饱和，所以输出电压

$$u_o = U_{CE4} = 0.3(V)$$

即输入全为高电平时，输出为低电平。

综上所述，该电路在输入有低电平时，输出为高电平；而输入全为高电平时，输出为低电平，实现了与非逻辑功能，即

$$Y = \overline{AB}$$

二、TTL 与非门的特性和主要参数

要正确地选择和使用集成门电路，就必须掌握它的外部特性，以及反映门电路性能的有关参数。

（一）TTL 与非门的电压传输特性

所谓电压传输特性，是指门电路输出电压 u_o 随输入电压 u_i 变化的特性，通常用电压传输特性曲线来表示。

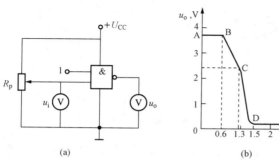

图 5-10　TTL 与非门电压传输特性
(a) 测试电路；(b) 电压传输特性曲线

TTL 与非门的电压传输特性的测试电路如图 5-10（a）所示，所得到的电压传输特性曲线如图 5-10（b）所示。曲线分为四段：①AB 段（截止区），$u_i < 0.6V$，$u_o = 3.6V$；②BC 段（线性区），$0.6V \leqslant u_i < 1.3V$，$u_o$ 线性下降；③CD 段（转折区），$1.3V \leqslant u_i < 1.5V$，$u_o$ 急剧下降；④DE 段（饱和区），$u_i \geqslant 1.5V$，$u_o = 0.3V$。

（二）主要参数

从电压传输特性可得出 TTL 与非门的几个主要参数：

（1）输出高电平 U_{OH} 和输出低电平 U_{OL}。U_{OH} 是指有一个或几个输入端接低电平时的输出高电平值。U_{OL} 是指所有输入端全接高电平时的输出低电平值。U_{OH} 的典型值为 3.6V，U_{OL} 的典型值为 0.3V。但在实际门电路中，U_{OH} 和 U_{OL} 并不是恒定值。74LS 系列门电路输出高电平下限 $U_{OHmin} = 2.4V$，输出低电平上限 $U_{OLmax} = 0.4V$。

（2）阈值电平 U_{TH}。U_{TH} 是指输出高、低电平分界所对应的输入电平。一般把 U_{TH} 定义为曲线转折区中点所对应的输入电压。由图 5-10 可得 $U_{TH} = 1.4V$。通常认为，当 $u_i < U_{TH}$ 时门关闭，$u_i > U_{TH}$ 时门开通。

（3）开门电平 U_{ON}。当 TTL 与非门输入为高电平 U_{IH} 时，其输出为低电平 U_{OL}，此时与非门为开门状态。当输入高电平下降时，输出低电平上升，当输出低电平上升到 U_{OLmax} 时，所对应的输入高电平值称为开门电平 U_{ON}。TTL 产品规定 $U_{ON} \geqslant 2.0V$。

（4）关门电平 U_{OFF}。当 TTL 与非门输入为低电平 U_{IL} 时，其输出为高电平 U_{OH}，此时与非门为关门状态。当输入低电平升高时，输出高电平下降，把输出高电平下降到 U_{OHmin} 时所对应的输入低电平值称为关门电平 U_{OFF}。TTL 产品规定 $U_{OFF} \leqslant 0.8V$。

（5）噪声容限。从电压传输特性上可以看到，当输入信号偏离正常的低电平而升高时，

输出高电平并不立即改变。同样，当输入信号偏离正常的高电平而降低时，输出的低电平也不会立刻改变。因此，允许输入高、低电平信号各有一个波动范围。在保证输出高、低电平基本不变，或者说变化的大小不超过允许限度的条件下，输入电平的允许波动范围称为输入端噪声容限，简称为噪声容限。它是描述逻辑门电路抗干扰能力的重要参数。

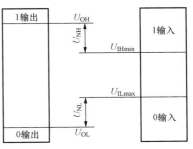

在由许多门电路组成的系统中，前一个门电路的输出就是后一个门电路的输入。它们的逻辑电平如图 5-11 所示。由图 5-11 可知，输入为低电平时的噪声容限为

$$U_{NL} = U_{ILmax} - U_{OL}$$

输入为高电平时的噪声容限为

$$U_{NH} = U_{OH} - U_{IHmin}$$

74 系列门电路的 $U_{OL} = 0.4V$，$U_{OH} = 2.4V$，$U_{IL} = 0.8V$，$U_{IH} = 2V$，故可得 $U_{NH} = 0.4V$，$U_{NL} = 0.4V$。

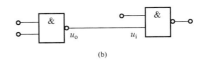

图 5-11 噪声容限

(a) 示意图；(b) 电路图

（6）输入低电平电流 I_{IL}。某一输入端接低电平，而其余输入端悬空时，从这个输入端流出的电流称为输入低电平电流。在实际电路中，它是流入前级与非门的灌电流。

（7）输入高电平电流 I_{IH}。某一输入端接高电平，而其余输入端接地时，从这个输入端流进的电流称为输入高电平电流 I_{IH}。在实际电路中，I_{IH} 为自前级流出的拉电流。

（8）输出低电平电流 I_{OL}。门电路输出低电平时，自输出端流进的电流（灌电流）称为输出低电平电流 I_{OL}。

（9）输出高电平电流 I_{OH}。门电路输出高电平时，自输出端流出的电流（即拉电流）称为输出高电平电流 I_{OH}。

（10）输入负载特性。当在 TTL 与非门输入端接有电阻时，如图 5-12（a）所示，具体电路的输入端如图 5-12（b）所示，由于这个电阻上存在输入电流，因此电阻 R_i 变化时，输入电压 u_i 也会随之变化。输入负载特性指的是输入端所接电阻 R_i 与输入电压 u_i 之间的关系。图 5-12（c）所示为 TTL 与非门的输入负载特性曲线。

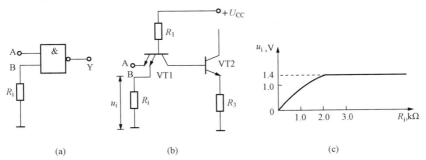

图 5-12 TTL 与非门输入负载特性

(a) 逻辑电路；(b) 具体电路；(c) 输入负载特性

当 $R_i = 0$ 时，$u_i = 0$，与非门输出高电平。此时 VT2 截止。

随着 R_i 增加，$u_i = I_i R_i$ 增加。在 u_i 较小时，与非门仍然输出高电平。

$$u_i = I_i R_i = \frac{U_{CC} - U_{BE}}{R_1 + R_i} R_i$$

R_i 继续增加，使 u_i 上升到 1.4V，u_{B1} 变为 2.1V，使 VT2 和 VT5 的发射结都导通。以后 R_i 再增加，u_{B1} 仍被钳位在 2.1V，于是 u_i 保持 1.4V 而不随 R_i 变化，此时与非门输出低电平。

将保证输出为高电平时输入负载电阻的最大值称为关门电阻 R_{OFF}，只要 $R_i \leqslant R_{OFF}$，则此输入端为低电平，与非门能可靠截止，输出高电平；把保证输出为低电平时输入负载电阻的最小值称为开门电阻 R_{ON}，只要 $R_i \geqslant R_{ON}$，此输入端为高电平，与非门可靠饱和，输出低电平。TTL54/74 系列门电路关门电阻 $R_{OFF} = 850\Omega$，开门电阻 $R_{ON} = 2.5k\Omega$。

（11）扇出系数 N_O。与非门在输出额定电平的前提下，所能驱动同类门的个数，称为扇出系数。它是衡量门电路带负载能力的重要参数。对于典型 TTL 与非门有 $N_O \geqslant 8$。

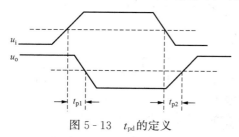

图 5 - 13　t_{pd} 的定义

（12）平均传输延迟时间 t_{pd}。如图 5 - 13 所示，平均传输延迟时间 t_{pd}，是指 TTL 与非门电路导通传输延迟时间 t_{p1} 和截止延迟时间 t_{p2} 的平均值，即

$$t_{pd} = \frac{t_{p1} + t_{p2}}{2}$$

t_{pd} 是衡量门电路开关速度的一个重要参数，一般 $t_{pd} = 10 \sim 40ns$。

三、其他 TTL 门电路

（一）集电极开路与非门

集电极开路与非门又称为 OC（open collector）门，其内部电路结构及逻辑符号如图5-14 所示。

OC 与非门同样具有与非的逻辑功能，但在工作时需外接一个负载电阻（上拉电阻）R_L 和电源。当输入端 A、B 均为高电平时，VT2 和 VT3 饱和，输出为低电平；当 A、B 有低电平时，VT2 和 VT3 截止，输出为高电平。所以该电路具有与非逻辑功能为

$$Y = \overline{AB}$$

常用 OC 与非门型号有 74LS03 四 2 输入与非门（OC）、74LS22 双 4 输入与非门（OC）。

如图 5 - 15 所示，OC 门与普通门的不同之处在于：它可以将若干个门电路的输出端连接起来。这样，只要有一个输出是低电平，Y 就是低电平；只有当每个门的输出都是高电平时，Y 才是高电平。这样，Y 和各 OC 门输出之间的关系就是逻辑与，连接线就像是一个与门，故称为线与。

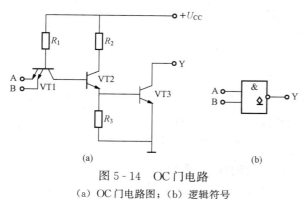

图 5 - 14　OC 门电路

(a) OC 门电路图；(b) 逻辑符号

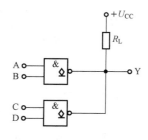

图 5 - 15　OC 门电路输出端并联接法

除了有 OC 结构的与非门外，与门、或门、非门、或非门等门电路也可以做成集电极开路的结构。

（二）三态门

三态门的输出除了具有一般门电路的两种状态，即高电平和低电平外（这两种状态的输出电阻都较小），还具有第三种状态——高阻态。三态与非门如图 5-16 所示，其中，EN 为控制端或称为使能端。

由图 5-16（a）可见，当 EN＝1 时，二极管 VD1 截止，电路处于正常工作状态，与普通的 TTL 与非门一样，即

$$Y = \overline{AB \cdot 1} = \overline{AB}$$

当 EN＝0 时，低电平不仅使二极管 VT2 和三极管 VT4 截止，同时它还通过二极管 VD1 将三极管 VT3 的基极电位钳位在 1V 左右，使其截止。由于三极管 VT3 和三极管 VT4 同时截止，故从输出端看进去，电路处于高阻状态。可见 EN＝0 时输出为高阻态，而 EN＝1 时实现与非功能，因此称为高电平有效的三态门。图 5-16（b）所示为其逻辑符号。

图 5-16（c）所示为低电平有效的三态门的逻辑符号。即 $\overline{EN}$＝0 时，实现与非功能，而 $\overline{EN}$＝1 时输出为高阻态。74LS134 是 12 输入与非门（三态）。

三态门最重要的特点是可以用同一根导线分时轮流传送不同的数据或控制信号。接收这多个门的输出信号的导线称为总线。三态门经常做成单输入、单输出的总线驱动器，并且输入与输出有同相和反相两种类型，其电路如图 5-17 所示。

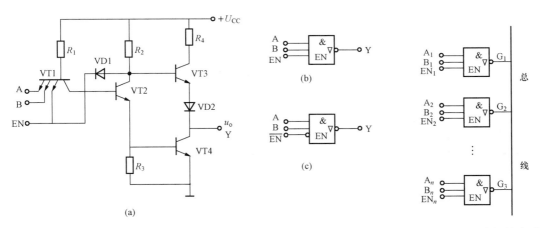

图 5-16 三态门

（a）高电平有效三态门电路图；（b）高电平有效三态门逻辑符号；
（c）低电平有效三态门逻辑符号

图 5-17 用三态门接成总线
结构的电路图

利用三态门还能实现数据的双向传输，其电路如图 5-18 所示。当 EN＝1 时，G_1 工作而 G_2 处于高阻态，数据 D_O 经 G_1 反相后送到总线上去。当 EN＝0 时，G_2 工作而 G_1 处于高阻态，来自总线的数据经 G_2 反相后由 $\overline{D}_I$ 输出。

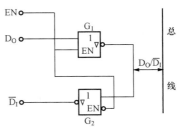

图 5-18 用三态门实现数据的双向传输

第四节　CMOS 逻辑门电路

单极型 MOS 数字集成电路是数字集成电路的一个重要系列。按其中 MOS 管的不同可分为 PMOS、NMOS 和 CMOS 电路。PMOS 和 NMOS 电路生产工艺简单，但功耗较大，速度较低，而 CMOS 电路功耗极低，速度快，电源电压范围宽，输出幅值大，抗干扰能力强，是目前应用最为广泛的集成电路。本节讨论 CMOS 门电路。

一、CMOS 反相器

CMOS 电路是由增强型 PMOS 管和 NMOS 管组成的电路，又称互补 MOS 电路。CMOS 反相器电路如图 5-19 所示。其中，VTP 用作负载管，VTN 用作驱动管。两管的栅极相连作为输入端，漏极相连作为输出端。VTP 源极接电源，VTN 源极接地。为使电路正常工作，电路中电压必须满足

$$U_{DD} > |U_{GSP(th)}| + U_{GSN(th)}$$

式中：$U_{GSP(th)}$ 为 PMOS 管的开启电压；$U_{GSN(th)}$ 为 NMOS 管的开启电压。

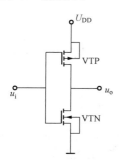

图 5-19　CMOS 反相器电路

当输入低电平，即 $u_i = 0V$ 时，$U_{GSN} = 0 < U_{GSN(th)}$，VTN 截止；$U_{GSP} = -U_{DD}$，满足 $|U_{GSP}| > |U_{GSP(th)}|$，VTP 导通。VTN 截止时的内阻远大于 VTP 导通时的内阻，故输出电压 $u_o \approx U_{DD}$，输出高电平。当输入高电平，即 $u_i = U_{DD}$ 时，$U_{GSN} = U_{DD} > U_{GSN(th)}$，VTN 导通；而 $U_{GSP} = 0$，满足 $|U_{GSP}| < |U_{GSP(th)}|$，VTP 截止，故输出电压 $u_o \approx 0$，输出低电平。综上所述，该电路具有逻辑非的功能。

由上面的分析可知，无论反相器输出是低电平还是高电平，VTN、VTP 中必有一个截止，因此电源向反相器提供的电流很小，故功耗很低，在 μW 级以下。

二、CMOS 与非门

CMOS 与非门电路如图 5-20 所示。两个串联的 NMOS 管 VTN1 和 VTN2 用作驱动管，两个并联的 PMOS 管 VTP1 和 VTP2 用作负载管。每个输入端同时连到一个 NMOS 管和一个 PMOS 管的栅极。

当某一输入端为低电平时，则与之相连的 NMOS 管截止，PMOS 管导通，因此输出高电平。只有输入端均为高电平时，才会使串联的 NMOS 管 VTN1 和 VTN2 全导通，使并联的 PMOS 管 VTP1 和 VTP2 全截止，输出低电平。因此，该电路实现了与非功能，即

$$Y = \overline{AB}$$

三、CMOS 或非门

CMOS 或非门电路如图 5-21 所示，其电路组成正好和 CMOS 与非门相反，两个 NMOS 管并联用作驱动管，两个 PMOS 管串联用作负载管。每个输入端同时连到一个 NMOS 管和一个 PMOS 管的栅极。

当某一输入端为高电平时，则与其相连的 NMOS 管导通，PMOS 管截止，输出低电平。只有当所有输入端全为低电平时，才会使并联的 VTN1 和 VTN2 全截止，串联的 VTP1 和

VTP2 全导通，输出高电平。因此该电路实现了或非功能，即

$$Y=\overline{A+B}$$

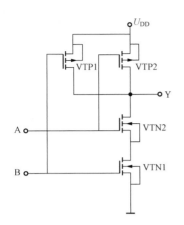

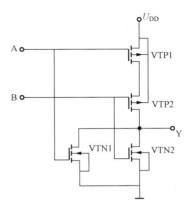

图 5-20　CMOS 与非门电路图　　　　图 5-21　CMOS 或非门电路图

四、CMOS 传输门

CMOS 传输门同反相器一样，也是构成各种逻辑电路的一种基本单元电路。CMOS 传输门电路及逻辑符号如图 5-22 所示，这是一种可控的双向传输信号的开关电路，由一个 NMOS 管和一个 PMOS 管并联组成。两管的源级相连在一起作为输入端，漏级连在一起作为输出端。两个栅极是一对控制端，分别接入控制信号 C 和 $\overline{C}$。

当控制端 $C=1（U_{DD}）$，$\overline{C}=0（0V）$时，若输入信号在 $0 \leqslant u_i \leqslant U_{DD}-U_{GSN(th)}$ 范围内，则 $U_{GSN} > U_{GSN(th)}$，VTN 导通；若输入信号在 $U_{GSN(th)} \leqslant u_i \leqslant U_{DD}$ 范围内，则 $|U_{GSP}| > |U_{GSP(th)}|$，VTP 将导通，因此，输入信号在 $0 \sim U_{DD}$ 范围内变化时，至少有一个管子导通，使输入和输出之间呈低阻态，这样就可以把输入信号送到输出端。

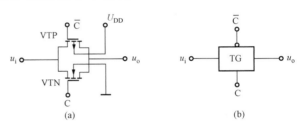

图 5-22　CMOS 传输门
（a）电路；（b）逻辑符号

当控制端 $C=0$，$\overline{C}=1$ 时，输入信号在 $0 \sim U_{DD}$ 范围内时，VTN 和 VTP 总是截止，输入和输出之间相当于断开，不能传输信号。

综上所述，CMOS 传输门的导通与截止由控制信号决定。当 $C=1$，$\overline{C}=0$ 时，传输门导通；当 $C=0$，$\overline{C}=1$ 时，传输门截止。

由于 MOS 管的结构是对称的，即漏级和源级可以互换使用。因此，CMOS 传输门具有双向性，其输入端和输出端可以互换使用，故称为双向开关。

五、CMOS 集成电路使用的注意事项

CMOS 电路是由 MOS 管组成的，在使用中应注意以下几点：

（1）防静电。CMOS 集成电路输入阻抗极高，在存放和运输中，器件应置于金属屏蔽盒内或用金属铝箔纸包装，防止将栅极击穿。

（2）焊接。焊接 CMOS 器件时，电烙铁外壳要良好接地，以免因漏电而击穿栅极。

（3）输入输出端。CMOS 电路不用的输入端不允许悬空，必须按逻辑要求接 U_{DD} 或 U_{SS}，否则不仅会造成逻辑混乱，而且容易损坏器件。这一点与 TTL 电路是不同的。

（4）电源。U_{DD} 接电源正极，U_{SS} 接电源负极（通常接地），不允许反接。在插拔器件时，必须先切断电源，严禁带电操作。

本　章　小　结

（1）利用二极管的单向导电性，可将二极管作为开关使用。若忽略二极管的导通管压降，则可看成理想开关。

（2）三极管作为开关使用时，不是工作在截止区，就是工作在饱和区，放大区只是过渡区。三极管可靠截止的条件是 $U_{BE}<0$。三极管饱和的条件是 $I_B>I_{BS}$。

（3）门电路是构成数字电路的基础。门电路是利用二极管和三极管的导通与截止作为开关，以实现所要求的逻辑功能。

（4）TTL 和 CMOS 门电路是目前应用最为广泛的两种集成电路。TTL 电路由双极型晶体管组成，具有速度高，带负载能力强，一直是数字系统普遍采用的器件之一。CMOS 电路由单极型 MOS 管组成，具有功耗低、集成度高、抗干扰能力强等优点，发展迅速。

（5）普通门电路不允许输出端并联使用，但 OC 门允许输出端并联，若选用合适的外接电阻连到电源上，则可在输出端实现线与逻辑。

（6）三态门可用来实现总线结构。但应注意，接到总线上的各三态门必须分时使用。

（7）使用 CMOS 电路时，应注意正确的使用方法，采取必要的防护措施，否则容易造成电路损坏。

习　　题

5-1　TTL 与非门为什么不能线与？

5-2　说明 TTL 三态门和 OC 门的工作原理和用途。

5-3　TTL 与非门输入端悬空时，为什么相当于输入为高电平？

5-4　图 5-23 所示电路为一个反相器。已知三极管 VT 的 $U_{BES}=0.7V$，$U_{CES}=0.3V$。试求：
（1）使三极管可靠截止的最高输入电压（设 $U_{BE}\leqslant 0V$ 时三极管可靠截止）。

（2）使三极管处于临界饱和状态时的输入电压。

5-5　写出图 5-24 所示各逻辑门输出端的逻辑状态。已知 TTL 门 $R_{OFF}=0.85k\Omega$，$R_{ON}=2.5k\Omega$。

5-6　如图 5-25（a）、（b）所示电路，已知 A、B、EN 的波形，试画出 Y_1、Y_2 的波形图。

5-7　说明 CMOS 反相器的组成和工作原理。

5-8　在 CMOS 门电路中，有时采用如图 5-26 所示电路的方法扩展输入端。试分析它们的逻辑功能，写出 Y_1、Y_2 的逻辑表达式。

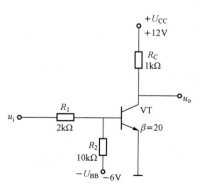

图 5-23　题 5-4 图

5-9　一个 TTL 与非门，请确定如下几种接法时输

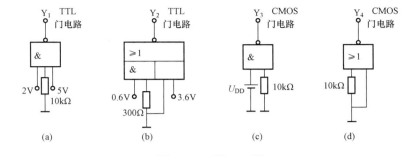

图 5-24 题 5-5 图

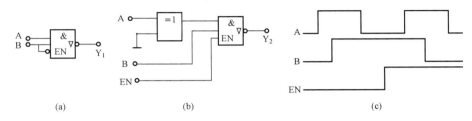

图 5-25 题 5-6 图

（a）电路图；（b）电路图；（c）波形图

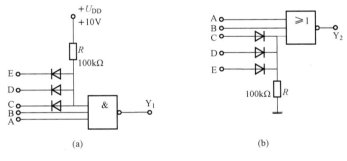

图 5-26 题 5-8 图

入端的逻辑值。

（1）输入端接小于 0.8V 的电源。

（2）输入端接同类与非门的输出高电平 3.6V。

（3）输入端接地。

（4）输入端接同类与非门的输出低电平 0.3V。

（5）输入端接+5V 电源。

（6）输入端悬空。

5-10 在图 5-27 所示电路 CMOS 传输门中，VTP、VTN 的开启电压 $|U_{GS(th)}|=5V$。设输入信号 u_i 在 2～15V 范围内变化，试求输出电压 u_o 的变化范围。

5-11 试说明 CMOS 传输门的组成和工作原理。

5-12 使用 CMOS 电路应注意什么问题？

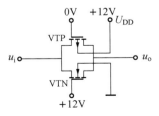

图 5-27 题 5-10 图

第六章　组合逻辑电路

根据逻辑功能和电路结构的不同，数字电路可分为组合逻辑电路和时序逻辑电路两大类。

组合逻辑电路在逻辑功能上的特点是：任意时刻的输出状态仅取决于该时刻的输入状态，与电路原来的状态无关。在电路结构上的特点是：它是由各种门电路组成的，而且在输出和输入之间没有反馈通道。由于组合逻辑电路的输出状态与电路的原状态无关，所以组合逻辑电路是一种无记忆功能的电路。

本章简单介绍组合逻辑电路的分析和设计方法，重点介绍常用的组合逻辑电路，如编码器、译码器、数据选择器等电路的逻辑功能及使用方法。

第一节　组合逻辑电路的分析

组合逻辑电路的分析，就是根据给出的逻辑电路图，确定输入输出的逻辑关系，并说明其逻辑功能。

组合逻辑电路的分析步骤如下：

（1）根据给定的逻辑电路图写出逻辑函数式。

（2）化简和变换逻辑表达式。

（3）列出真值表。

（4）根据真值表和逻辑表达式对逻辑电路进行分析，最后确定其功能。

下面举例来说明组合逻辑电路的分析方法。

【例 6-1】　已知逻辑电路如图 6-1 所示，试分析其逻辑功能。

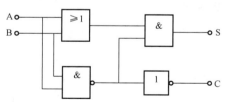

图 6-1　［例 6-1］逻辑图

解　写出两个输出端的逻辑表达式为
$$S = \overline{AB}(A + B)$$
$$= A\overline{B} + \overline{A}B$$
$$C = \overline{\overline{AB}} = AB$$

根据逻辑表达式作出真值表见表 6-1。由真值表可以看出，当 A、B 两个输入中有一个为 1 时，输出 S 就为 1，输出 C 为 0；当 A、B 均为 1 时，C 为 1，而 S 为 0，正好符合两个一位二进制数相加的情况。这里 S 为本位和，C 为进位。我们把实现本位被加数和加数相加（没有

表 6-1　　　　　　　　　　　　　　　　［例 6-1］真值表

A	B	S	C	A	B	S	C
0	0	0	0	1	0	1	0
0	1	1	0	1	1	0	1

低位的进位数）称为半加，实现半加运算的电路称为半加器。因此，该逻辑电路为一位半加器。

【例 6 - 2】　已知逻辑电路如图 6 - 2 所示，试分析其逻辑功能。

解　观察逻辑电路图可以得到各输出端逻辑表达式如下：

$Y_3 = M \oplus A_3$

$Y_2 = M \oplus A_2$

$Y_1 = M \oplus A_1$

$Y_0 = M \oplus A_0$

根据逻辑表达式，列出真值表见表 6 - 2。观察真值表可知，当 M＝0 时，四个输出端信号为输入端的原码 $A_3 \sim A_0$；当 M＝1 时，四个输出端的信号为输入端的反码 $\overline{A_3} \sim \overline{A_0}$。因此该逻辑电路为原码/反码变换器。

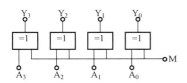

图 6 - 2　［例 6 - 2］逻辑电路图

表 6 - 2　　　　　　　［例 6 - 2］真值表

M	Y_3	Y_2	Y_1	Y_0
0	A_3	A_2	A_1	A_0
1	$\overline{A_3}$	$\overline{A_2}$	$\overline{A_1}$	$\overline{A_0}$

第二节　组合逻辑电路设计

组合逻辑电路的设计就是根据给定的实际逻辑问题，求出实现这一逻辑功能的最简电路。所谓最简，指的是电路所用器件数量和种类最少。根据所用器件不同，可以采用小规模集成门电路实现，也可以采用中规模集成部件或可编程逻辑器件实现。本节只讨论采用小规模电路实现的设计方法。

组合逻辑电路的设计与分析过程相反，其步骤如下：

（1）分析事件的因果关系，确定输入变量和输出变量，并对输入、输出变量进行逻辑赋值。

（2）根据给定的实际逻辑问题的因果关系列出真值表。

（3）由真值表写出逻辑表达式。

（4）化简和变换逻辑表达式，从而画出逻辑图。

下面举例说明设计组合逻辑电路的方法和步骤。

【例 6 - 3】　讨论一个三人表决电路，多数赞成则通过。

解　设 A、B、C 分别表示三个按键，Y 表示表决结果。A、B、C 为 1 时表示赞成，按下按键；为 0 时，表示不赞成，按键没有被按下。多数赞成时灯亮，Y＝1；多数反对时，灯不亮，Y＝0。依题意列出真值表，见表 6 - 3。

表 6 - 3　　　　　　　［例 6 - 3］真值表

A	B	C	Y	A	B	C	Y
0	0	0	0	0	1	0	0
0	0	1	0	0	1	1	1

A	B	C	Y	A	B	C	Y
1	0	0	0	1	1	0	1
1	0	1	1	1	1	1	1

由真值表画出卡诺图如图 6-3 所示。

化简得 $\qquad\qquad\qquad\qquad$ Y＝AB＋BC＋AC

由逻辑表达式画出逻辑图如图 6-4 所示。

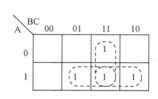

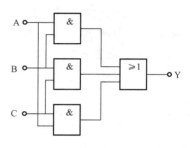

图 6-3　　［例 6-3］卡诺图 $\qquad\qquad$ 图 6-4　　［例 6-3］逻辑图

【例 6-4】　某工厂有三个用电量相同的车间和一大、一小两台自备发动机，大发动机的供电量是小的两倍。若只有一个车间开工，小发动机便可满足供电要求；若两个车间同时开工，大发动机可满足供电要求；若三个车间同时开工，需大、小发动机同时启动才能满足供电要求。试用与非门设计一个控制器，以实现对两台发动机的控制。

　　解　由题意可知，该控制器有三个输入变量和两个输出变量。设 A、B、C 代表三个车间开工情况的输入变量（"1"表示开工，"0"表示停工），Y_1、Y_2 为代表大小发动机启动信号的输出变量（"1"表示启动，"0"表示停止）。则根据题意列出真值表，见表 6-4。

表 6-4　　　　　　　　　　　　　　　　［例 6-4］真值表

A	B	C	Y_1	Y_2	A	B	C	Y_1	Y_2
0	0	0	0	0	1	0	0	0	1
0	0	1	0	1	1	0	1	1	0
0	1	0	0	1	1	1	0	1	0
0	1	1	1	0	1	1	1	1	1

由真值表画出卡诺图如图 6-5 所示，写出逻辑表达式，由于题目要求用与非门实现，

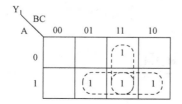

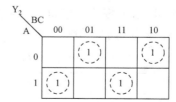

图 6-5　　［例 6-4］卡诺图

故最后需变换成与非‐与非式。

$$Y_1 = AB + BC + AC$$
$$= \overline{\overline{AB} \cdot \overline{BC} \cdot \overline{AC}}$$
$$Y_2 = \overline{A} \cdot BC + \overline{AB}\,\overline{C} + A\,\overline{B} \cdot \overline{C} + ABC$$
$$= \overline{\overline{\overline{A} \cdot BC} \cdot \overline{\overline{AB}\,\overline{C}} \cdot \overline{A\,\overline{B} \cdot \overline{C}} \cdot \overline{ABC}}$$

根据逻辑表达式画出如图 6‐6 （a）所示的逻辑电路。这里假设系统能提供所有的原、反变量，否则还需增加三个非门以实现$\overline{A}$、$\overline{B}$、$\overline{C}$。

若题目不要求用与非门实现，则可以写出逻辑表达式如下：

$$Y_1 = \overline{A}BC + A\overline{B}C + AB\overline{C} + ABC$$
$$Y_1 = (A \oplus B) C + AB = \overline{\overline{(A \oplus B) C} \cdot \overline{AB}}$$
$$Y_2 = \overline{A}\,\overline{B}C + \overline{A}B\overline{C} + A\overline{B}\,\overline{C} + ABC$$
$$Y_2 = A \oplus B \oplus C$$

根据逻辑表达式画出逻辑电路图，如图 6‐6 （b）所示。

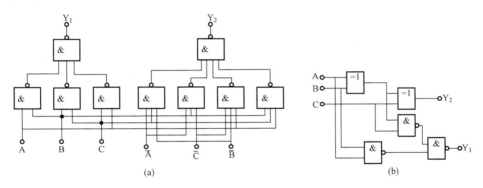

图 6‐6 ［例 6‐4］逻辑电路图

第三节 常用中规模集成组合逻辑电路

在数字系统中，有些组合逻辑电路会经常大量地出现，为了方便使用，将这些常用的逻辑电路制成了中规模集成的标准化产品，其中包括编码器、译码器、数据选择器、运算器、比较器等。这些集成电路具有通用性强、兼容性好、功耗小、工作稳定等优点，得到了广泛使用。对于中规模集成组合逻辑电路，我们应了解其工作原理，掌握其功能和使用方法。

中规模数字集成电路具有如下特点：

（1）通用性。应用范围广泛，既能用于计算机，又能用于数字仪表、各种控制系统等。

（2）自扩展性。若干个器件适当连接，能够扩展成容量更大、功能更完善的数字系统部件。

（3）兼容性。不同品种、不同系列的集成块允许混合使用；不同厂家的同类产品普遍具备互换性。

（4）优越性。用中规模数字集成电路组成的系统具有体积小、可靠性高、结构简单、低功耗等优点。

下面介绍几种常用的中规模数字集成电路。

一、编码器

将二进制码按一定的规则进行编排，使每一组代码具有一定的含义，这一过程称为编码。实现编码的逻辑电路称为编码器。编码器的输入为被编信号，输出为二进制代码。

编码器的种类很多，下面仅介绍几种常见的编码器。

（一）二进制编码器

二进制编码器的功能是将 2^n 个输入信号编成 n 位二进制代码输出。下面以 74LS148 集成编码器为例，介绍二进制编码器。

74LS148 是 8-3 线优先编码器，它有 8 个输入信号和 3 个输出信号。所谓优先编码是指允许几个信号同时输入，但电路只对其中优先级别最高的一个信号编码。

74LS148 编码器的引脚图及逻辑符号如图 6-7 所示。$\overline{I_7} \sim \overline{I_0}$ 为八位输入，其中，$\overline{I_7}$ 的优先级最高，$\overline{I_0}$ 的优先级最低；$\overline{Y_2}$、$\overline{Y_1}$、$\overline{Y_0}$ 为三位二进制编码输出，$\overline{Y_2}$ 为高位，$\overline{Y_0}$ 为低位。输入、输出均为低电平有效。为了扩展电路功能，电路还增加了使能输入端 $\overline{EI}$（低电平有效），优先编码标志输出端 $\overline{GS}$（低电平有效），使能输出端 $\overline{EO}$。

74LS148 编码器功能表见表 6-5。其逻辑功能如下：当 $\overline{EI}$ 为高电平时，禁止编码。当 $\overline{EI}$ 为低电平时，允许进行优先编码，并输出相应的二进制数反码。优先编码标志 $\overline{GS}$ 在允许编码且正在进行编码（即有低电平输入信号）时为 0，它可用于编码器的级联。使能输出 $\overline{EO}$ 只在允许编码且本片没有编码信号输入（即没有低电平输入信号）时为 0，$\overline{EO}$ 主要用于编码器的级联。

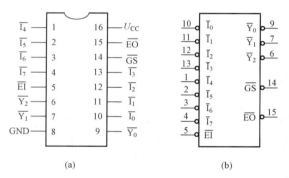

图 6-7　74LS148 引脚图及逻辑符号

（a）引脚图；（b）逻辑符号

表 6-5　　　　　　　　　　　　　　74LS148 编码器功能表

输入									输出				
$\overline{EI}$	$\overline{I_7}$	$\overline{I_6}$	$\overline{I_5}$	$\overline{I_4}$	$\overline{I_3}$	$\overline{I_2}$	$\overline{I_1}$	$\overline{I_0}$	$\overline{Y_2}$	$\overline{Y_1}$	$\overline{Y_0}$	$\overline{GS}$	$\overline{EO}$
1	×	×	×	×	×	×	×	×	1	1	1	1	1
0	1	1	1	1	1	1	1	1	1	1	1	1	0
0	0	×	×	×	×	×	×	×	0	0	0	0	1
0	1	0	×	×	×	×	×	×	0	0	1	0	1
0	1	1	0	×	×	×	×	×	0	1	0	0	1
0	1	1	1	0	×	×	×	×	0	1	1	0	1
0	1	1	1	1	0	×	×	×	1	0	0	0	1
0	1	1	1	1	1	0	×	×	1	0	1	0	1
0	1	1	1	1	1	1	0	×	1	1	0	0	1
0	1	1	1	1	1	1	1	0	1	1	1	0	1

74LS148 的应用非常灵活,可将多片连接起来,扩展线数。例如用两片 74LS148 可实现 16-4 线优先编码,连接图如图 6-8 所示。由图 6-8 分析可知,输入、输出均为低电平有效。

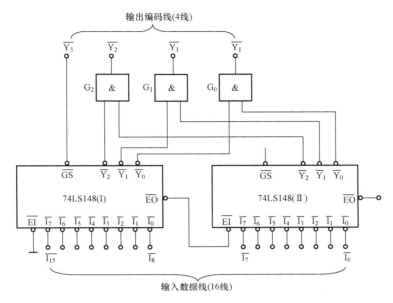

图 6-8 两片 74LS148 实现 16-4 线优先编码器

按照优先顺序的要求,当74LS148(Ⅰ)工作,即$\overline{I_{15}}\sim\overline{I_8}$有编码请求时,则$\overline{EO_1}=1$,使$\overline{EI_2}=1$,故 74LS148(Ⅱ)禁止编码,其输出$\overline{Y_2}\sim\overline{Y_0}$均为高电平,$G_2\sim G_0$与门的输出取决于 74LS148(Ⅰ)的输出$\overline{Y_2}\sim\overline{Y_0}$,又因为$\overline{Y_3}=\overline{GS_1}=0$,所以编码器输出高八位 0000~0111,输出为反码。

只有当 74LS148(Ⅰ)的编码输入$\overline{I_{15}}\sim\overline{I_8}$无编码请求时,则$\overline{EO_1}=0$,才允许对 74LS148(Ⅱ)的编码输入$\overline{I_7}\sim\overline{I_0}$进行编码。此时,74LS148(Ⅰ)的输出$\overline{Y_2}\sim\overline{Y_0}$均为高电平,$G_2\sim G_0$的输出取决于 74LS148(Ⅱ)的输出$\overline{Y_2}\sim\overline{Y_0}$。又因为$\overline{Y_3}=\overline{GS_1}=1$,所以编码输出为 1000~1111。

(二)二-十进制编码器

将十进制数 0~9 编成 BCD 码的电路就是二-十进制编码器。图 6-9 所示为二-十进制优先编码器 74LS147 的引脚图及逻辑符号。

74LS147 编码器功能表见表 6-6。编码器有 9 个输入端($\overline{I_9}\sim\overline{I_1}$)和 4 个输出端($\overline{Y_3}\sim\overline{Y_0}$)。其中,$\overline{I_9}$的优先级最高,$\overline{I_1}$最低。输入端、输出端均为低电平有效。若输入$\overline{I_9}\sim\overline{I_1}$均无有效信号输入(全为高电平),则代表输入的是十进制数 0,则输出$\overline{Y_3}\,\overline{Y_2}\,\overline{Y_1}\,\overline{Y_0}=1111$。若$\overline{I_9}\sim\overline{I_1}$为有效信号输入,则根据输入信号的优先级输出优先级别最高信号的编码。

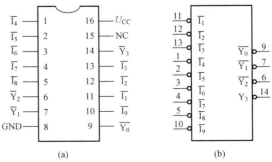

图 6-9 74LS147 引脚图及逻辑符号

(a)引脚图;(b)逻辑符号

表 6-6 74LS147 编码器功能表

输 入									输 出			
$\overline{I_9}$	$\overline{I_8}$	$\overline{I_7}$	$\overline{I_6}$	$\overline{I_5}$	$\overline{I_4}$	$\overline{I_3}$	$\overline{I_2}$	$\overline{I_1}$	$\overline{Y_3}$	$\overline{Y_2}$	$\overline{Y_1}$	$\overline{Y_0}$
1	1	1	1	1	1	1	1	1	1	1	1	1
0	×	×	×	×	×	×	×	×	0	1	1	0
1	0	×	×	×	×	×	×	×	0	1	1	1
1	1	0	×	×	×	×	×	×	1	0	0	0
1	1	1	0	×	×	×	×	×	1	0	0	1
1	1	1	1	0	×	×	×	×	1	0	1	0
1	1	1	1	1	0	×	×	×	1	0	1	1
1	1	1	1	1	1	0	×	×	1	1	0	0
1	1	1	1	1	1	1	0	×	1	1	0	1
1	1	1	1	1	1	1	1	0	1	1	1	0

74LS147 没有使能端，不利于扩展功能。

二、译码器

译码是编码的逆过程，它是将输入的编码翻译成相应的信号输出。能完成译码功能的逻辑电路称为译码器。常用的译码器有二进制译码器、二-十进制译码器和显示译码器三类。

1. 二进制译码器

图 6-10 所示为二进制译码器的一般原理图，它具有 n 个输入端，2^n 个输出端和一个使能输入端。当输入使能端为有效电平时，对应着每一组输入代码，只有其中一个输出端为有效电平，其余的输出端均为无效电平。下面以常用的 74LS138 为例讨论二进制译码器。该译码器有 3 个输入端 $A_2 \sim A_0$ 和 8 个输出端 $\overline{Y_7} \sim \overline{Y_0}$，故称为 3-8 线译码器。

74LS138 译码器的引脚图及逻辑符号如图 6-11 所示。

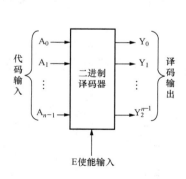

图 6-10 二进制译码器一般原理图

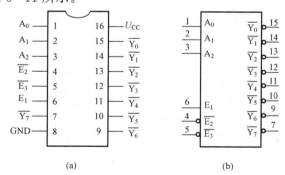

(a) (b)

图 6-11 74LS138 引脚图及逻辑符号
(a) 引脚图；(b) 逻辑符号

74LS138 译码器功能表见表 6-7。

表 6 - 7   **74LS138 译码器功能表**

输入					输出							
E_1	$\overline{E_2}+\overline{E_3}$	A_2	A_1	A_0	$\overline{Y_0}$	$\overline{Y_1}$	$\overline{Y_2}$	$\overline{Y_3}$	$\overline{Y_4}$	$\overline{Y_5}$	$\overline{Y_6}$	$\overline{Y_7}$
$\times$	1	$\times$	$\times$	$\times$	1	1	1	1	1	1	1	1
0	$\times$	$\times$	$\times$	$\times$	1	1	1	1	1	1	1	1
1	0	0	0	0	0	1	1	1	1	1	1	1
1	0	0	0	1	1	0	1	1	1	1	1	1
1	0	0	1	0	1	1	0	1	1	1	1	1
1	0	0	1	1	1	1	1	0	1	1	1	1
1	0	1	0	0	1	1	1	1	0	1	1	1
1	0	1	0	1	1	1	1	1	1	0	1	1
1	0	1	1	0	1	1	1	1	1	1	0	1
1	0	1	1	1	1	1	1	1	1	1	1	0

74LS138 为输出低电平有效的译码器。E_1、$\overline{E_2}$、$\overline{E_3}$ 为使能信号，当 $E_1=0$ 时，无论其他输入信号是什么，都禁止译码，输出全为高电平，即无效信号。当 $\overline{E_2}+\overline{E_3}=1$ 时，也为禁止译码，输出为无效高电平。只有在 $E_1=1$、$\overline{E_2}+\overline{E_3}=0$ 时，译码器才处于译码工作状态，输出信号 $\overline{Y_7}\sim\overline{Y_0}$ 取决于输入信号 $A_2\sim A_0$ 的组合。例如 $A_2A_1A_0=101$ 时，只有 $\overline{Y_5}$ 为有效低电平，其余均为无效高电平，即 $\overline{Y_5}$ 被"译中"了。

由功能表可知

$$\overline{Y_0}=\overline{\overline{A_2}\,\overline{A_1}\,\overline{A_0}}=\overline{m_0}, \quad \overline{Y_1}=\overline{\overline{A_2}\,\overline{A_1}\,A_0}=\overline{m_1}$$

其余类推。

除了 3-8 线译码器外，常用的还有 2-4 线、4-16 线译码器等，也可以用两片 3-8 线译码器构成 4-16 线译码器，或用两片 4-16 线译码器构成 5-32 线译码器。

【例 6 - 5】 试用两片 74LS138 组成 4-16 线译码器。

解 由于 74LS138 只有三个代码输入端 A_2、A_1、A_0，而 4-16 线译码器需要四个代码输入端，因此选用使能端作为第四个代码输入端 A_3。

取 74LS138（Ⅰ）的 E_1 和 74LS138（Ⅱ）的 $\overline{E_2}$、$\overline{E_3}$ 作为第四个代码输入端 A_3，74LS138（Ⅰ）的和 74LS138（Ⅱ）的三个代码输入端 A_2、A_1、A_0 连在一起作为 4-16 线译码器的三个代码输入端 A_2、A_1、A_0，电路如图 6 - 12 所示。

电路的工作原理：当 $A_3=0$ 时，74LS138（Ⅰ）禁止，而 74LS138（Ⅱ）工作，将 $A_3A_2A_1A_0=0000\sim0111$ 这

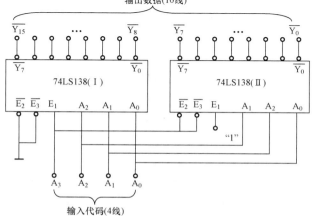

图 6 - 12 两片 74LS138 实现 4-16 线译码器

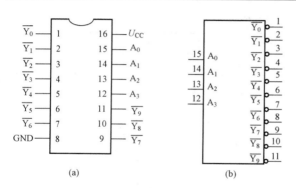

图 6-13　二-十进制译码器 74LS42
引脚图及逻辑符号
(a) 引脚图；(b) 逻辑符号

74LS42 译码器功能见表 6-8。

八个输入代码译成 $\overline{Y_0}$～$\overline{Y_7}$ 八个低电平信号输出。当 $A_3=1$ 时，74LS138（Ⅰ）工作而 74LS138（Ⅱ）禁止译码，将输入代码 $A_3A_2A_1A_0=1000$～1111 译成 $\overline{Y_8}$～$\overline{Y_{15}}$ 八个低电平信号输出。这样就实现了用两片 3-8 线译码器扩展成了一个 4-16 线译码器。

2. 二-十进制译码器

将四位二-十进制代码翻译成一位十进制数字的电路就是二-十进制译码器。图 6-13 所示为 8421BCD 码译码器 74LS42 的引脚图及逻辑符号，也称这种译码器为 4-10 线译码器。

表 6-8　　　　　　　　　　　**74LS42 译码器功能表**

十进制数	输入				输出									
	A_3	A_2	A_1	A_0	$\overline{Y_0}$	$\overline{Y_1}$	$\overline{Y_2}$	$\overline{Y_3}$	$\overline{Y_4}$	$\overline{Y_5}$	$\overline{Y_6}$	$\overline{Y_7}$	$\overline{Y_8}$	$\overline{Y_9}$
0	0	0	0	0	0	1	1	1	1	1	1	1	1	1
1	0	0	0	1	1	0	1	1	1	1	1	1	1	1
2	0	0	1	0	1	1	0	1	1	1	1	1	1	1
3	0	0	1	1	1	1	1	0	1	1	1	1	1	1
4	0	1	0	0	1	1	1	1	0	1	1	1	1	1
5	0	1	0	1	1	1	1	1	1	0	1	1	1	1
6	0	1	1	0	1	1	1	1	1	1	0	1	1	1
7	0	1	1	1	1	1	1	1	1	1	1	0	1	1
8	1	0	0	0	1	1	1	1	1	1	1	1	0	1
9	1	0	0	1	1	1	1	1	1	1	1	1	1	0
伪码	1	0	1	0	1	1	1	1	1	1	1	1	1	1
	1	0	1	1	1	1	1	1	1	1	1	1	1	1
	1	1	0	0	1	1	1	1	1	1	1	1	1	1
	1	1	0	1	1	1	1	1	1	1	1	1	1	1
	1	1	1	0	1	1	1	1	1	1	1	1	1	1
	1	1	1	1	1	1	1	1	1	1	1	1	1	1

由表 6-8 可见，该译码器有四个输入端 A_3、A_2、A_1、A_0，并按 8421BCD 编码输入数据。10 个输出端 $\overline{Y_0}$～$\overline{Y_9}$ 分别与十进制数 0～9 相对应，输出低电平有效。对于某个 8421BCD 码的输入，相应的输出端译码器输出为低电平，其他输出端为高电平无效信号。对于 8421BCD 码不使用的 1010～1111 六个代码输入（称为伪码），译码器的输出 $\overline{Y_0}$～$\overline{Y_9}$ 均不输出低电平，即都输出无效高电平。

3. 显示译码器

在数字系统中，往往需要显示十进制数，以方便人们的观察。显示译码器就是将输入的 BCD 码经过译码器后，使输出显示相应的十进制数。

目前常用的数码显示器件有发光二极管（LED）组成的七段显示数码管和液晶（LCD）七段显示器等，它们由 a、b、c、d、e、f、g 七段发光段组成。根据需要，使其中的某些段发光，即可显示数字 0～9，如图 6-14 所示。下面介绍半导体显示器。

(1) 半导体数码管。这是当前应用最广的显示器之一,它是用发光二极管组成数字的。LED 数码管分共阴极和共阳极两类。七段笔画 a、b、c、d、e、f、g 是用七个条形

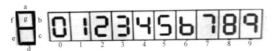

图 6-14 分段显示图

发光二极管做成的。共阴极数码管是将各发光二极管阴极连在一起接地,每个阳极分别接译码器的输出端,如图 6-15 (a) 所示。当译码器输出某些段码为高电平时,相应的二极管就导通发光,显示相应的数码。共阳极数码管是将各发光二极管的阳极连在一起接电源,而每个阴极分别接译码器的输出端,如图 6-15 (b) 所示。当译码输出某些段码为低电平时,二极管导通发光,显示相应的数码。因此,共阴数码管要配合输出高电平有效的译码器使用,共阳数码管要配合输出低电平有效的译码器使用。LED 数码管外引脚图如图 6-15 (c) 所示。

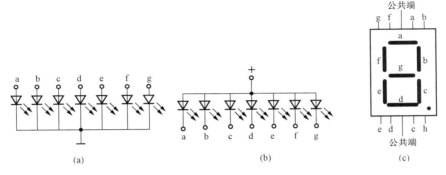

图 6-15 LED 数码管

(a) 共阴极接法;(b) 共阳极接法;(c) 外引脚图

(2) 七段显示译码器。七段显示译码器要显示十进制数字,需要在其输入端 a~g 加驱动信号。七段显示译码器就是将 BCD 码转换成七段显示所需的驱动信号的逻辑电路,它输入的是 BCD 码,输出的是与七段显示器相对应的七位控制高、低电平。七段显示译码器输出有高电平有效和低电平有效两大类。七段显示译码器 74LS48、CC(CD)4511 为输出高电平有效,因此可以与共阴极七段数码管配合使用,74LS47 为输出低电平有效,可以与共阳极七段数码管配合使用。CC4511 的引脚图及逻辑符号如图 6-16 所示。CC4511 译码器功能表见表 6-9。

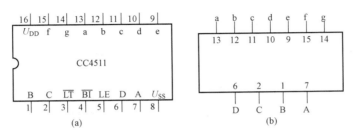

图 6-16 七段显示译码器 CC4511 引脚图及逻辑符号

(a) 引脚图;(b) 逻辑符号

表 6-9   **CC4511 译码器功能表**

输 入							输 出							
LE	$\overline{BI}$	$\overline{LT}$	D	C	B	A	a	b	c	d	e	f	g	显示字形
×	×	0	×	×	×	×	1	1	1	1	1	1	1	8
×	0	1	×	×	×	×	0	0	0	0	0	0	0	消隐
0	1	1	0	0	0	0	1	1	1	1	1	1	0	0
0	1	1	0	0	0	1	0	1	1	0	0	0	0	1
0	1	1	0	0	1	0	1	1	0	1	1	0	1	2
0	1	1	0	0	1	1	1	1	1	1	0	0	1	3
0	1	1	0	1	0	0	0	1	1	0	0	1	1	4
0	1	1	0	1	0	1	1	0	1	1	0	1	1	5
0	1	1	0	1	1	0	0	0	1	1	1	1	1	6
0	1	1	0	1	1	1	1	1	1	0	0	0	0	7
0	1	1	1	0	0	0	1	1	1	1	1	1	1	8
0	1	1	1	0	0	1	1	1	1	0	0	1	1	9
0	1	1	1	0	1	0	0	0	0	0	0	0	0	消隐
0	1	1	1	0	1	1	0	0	0	0	0	0	0	消隐
0	1	1	1	1	0	0	0	0	0	0	0	0	0	消隐
0	1	1	1	1	0	1	0	0	0	0	0	0	0	消隐
0	1	1	1	1	1	0	0	0	0	0	0	0	0	消隐
0	1	1	1	1	1	1	0	0	0	0	0	0	0	消隐
1	1	1	×	×	×	×	锁存							锁存

CC4511 的逻辑功能如下：

1）D、C、B、A 为数码输入端，输入的是 8421BCD 码。

2）a～g 为译码输出端，输出对应的控制高、低电平，且为高电平有效。

3）$\overline{LT}$ 为试灯输入端，低电平有效。用于检查七段显示器各段是否正常发光。当 $\overline{LT}=0$ 时，无论 DCBA 为何值，a～g 各段全为高电平输出，显示器七段应全亮；当 $\overline{LT}=1$ 时，进行译码工作。

4）$\overline{BI}$ 为消隐输入控制端，低电平有效。当 $\overline{BI}=0$ 时，译码输出全为 0，七段显示器处于消隐状态，这个功能用于输入数字为零而又不需要显示零的场合；当 $\overline{BI}=1$ 时，进行译码工作。

5）LE 为锁定控制端。LE=1 时，译码器处于锁定（保持）状态，译码输出保持在 LE=0 时的数值；LE=0 时，为正常译码工作状态。

4. 译码器的应用

二进制译码器除了可实现正常的译码功能之外，由于其输出为输入的全部最小项，即每一个输出都对应一个最小项，而任何一个逻辑函数都可变换为最小项之和的标准与或表达式。因此，用二进制译码器可以很方便地实现任何组合逻辑函数。

【例 6 - 6】 试用 3-8 线译码器实现逻辑函数 $Y = B\overline{C} + ABC + \overline{A}\,\overline{B}C$。

解

$$Y = B\overline{C} + ABC + \overline{A}\,\overline{B}C$$
$$= (A + \overline{A})\, B\overline{C} + ABC + \overline{A}\,\overline{B}C$$
$$= AB\overline{C} + \overline{A}B\overline{C} + ABC + \overline{A}\,\overline{B}C$$
$$= m_0 + m_2 + m_6 + m_7$$
$$= \overline{\overline{m_0 + m_2 + m_6 + m_7}}$$
$$= \overline{\overline{m_0} \cdot \overline{m_2} \cdot \overline{m_6} \cdot \overline{m_7}}$$
$$= \overline{\overline{Y_0}\,\overline{Y_2}\,\overline{Y_6}\,\overline{Y_7}}$$

其接线图如图 6 - 17 所示。

三、数据选择器

数据选择器的基本逻辑功能是在控制信号的作用下，从多路输入数据中选择其中的一路数据输出，所以又称多路选择器，或多路开关。其功能相当于如图 6 - 18 所示的受控单刀多掷开关。

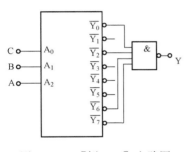

图 6 - 17 　［例 6 - 6］电路图

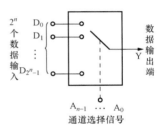

图 6 - 18 　数据选择器原理

控制信号常称为地址信号或通道选择信号，它是用来指定被选择的数据通道。显然，n 位地址代码可指定 2^n 个通道。常用的数据选择器有四选一、八选一和十六选一数据选择器等。

1. 四选一数据选择器

图 6 - 19 所示为双四选一数据选择器 74LS153 的引线图和逻辑符号。74LS153 功能表见表 6 - 10。

一片 74LS153 有两个四选一数据选择器，A_1、A_0 为两个公用的通道选择输入端；使能端 $\overline{S}$ 各自独立，当 $\overline{S} = 0$ 时，允许数据输出，否则输出始终为低电平；$D_3 \sim D_0$ 为四个数据输入端；Y 为输出端。

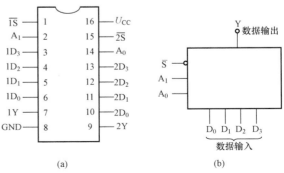

图 6 - 19　74LS153 引脚图及逻辑符号

(a) 引脚图；(b) 逻辑符号

当 $\overline{S}=0$ 时，四选一数据选择器的逻辑表达式为

$$Y=(\overline{A_1}\ \overline{A_0})D_0+(\overline{A_1}A_0)D_1+(A_1\ \overline{A_0})D_2+(A_1A_0)D_3$$

表 6 - 10   **四选一数据选择器 74LS153 功能表**

输 入							输 出
使能端	通道选择端		数 据 输 入				Y
$\overline{S}$	A_1	A_0	D_3	D_2	D_1	D_0	
1	$\times$	$\times$	$\times$	$\times$	$\times$	$\times$	0
0	0	0	$\times$	$\times$	$\times$	0	0
0	0	0	$\times$	$\times$	$\times$	1	1
0	0	1	$\times$	$\times$	0	$\times$	0
0	0	1	$\times$	$\times$	1	$\times$	1
0	1	0	$\times$	0	$\times$	$\times$	0
0	1	0	$\times$	1	$\times$	$\times$	1
0	1	1	0	$\times$	$\times$	$\times$	0
0	1	1	1	$\times$	$\times$	$\times$	1

（表中右侧标注：$\rangle D_0$、$\rangle D_1$、$\rangle D_2$、$\rangle D_3$）

2. 八选一数据选择器

八选一数据选择器 74LS151 的引脚图和逻辑符号如图 6 - 20 所示。74LS151 的功能见表 6 - 11。

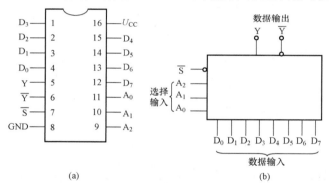

由图 6 - 20 可以看出，由于它有八路数据输入端 $D_7\sim D_0$，因此有三位通道选择输入端 A_2、A_1、A_0。当使能端 $\overline{S}=0$ 时，允许数据输出。74LS151 是具有互补输出的数据选择器，即输出有原码和反码两个输出端。若输出 $Y=0$，则输出 $\overline{Y}=1$。

图 6 - 20 74LS151 引脚图及逻辑符号

(a) 引脚图；(b) 逻辑符号

当 $\overline{S}=0$ 时，八选一数据选择器的输出函数为

$$Y=\overline{A_2}\ \overline{A_1}\ \overline{A_0}D_0+\overline{A_2}\ \overline{A_1}A_0D_1+\overline{A_2}A_1\ \overline{A_0}D_2+\overline{A_2}A_1A_0D_3+A_2\ \overline{A_1}\ \overline{A_0}D_4$$
$$+A_2\ \overline{A_1}A_0D_5+A_2A_1\ \overline{A_0}D_6+A_2A_1A_0D_7$$
$$=m_0D_0+m_1D_1+m_2D_2+m_3D_3+m_4D_4+m_5D_5+m_6D_6+m_7D_7$$
$$=\sum_{i=0}^{7}(m_iD_i)$$

3. 数据选择器的应用

数据选择器除了能传送数据外，还可用于逻辑函数的实现。当数据选择器处于工作状态，即使能端 $\overline{S}=0$，而且输入全部数据为 1 时，输出函数 Y 的表达式便为地址变量的全体最小项之和。其方法是：若在数据选择器的输出函数表达式中包含逻辑函数的某个最小项时，则相应地输入数据取 1；而对于不包含在逻辑函数中的最小项，则相应输入数据取 0。

表 6-11 八选一数据选择器 74LS151 功能表

输		入		输	出	输		入		输	出
$\overline{S}$	A_2	A_1	A_0	Y	$\overline{Y}$	$\overline{S}$	A_2	A_1	A_0	Y	$\overline{Y}$
1	×	×	×	0	1	0	1	0	0	D_4	$\overline{D_4}$
0	0	0	0	D_0	$\overline{D_0}$	0	1	0	1	D_5	$\overline{D_5}$
0	0	0	1	D_1	$\overline{D_1}$	0	1	1	0	D_6	$\overline{D_6}$
0	0	1	0	D_2	$\overline{D_2}$	0	1	1	1	D_7	$\overline{D_7}$
0	0	1	1	D_3	$\overline{D_3}$						

【例 6-7】 试用八选一数据选择器实现逻辑函数 $Y=B\overline{C}+ABC+\overline{A}B\overline{C}$。

解 $Y=B\overline{C}+ABC+\overline{A}B\overline{C}$

$=\overline{A}B\overline{C}+\overline{A}B\overline{C}+AB\overline{C}+ABC$

八选一数据选择器的输出函数为

$$Y=\overline{A_2}\,\overline{A_1}\,\overline{A_0}D_0+\overline{A_2}\,\overline{A_1}A_0D_1+\overline{A_2}A_1\,\overline{A_0}D_2+\overline{A_2}A_1A_0D_3+A_2\,\overline{A_1}\,\overline{A_0}D_4$$
$$+A_2\,\overline{A_1}A_0D_5+A_2A_1\,\overline{A_0}D_6+A_2A_1A_0D_7$$

令 $A=A_2$，$B=A_1$，$C=A_0$，比较上面两式可知，当 $D_0=D_2=D_6=D_7=1$，$D_1=D_3=D_4=D_5=0$ 时，即可在八选一数据选择器输出端获得所求的逻辑函数。

根据上述结论画出电路图如图 6-21 所示。

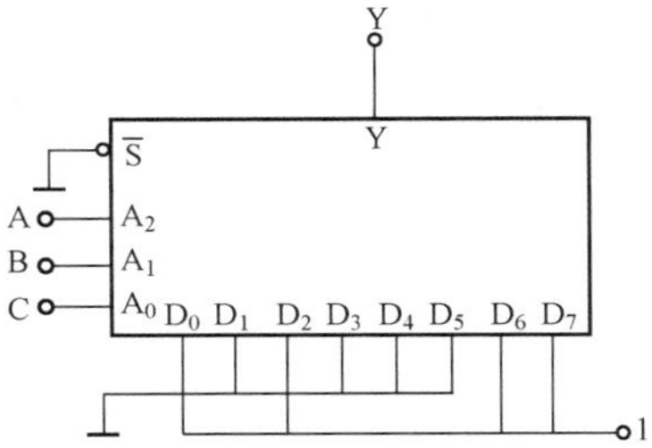

实际上，上述三变量函数用一个四选一数据选择器同样可以实现。因为四选一数据选择器的逻辑表达式为

$$Y=(\overline{A_1}\,\overline{A_0})D_0+(\overline{A_1}A_0)D_1+(A_1\,\overline{A_0})D_2+(A_1A_0)D_3$$

因此可以用两个地址代表函数的两个变量 A、B，而把第三个变量 C 作为数据选择器的数据从 $D_0\sim D_3$ 端送入。

原逻辑函数式变换为

$$Y=\overline{A}\,\overline{B}\,\overline{C}+\overline{A}B\overline{C}+AB\overline{C}+ABC$$
$$=\overline{A}\,\overline{B}\,\overline{C}+\overline{A}B\overline{C}+AB$$

比较上面两式，可知

图 6-21　[例 6-7] 电路图

$$A=A_1,B=A_0,D_0=\overline{C},D_1=\overline{C},D_2=0,D_3=1$$

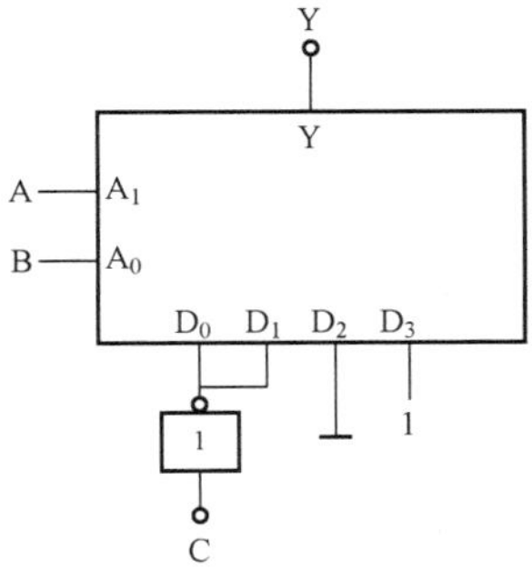

根据上述结论画出电路图，如图 6-22 所示。四选一数据选择器的输出端即为所求的逻辑函数。

四、加法器

运算电路可分为模拟运算电路和数字运算电路两大类，数字运算电路又可分为逻辑运算电路和算术运算电路。算术运算电路主要指进行加、减、乘、除等运算的电路。在数字系统中，加、减、乘、除运算都可以通过加法运算实现，因此加法器是最基本的算术运算单元。能实现加法运算的电路称为加法器。加法器按加数位数的不同可分为一位加法器和多位加法器。

图 6-22　用四选一数据选择器实现

（一）一位加法器

加法器又可分为半加器和全加器。

1. 半加器

在加法运算中，只考虑两个一位二进制数相加，而不考虑由低位来的进位的加法器称为半加器。设两个加数为 A 和 B，S 代表和，C 代表进位。根据二进制加法运算规则，可得出半加器的真值表，见表 6-12。

表 6-12 半 加 器 真 值 表

A	B	S	C	A	B	S	C
0	0	0	0	1	0	1	0
0	1	1	0	1	1	0	1

由真值表写出逻辑函数表达式为

$$S = A\overline{B} + \overline{A}B = A \oplus B$$
$$C = AB$$

由逻辑表达式画出半加器的逻辑图如图 6-23（a）所示，图 6-23（b）所示为半加器的逻辑符号。

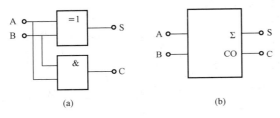

图 6-23 半加器逻辑图及逻辑符号

（a）逻辑图；（b）逻辑符号

2. 全加器

在加法运算中，除了考虑两个一位二进制数相加，还考虑与由低位来的进位数相加的加法器称为全加器。

设两数分别为 A_i 和 B_i，低位来的进位为 C_{i-1}，本位的和为 S_i，向高位的进位为 C_i，根据二进制加法运算规则，可列出全加器的真值表见表 6-13。

表 6-13 全 加 器 真 值 表

A_i	B_i	C_{i-1}	S_i	C_i	A_i	B_i	C_{i-1}	S_i	C_i
0	0	0	0	0	1	0	0	1	0
0	0	1	1	0	1	0	1	0	1
0	1	0	1	0	1	1	0	0	1
0	1	1	0	1	1	1	1	1	1

逻辑函数式为

$$S_i = \overline{A_i}\,\overline{B_i}C_{i-1} + \overline{A_i}B_i\overline{C_{i-1}} + A_i\overline{B_i}\,\overline{C_{i-1}} + A_iB_iC_{i-1}$$
$$C_i = \overline{A_i}B_iC_{i-1} + A_i\overline{B_i}C_{i-1} + A_iB_i\overline{C_{i-1}} + A_iB_iC_{i-1}$$

若采用半加器和门电路组成全加器的逻辑电路，则表达式可变换为

$$S_i = \overline{A_i}\,\overline{B_i}C_{i-1} + \overline{A_i}B_i\overline{C_{i-1}} + A_i\overline{B_i}\,\overline{C_{i-1}} + A_iB_iC_{i-1}$$
$$= \overline{A_i}(\overline{B_i}C_{i-1} + B_i\overline{C_{i-1}}) + A_i(\overline{B_i}\,\overline{C_{i-1}} + B_iC_{i-1})$$
$$= \overline{A_i}(B_i \oplus \overline{C_{i-1}}) + A_i(\overline{B_i \oplus C_{i-1}})$$

$$= A_i \oplus B_i \oplus C_{i-1}$$
$$C_i = \overline{A_i}B_iC_{i-1} + A_i\overline{B_i}C_{i-1} + A_iB_i\overline{C_{i-1}} + A_iB_iC_{i-1}$$
$$= C_{i-1}(\overline{A_i}B_i + A_i\overline{B_i}) + A_iB_i(\overline{C_{i-1}} + C_{i-1})$$
$$= (A_i \oplus B_i)C_{i-1} + A_iB_i$$

由逻辑表达式画出全加器的逻辑图如图 6-24 所示。全加器的逻辑符号如图 6-25 所示。

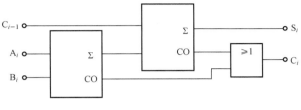
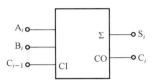

图 6-24　全加器逻辑图　　　　　　　　图 6-25　全加器逻辑符号

（二）多位加法器

图 6-26 所示为实现四位二进制数相加的串行进位加法器电路图。从图 6-26 可知，加数 $A = A_3A_2A_1A_0$ 和 $B = B_3B_2B_1B_0$ 为两个 4 位二进制数。显然，各位的加数同时并行输入相加，而各位的进位输入信号，则需由低位开始逐级向高位传送。即每一位相加的结果都必须等到低一位的进位产生以后才能相加获得，因此运算速度慢，且位数越多速度越慢。为此，目前又产生了一种超前进位加法器，运算速度快但电路复杂。74LS283 就是一个四位二进制超前进位全加器。它们的逻辑功能与串行进位加法器相同，仅运算速度不同，这里不再分析讨论了。

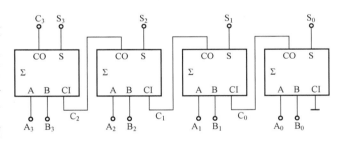

图 6-26　四位串行进位加法器

五、数值比较器

在数字系统中，经常要比较两个数字的大小。能实现两数比较功能的逻辑电路称为数值比较器。

1. 一位数值比较器

两个一位二进制数 A 和 B 进行比较，结果有 A＞B、A＜B、A＝B 三种。因此，一位数值比较器有两个输入端和三个输出端。根据两数的比较规律可列出真值表，见表 6-14。

表 6-14　　　　　　　　　　　　一位数值比较器真值表

输　入		输　出			输　入		输　出		
A	B	$Y_{A>B}$	$Y_{A<B}$	$Y_{A=B}$	A	B	$Y_{A>B}$	$Y_{A<B}$	$Y_{A=B}$
0	0	0	0	1	1	0	1	0	0
0	1	0	1	0	1	1	0	0	1

由真值表可得逻辑函数式为

$$Y_{A>B} = A\overline{B}$$

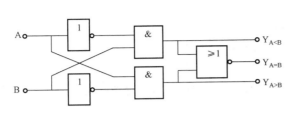

图 6-27　一位数值比较器逻辑图

$$Y_{A<B} = \overline{A}B$$

$$Y_{A=B} = \overline{A} \cdot \overline{B} + AB$$

$$= \overline{\overline{A}B + A\overline{B}}$$

根据上述逻辑函数式，画出逻辑图如图 6-27 所示。

2. 多位数值比较器

设两个四位二进制数 $A = A_3A_2A_1A_0$ 和 $B = B_3B_2B_1B_0$ 进行比较。比较的方法是：先从高位开始，只要高位不相等，则不管低位数值如何，立即可得到比较结果。如果 $A_3 > B_3$，则 $A > B$；如果 $A_3 < B_3$，则 $A < B$；如果 $A_3 = B_3$，则需要比较次高位 A_2 和 B_2 的情况，依次类推，自高位向低位逐位比较完毕，若最后 $A_3 = B_3$，$A_2 = B_2$，$A_1 = B_1$，$A_0 = B_0$，则两数相等。

74LS85 就是依据上述思路设计出的四位二进制数值比较器，它的引脚图和逻辑符号如图 6-28 所示。

74LS85 数值比较器功能见表6-15。

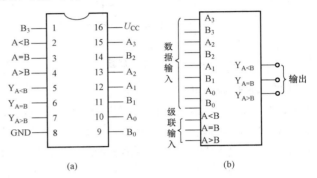

图 6-28　74LS85 引脚图及逻辑符号
（a）引脚图；（b）逻辑符号

表 6-15　　　　　　　　　　**74LS85 数值比较器功能表**

数 值 输 入				级 联 输 入			输 出		
A_3　B_3	A_2　B_2	A_1　B_1	A_0　B_0	$A>B$	$A<B$	$A=B$	$Y_{A>B}$	$Y_{A<B}$	$Y_{A=B}$
$A_3 > B_3$	×	×	×	×	×	×	1	0	0
$A_3 < B_3$	×	×	×	×	×	×	0	1	0
$A_3 = B_3$	$A_2 > B_2$	×	×	×	×	×	1	0	0
$A_3 = B_3$	$A_2 < B_2$	×	×	×	×	×	0	1	0
$A_3 = B_3$	$A_2 = B_2$	$A_1 > B_1$	×	×	×	×	1	0	0
$A_3 = B_3$	$A_2 = B_2$	$A_1 < B_1$	×	×	×	×	0	1	0
$A_3 = B_3$	$A_2 = B_2$	$A_1 = B_1$	$A_0 > B_0$	×	×	×	1	0	0
$A_3 = B_3$	$A_2 = B_2$	$A_1 = B_1$	$A_0 < B_0$	×	×	×	0	1	0
$A_3 = B_3$	$A_2 = B_2$	$A_1 = B_1$	$A_0 = B_0$	1	0	0	1	0	0
$A_3 = B_3$	$A_2 = B_2$	$A_1 = B_1$	$A_0 = B_0$	0	1	0	0	1	0
$A_3 = B_3$	$A_2 = B_2$	$A_1 = B_1$	$A_0 = B_0$	0	0	1	0	0	1

74LS85 有两个四位数值输入端 A_3、A_2、A_1、A_0 和 B_3、B_2、B_1、B_0，三个比较结果输出端 $Y_{A>B}$、$Y_{A<B}$、$Y_{A=B}$，三个级联输入端 $A>B$、$A<B$、$A=B$，级联输入主要是供同类比较器串联起来比较更多位的数。从功能表6-15可知，第1～8行表示了两数不相等的情况。第9～

11 行表示了两数相等时，输出由级联输入状态决定，级联输入与低位数码比较的输出相连接。

第四节　组合逻辑功能器件综合应用

中规模组合逻辑电路功能较多，用它们可以完成比较复杂的功能，下面举例说明。

一、用二进制译码器组成数据分配器

使用具有使能输入端的二进制译码器可以完成数据分配器的功能。例如，用一个 3-8 线译码器 74LS138，经适当连接，就构成了 8 路数据分配器，如图 6-29 所示。我们把译码器使能输入 $\overline{E_3}$ 作为数据输入端，译码器的输入 $A_2A_1A_0$ 作为选择控制信号，在它的控制下，数据输入被传送到相应的输出端。由于另外两个使能输入 E_1 和 $\overline{E_2}$ 已接至有效电平，故译码器的工作状态由 $\overline{E_3}$ 决定。如果 $\overline{E_3}=1$，则译码器处于禁止状态，全部输出为 1。

现在假设选择控制信号 $A_2A_1A_0=000$，则电路选择的输出端为 $\overline{Y_0}$。如果此时 $\overline{E_3}=0$，则 $\overline{Y_0}$ 输出有效低电平；如果 $\overline{E_3}=1$，则译码器不工作，输出为无效电平，即高电平。也就是 $\overline{Y_0}$ 将跟随着 $\overline{E_3}$ 的信号变化，即有 $\overline{Y_0}=\overline{E_3}$。而未选通的 7 个输出端 $\overline{Y_1}\sim\overline{Y_7}$ 一直保持高电平不变。其他情况依此类推。其工作波形图如图 6-29（b）所示。

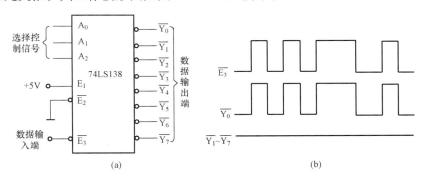

图 6-29　74LS138 译码器用作数据分配器

（a）逻辑电路图；（b）波形图

二、用译码器和数据选择器实现数码比较器

用一片 4-16 线译码器和一片十六选一数据选择器实现两个 4 位二进制数码的数码比较器，判别两个 4 位二进制数码是否相等，其电路图如图 6-30 所示。

将两芯片的使能端均接有效电平，译码器的 16 个译码输出端（$\overline{Y_0}\sim\overline{Y_{15}}$）直接连接到数据选择端的 16 个数据输入端（$I_0\sim I_{15}$），将一组四位二进制数码 $A_3A_2A_1A_0$ 加到译码器的地址选择输入端（$A_3A_2A_1A_0$），另一组四位二进制数码 $B_3B_2B_1B_0$ 加到数据选择器的通道选择输入端（$A_3A_2A_1A_0$），则数据选择器的输出端 Y 即为四位二进制数码比较器输出的比较结果 $Y_{A=B}$。

根据译码器和数据选择器的工作原理，若两个四位二进制数码 $A_3A_2A_1A_0=B_3B_2B_1B_0$，则数据选择器的输出 $Y_{A=B}=0$，否则 $Y_{A=B}=1$。例如，设 $A_3A_2A_1A_0=B_3B_2B_1B_0=0111$，则只有译码器的输出端 $\overline{Y_7}=0$，译码器的其他输出端均为"1"，由于 $\overline{Y_7}$ 与 I_7 相连，即 $I_7=\overline{Y_7}=0$，而假定 $B_3B_2B_1B_0=0111$，正好把数据输入端 I_7 的数据传送到输出端，使 $Y_{A=B}=I_7=0$。故该电路可实现两个 4 位二进制数码的数码比较功能，即当 $A_3A_2A_1A_0=B_3B_2B_1B_0$

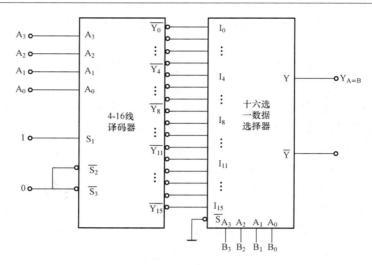

图 6-30 用译码器和数据选择器实现比较器逻辑电路图

时，$Y_{A=B}=0$，否则 $Y_{A=B}=1$。

三、用数据选择器实现分时数字显示

分时传送并显示四位十进制数的电路如图 6-31 所示。四个七段显示器的输入端并接在显示译码器的七个输出端，公共端接权位选择译码器输出端。千位的四位 BCD 码在 $A_1 A_0=$ 11 时由四块数据选择器的 D_3 传送。百位、十位、个位依次在 $A_1 A_0$ 为 10、01、00 时由各选择器的 D_2、D_1、D_0 传送。在千位数字被传送时，$A_1 A_0=11$，权位选择器的 Y_3 被译出，选通千位七段显示器显示，随后其他各位依次显示。

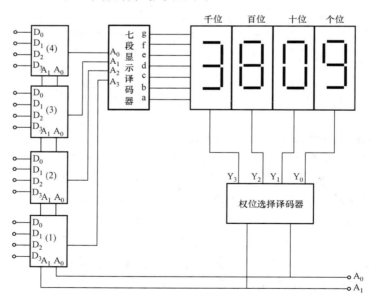

图 6-31 用数据选择器实现分时数字显示

只要地址码循环频率高于视觉暂留所要求的最低频率，人眼就感觉不到各数位分时显示的闪烁。

本 章 小 结

本章主要介绍了组合逻辑电路的特点及组合逻辑电路的分析和设计方法，还介绍了一些中规模集成组合逻辑电路的工作原理、电路结构和它们的应用。这些电路有编码器、译码器、数据选择器、加法器和比较器。

（1）组合逻辑电路在逻辑功能上的特点：电路任一时刻的输出仅取决于该时刻的输入状态，与电路前一时刻的状态无关。在电路结构上的特点：由各种门电路组成，没有存储单元，没有反馈支路。

（2）组合逻辑电路的分析：根据给定的逻辑电路逐级写出逻辑表达式，再经化简或变换，得到最简逻辑函数式，列出真值表，从而确定组合电路的逻辑功能。

（3）组合逻辑电路的设计是根据给定的逻辑问题进行逻辑抽象，列出真值表，写出逻辑函数式，再对函数式进行适当的化简和变换，最后画出逻辑电路图。

（4）在数字系统中经常使用到的组合逻辑电路-编码器、译码器、数据选择器、加法器和数据比较器。这些组合逻辑部件除了具有其基本功能外，通常还具有输入使能、输出使能、输入扩展、输出扩展功能，使其功能更加灵活，便于构成较复杂的逻辑系统。

习 题

6-1 什么是组合逻辑电路？它在逻辑功能和电路组成上各有什么特点？

6-2 如何分析一个组合逻辑电路？

6-3 分析图 6-32 所示电路的逻辑功能。

6-4 分析图 6-33 所示电路的逻辑功能。

6-5 设计组合逻辑电路的基本任务是什么？试简要说明设计步骤。

6-6 试设计一个三输入端的判奇电路，即逻辑功能为输入信号中有奇数个"1"时，输出就为1，否则输出为"0"。

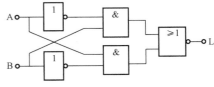

图 6-32 题 6-3 图

6-7 用与非门设计四变量的多数表决电路。当输入变量 A、B、C、D 有 3 个或 3 个以上为 1 时输出为 1，输入为其他状态时输出为 0。

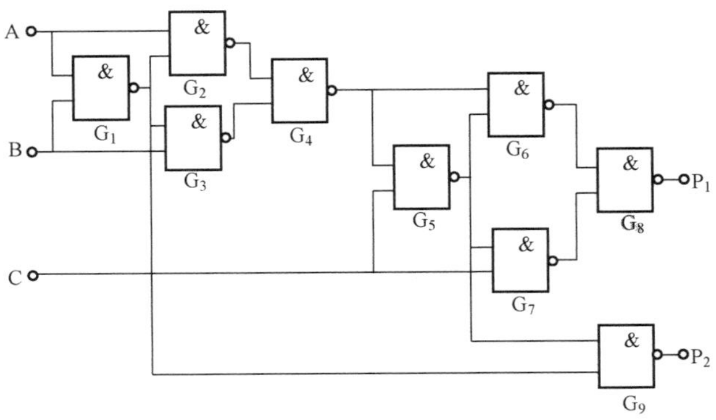

6-8 设计一种保密锁电路。要求在锁上设置 3 个按键 A、B、C。当 3 个按键同时按下，或 A、C 两个键同时按下时，锁被打开。若不按上面规则按键钮，则电铃接通，发出报警声。

6-9 写出如图 6-34 所示电路输出端 Y 的逻辑函数表达式。

图 6-33 题 6-4 图

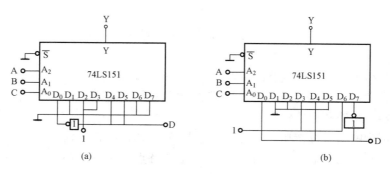

图 6-34　题 6-9 图

6-10　试设计一个 8421BCD 码的检验电路，当输入量 ABCD 不大于 2 或不小于 8 时，电路的输出 L 是高电平，否则为低电平，用与非门实现该电路。

6-11　用 74LS138 译码器加少量与非门实现下列函数：

(1) $L_1 = A\overline{B} + B\overline{C} + \overline{A}C$

(2) $L_2 = A\overline{C} + \overline{B}C + \overline{A}BC + A\overline{B}C$

(3) $L_3(A，B，C) = \sum m(2，3，4，5，7)$

6-12　用 74LS151 八选一数据选择器实现下列逻辑函数：

(1) $Y_1(A，B，C) = \sum m(2，3，4，7)$

(2) $Y_2 = \overline{A}B + C$

(3) $Y_3(A，B，C，D) = \sum m(0，5，8，9，10，11，14，15)$

(4) $Y_4(A，B，C，D) = AB\overline{C}D + A\overline{B}C\overline{D} + \overline{A}BCD + \overline{A}\overline{B}C$

6-13　什么是比较器？试列出 $A = a_1 a_0$，$B = b_1 b_0$ 相比较的真值表，其输出为 $Y_{A>B}$，$Y_{A<B}$ 和 $Y_{A=B}$。当满足比较条件时，它们分别为"1"。

6-14　试用七套译码驱动显示电路搭接显示出"5201314"的效果图。

第七章　触　发　器

本章主要介绍触发器的组成结构、动作特点和逻辑功能，触发器的逻辑功能分类、不同触发器之间的相互转换以及触发器的型号，以及触发器的应用——555 定时器及其典型应用电路。

第一节　概　　述

顾名思义，触发器（flip-flop，FF）应具有一触即发的功能，是一种能够储存一位二进制信号的基本逻辑单元电路。触发器作为时序电路的基本单元，在数字系统中的应用非常广泛。

一、触发器的基本特性

（1）触发器有两个稳态，可以分别表示二进制数码 0 和 1。当没有外输入信号的作用时，可以维持原有的稳定状态。

（2）在外加输入信号的作用下，它能从一种稳态（0 或 1）转变到另一种稳态（1 或 0）。并且两个稳态可以相互转换，已转换的稳定状态可长期保持（即具有记忆、存储功能）。我们将这种能使触发器发生相互转换的外加信号，称为触发脉冲。显然，触发器的输出状态不仅与现在的输入有关，还与原来的输出状态有关。

（3）触发器具有两个互补输出状态（即其中一个为 1，另一个一定为 0）。

二、触发器的分类

（1）按功能可分为有 RS 触发器、JK 触发器、D 触发器、T 触发器等。

（2）按触发方式可分为有电平触发方式、主从触发方式和边沿触发方式。

（3）按工作方式可分为有双稳态触发器、单稳态触发器、无稳态触发器。

第二节　各种逻辑功能的触发器

一、基本 RS 触发器

基本 RS 触发器结构简单，它是构成各种触发器最基本的单元电路。

1. 电路结构

基本 RS 触发器可由"与非门"交叉耦合组成。其逻辑图如图 7-1（a）所示。由逻辑图可见：

（1）它是由两个与非门 G_1 和 G_2 的输入与输出端交叉耦合组成。

（2）它有两个输出端：Q 和 $\overline{Q}$。基本 RS 触发器具有两个稳定状态。即当 $Q=0$，$\overline{Q}=1$ 时，触发器的状态为 0，称为 0 状态，又称复位状态。当

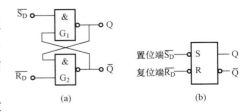

图 7-1　基本 RS 触发器
（a）逻辑图；（b）逻辑符号

$Q=1$，$\overline{Q}=0$ 时，触发器的状态为 1，称为 1 状态，又称置位状态。在此，我们将 Q 端的状态，规定为触发器的状态。

（3）信号的输入端为 $\overline{R_D}$、$\overline{S_D}$（非号表示低电平有效，在其逻辑符号中用小圆圈表示）。平时 $\overline{R_D}$ 和 $\overline{S_D}$ 均固定在高电平，处于 1 状态；当加负脉冲后，则使基本 RS 触发器的状态发生变化。

基本 RS 触发器的逻辑符号如图 7-1（b）所示。触发器在负脉冲的作用下，导致的状态转换过程称为翻转。

2. 逻辑功能

我们根据两个输入变量的变化情况，按照与非门的逻辑关系，分析得出基本 RS 触发器的状态转换和逻辑功能，见表 7-1。

表 7-1 中，Q^n 表示触发器的原状态（或称现态），即指 $\overline{R_D}$、$\overline{S_D}$ 端输入信号变化前的触发器状态；Q^{n+1} 表示触发器的新状态（亦称次态），即指 $\overline{R_D}$、$\overline{S_D}$ 端输入信号变化后的触发器状态。

表 7-1　　　　　　　　　　　　　基本 RS 触发器的状态表

输　　入			输　　出		输　　入			输　　出	
$\overline{S_D}$	$\overline{R_D}$	Q^n	Q^{n+1}	逻辑功能	$\overline{S_D}$	$\overline{R_D}$	Q^n	Q^{n+1}	逻辑功能
0	0	0	不定	不允许	0	1	0	1	置1
		1					1		
1	0	0	0	置0	1	1	0	0	保持不变
		1					1	1	

【例 7-1】　在图 7-1 所示的基本 RS 触发器电路中，已知 $\overline{R_D}$ 和 $\overline{S_D}$ 的波形，如图 7-2（a）和（b）所示。试画出 Q 和 $\overline{Q}$ 端的波形。

解　根据 $\overline{R_D}$ 和 $\overline{S_D}$ 在某一时刻的输入情况，我们对照其触发器的状态表，便可找出与 Q 和 $\overline{Q}$ 相对应的状态，并可画出其波形图。

设基本 RS 触发器电路的初始状态为 0 态，即 $Q=0$。

在 $t_0 \sim t_1$ 期间，$\overline{R_D}=1$，$\overline{S_D}=1$，触发器保持原状态不变，有 $Q=0$，$\overline{Q}=1$；

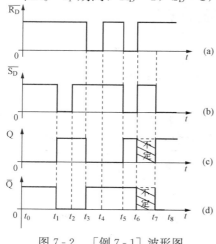

图 7-2　[例 7-1] 波形图

在 $t_1 \sim t_2$ 期间，$\overline{R_D}=1$，$\overline{S_D}=0$，触发器置 1，则有 $Q=1$，$\overline{Q}=0$；

在 $t_5 \sim t_6$ 期间，$\overline{R_D}=0$，$\overline{S_D}=0$，触发器的输出端均为 1，即 $Q=1$，$\overline{Q}=1$；

在 $t_6 \sim t_7$ 期间，$\overline{R_D}=1$，$\overline{S_D}=1$，触发器的状态将无法决定；

在 $t_7 \sim t_8$ 期间，$\overline{R_D}=1$，$\overline{S_D}=0$，触发器置 1，则有 $Q=1$，$\overline{Q}=0$。

根据以上分析，画出 Q 和 $\overline{Q}$ 端的波形，如图 7-2（c）和（d）所示。

3. 特性方程

触发器的特性方程是指，触发器的次态 Q^{n+1} 与输入信号 R、S 及现态 Q^n 之间关系的逻辑表达式。

根据表 7-1 画出基本 RS 触发器的卡诺图，如图 7-3 所示。

经过化简，可得出其特性方程为

$$\left.\begin{array}{l} Q^{n+1} = S_D + \overline{R_D}Q^n \\ \overline{R_D} + \overline{S_D} = 1(约束条件) \end{array}\right\} \tag{7-1}$$

4. 状态转换图

状态转换图（简称为状态图），是用来描述触发器的状态转换关系和转换条件的图形。状态转换图可直接由表 7-1 获得。

基本 RS 触发器状态转换图如图 7-4 所示。

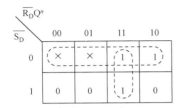

图 7-3 基本 RS 触发器电路卡诺图

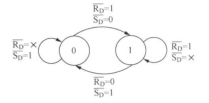

图 7-4 基本 RS 触发器状态转换图

在图 7-4 中，"×"表示触发信号取任意值，圆圈内的"0"和"1"表示 Q 的状态，箭头表示状态转换的方向，箭头线上所标注的触发信号取值是表示状态转换的条件。

基本 RS 触发器还可以用或非门组成。它的逻辑图如图 7-5（a）所示。

这种触发器的 S_D、R_D 没有非号，表示高电平有效，即正脉冲作为复位和置位的输入信号。显然，它不允许 S_D 端和 R_D 端同时为 1，否则会有 Q 和 $\overline{Q}$ 同时为 0，而破坏触发器的正常逻辑关系。

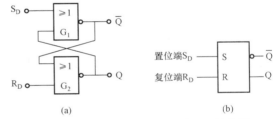

(a)

(b)

图 7-5 由或非门组成的基本 RS 触发器
(a) 逻辑图；(b) 逻辑符号

它的逻辑符号如图 7-5（b）所示。其中，S、R 端在逻辑符号的边框外侧没有小圆圈，用来表示高电平有效。

或非门组成基本 RS 触发器的状态表见表 7-2。

表 7-2 或非门组成基本 RS 触发器的状态表

输 入		输 出		输 入		输 出	
S_D	R_D	Q^n	Q^{n+1}	逻辑功能	S_D	R_D	Q^n	Q^{n+1}	逻辑功能

输 入			输 出		输 入			输 出	
S_D	R_D	Q^n	Q^{n+1}	逻辑功能	S_D	R_D	Q^n	Q^{n+1}	逻辑功能
1	1	0	不定	不允许	1	0	0	1	置1
		1					1		
0	1	0	0	置0	0	0	0	0	保持不变
		1					1	1	

它的工作原理，读者可自行分析。

二、可控 RS 触发器

基本 RS 触发器的触发是由 $\overline{S_D}$、$\overline{R_D}$（或 S_D、R_D）端的输入信号直接控制（也称电平触发）。因此，它们存在的问题是不便用于多个触发器的同步工作。

数字系统中，为了协调各部分的工作，我们希望触发器能按照一定的节拍，在同一时刻动作（又称翻转）。因此需要引入一个同步信号，使触发器只有在同步信号的控制下，才能按输入信号改变其状态。这种同步信号称为时钟脉冲或时钟信号（简写为 CP）。CP 用来控制时序电路的工作节奏，它是一种固定频率的脉冲信号，为矩形波。对于具有时钟脉冲 CP 控制的 RS 触发器，称为可控 RS 触发器，又称同步 RS 触发器或时钟 RS 触发器。

可控 RS 触发器的翻转时刻由时钟脉冲 CP 控制，翻转到何种状态由输入信号决定。

1. 电路结构

可控 RS 触发器逻辑图如图 7-6 所示。由图 7-6 可见：

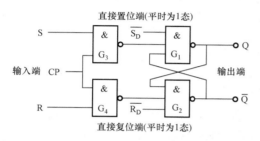

图 7-6　可控 RS 触发器逻辑图

（1）与非门 G_1 和 G_2 组成基本 RS 触发器。

（2）与非门 G_3 和 G_4（也称钟控门）组成引导电路。

（3）S 和 R 分别为置 1 和置 0 的信号输入端（也称同步输入端）。

（4）CP 为时钟脉冲输入端，为控制信号端。

（5）$\overline{S_D}$ 和 $\overline{R_D}$ 分别为直接置 1 和直接置 0 的信号输入端（或称异步输入端）。

2. 逻辑功能

对于图 7-6 所示的可控 RS 触发器，可具体分析如下：

（1）当 CP＝0 时，有 G_3、G_4 封锁，无论 S、R 端的电平如何变化，G_3、G_4 两个门的输出均为 1，基本 RS 触发器的输出状态保持不变。显然，当 CP＝0 时，S、R 端的输入信号对触发器不起作用。

（2）当 CP＝1 时，G_3、G_4 解除了封锁。基本 RS 触发器的输出状态，便可由 R、S 的状态决定。根据两个输入变量的变化情况，以及逻辑电路分析得出可控 RS 触发器的状态表，见表 7-3。

表 7-3　　　　　　　　　　可控 RS 触发器的状态表

S	R	Q^n	Q^{n+1}	逻辑功能	S	R	Q^n	Q^{n+1}	逻辑功能
1	1	0	不定	不允许	1	0	0	1	置 1
		1					1		
0	1	0	0	置 0	0	0	0	Q^n	保持不变
		1					1		

由表 7-3 可知，可控 RS 触发器是一种具有置 0、置 1 和记忆功能的触发器。

根据表 7-3，同样利用卡诺图化简，可得出可控 RS 触发器的特性方程为

$$\left.\begin{array}{l} Q^{n+1} = S + \overline{R}Q^n \\ RS = 0 \quad （约束条件） \end{array}\right\} \tag{7-2}$$

可控 RS 触发器状态转换图如图 7-7 所示。

3. 异步输入端

(1) $\overline{S_D}$端：如果$\overline{S_D}=0$，$\overline{R_D}=1$，则有 Q=1，$\overline{Q}=0$，说明触发器直接置1，故称$\overline{S_D}$为直接置1端（或直接置位端）。

(2) $\overline{R_D}$端：如果$\overline{R_D}=0$，$\overline{S_D}=1$，则有 Q=0，$\overline{Q}=1$，说明触发器直接置0，故称$\overline{R_D}$为直接置0端（或直接复位端）。

(3) 当$\overline{S_D}=1$，$\overline{R_D}=1$时，触发器正常工作。

可见，异步输入端$\overline{S_D}$和$\overline{R_D}$没有经过 CP 的控制，便可以对基本 RS 触发器直接置1或直接置0。因此，一般可作用于触发器工作之初，预先给定触发器的初始状态。应当注意，正常工作时$\overline{S_D}$和$\overline{R_D}$端一定处于高电平。

4. 逻辑符号

可控 RS 触发器逻辑符号如图 7-8 所示。

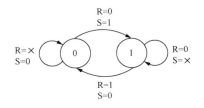 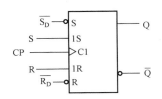

图 7-7　可控 RS 触发器状态转换图　　　　图 7-8　可控 RS 触发器逻辑符号

5. 可控 RS 触发器所存在的问题

下面举例说明可控 RS 触发器所存在的问题。

【例 7-2】　可控 RS 触发器的输入信号 S、R 及 CP 的波形如图 7-9 所示。如果可控 RS 触发器的初始状态为0，试画出其输出 Q 的波形图。

解　已知可控 RS 触发器的初始状态为0态，即 Q=0。根据表 7-3 可知：

当第一个脉冲出现时，S=1，R=0，Q 由初始状态为0翻转为1。

当第二个脉冲出现时，S=0，R=1，Q 由1翻转为0。

当第三个脉冲出现时，S=0，R=0，Q 应保持0不变，但在 CP=1 期间，由于 S、R 多次变化，Q 也随之发生多次翻转变化。

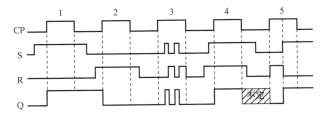

图 7-9　[例 7-2] 波形图

当第四个脉冲出现时，S=1，R=1，$Q=\overline{Q}=1$，第四个脉冲过去后，触发器状态不定。

在第五个脉冲期间，当 S=0，R=1 时，Q 端为0；当 S=1，R=0 时，Q 由 0 翻转为1。

[例 7-2] 说明：

(1) 当 CP=1 到来后，触发信号的变化才能使触发器状态发生翻转。

(2) 在 CP 处于高电平的整个作用期间，触发信号如果再次或多次发生变化，则可能会导致触发器的状态出现二次翻转，甚至多次翻转的现象。这种现象称为触发器的空翻。即使在 CP=1 期间，触发信号的状态不发生变化，也可能会因 CP 过宽，而由于反馈的引入，使触发器自动发生多次翻转产生振荡。

对于具有空翻和振荡现象的触发器，在应用上将受到很大程度的限制。为了解决这些问题，我们经常采用多种改进电路组成的集成触发器，使触发器的状态翻转控制在某一个瞬间。譬如主从触发器，它们的状态翻转是控制在 CP 脉冲的上升沿或下降沿的时刻进行。

三、主从 RS 触发器

主从型触发器是指一个触发器的内部具有相同结构的主触发器和从触发器。主从型触发器的触发方式为由主至从。换句话说，主、从触发器分别工作在 CP 的两个不同时区内。

主从 RS 触发器是在可控 RS 触发器的基础上发展出来的。

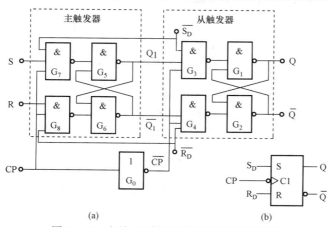

图 7 - 10　主从 RS 触发器逻辑图及逻辑符号

(a) 逻辑图；(b) 逻辑符号

1. 电路结构

主从 RS 触发器逻辑图如图 7 - 10 (a) 所示。由图可见，它由两个可控 RS 触发器串联而成，其中，$G_1 \sim G_4$ 组成从触发器，$G_5 \sim G_8$ 组成主触发器，并且用一个非门 G_0 将主、从触发器联系起来，其作用是将 CP 反相为 $\overline{CP}$，使主、从两个触发器不能同时变化。

2. 工作原理

对于图 7 - 10 (a) 所示的主从 RS 触发器，分析如下：

(1) 当 CP＝1 时，主触发器接收输入信号，它根据 S、R 端输入信号的状态被置 0 或置 1。

由于从触发器因 $\overline{CP}$＝0 而被封锁，所以主从 RS 触发器输出端的 Q、$\overline{Q}$ 保持原状态不变。

(2) 当 CP 由 1 返回 0 (即 CP＝0) 时，主触发器被封锁，不受输入 S、R 端信号的影响。但从触发器因 $\overline{CP}$＝1 打开，接收主触发器所输出的状态信号。从触发器将按照主触发器的状态变化（即 $Q = Q_1$，$\overline{Q} = \overline{Q_1}$）。故有

$$\left. \begin{array}{l} Q^{n+1} = Q_1^{n+1} = S + \overline{R}Q^n \\ RS = 0 (约束条件) \end{array} \right\} \tag{7 - 3}$$

式 (7 - 3) 为主从 RS 触发器的特性方程。

由此可见，主从 RS 触发器在 CP 的一个变化周期内，其状态具有只可能改变一次的特点。并且从触发器是跟随主触发器状态的翻转而翻转，这就是主从型的由来。

主从 RS 触发器的状态更新时刻是发生在 CP 的下降沿到达后，即具有 CP 下降沿触发的特点。

3. 逻辑符号

主从 RS 触发器逻辑符号如图 7 - 10 (b) 所示。注意逻辑符号中，我们在 CP 输入端靠近方框处用一个小圆圈表示触发器为下降沿触发。74LS71 是一种与输入 RS 主从触发器，其输入端 $R = R_1 R_2 R_3$，$S = S_1 S_2 S_3$。

主从型触发器解决了空翻问题，克服了振荡现象。

四、JK 触发器

由于主从 RS 触发器是由可控 RS 触发器组成，仍然存在着 RS＝0 的约束条件。为了解决输入信号之间的约束问题，避免输入端 R、S 出现全 1 的情况，可将电路改进为主从型 JK 触发器，简称为 JK 触发器。

1. 电路结构

JK 触发器逻辑图如图 7‐11（a）所示。

由图可见，JK 触发器是将主从 RS 触发器 $\overline{Q}$ 和 Q 端的状态引回到两个输入端，形成 JK 触发器的信号输入端，分别称为 J 端和 K 端。其中，J、K 分别与 $\overline{Q}$、Q 构成与逻辑关系，形成主触发器的 S 端和 R 端，即

$$\left. \begin{array}{l} S = J\,\overline{Q^n} \\ R = KQ^n \end{array} \right\} \tag{7‐4}$$

JK 触发器逻辑符号如图 7‐11（b）所示。

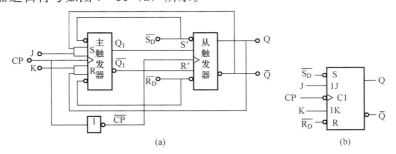

图 7‐11　JK 触发器逻辑图及逻辑符号

（a）逻辑图；（b）逻辑符号

2. 逻辑功能

由逻辑图分析，JK 触发器的触发特点见表 7‐4。

表 7‐4　　　　　　　　　　　　　　JK 触发器的触发特点

CP 的变化	从触发器	主触发器
0→1	封锁，保持原状态不变	接收 $S=J\overline{Q^n}$，$R=KQ^n$ 信号，状态更新
1→0	接收主触发器输出信号，状态更新	封锁，保持原状态不变

可见，主从式 JK 触发器也是 CP 的下降沿触发，其特性方程为

$$Q^{n+1} = J\,\overline{Q^n} + \overline{K}Q^n \tag{7‐5}$$

由 JK 触发器的特性方程，分析其输出和输入之间的逻辑关系，其逻辑功能见表 7‐5。

表 7‐5　　　　　　　　　　　　　　JK 触 发 器 功 能 表

输　　入			输　　出		输　　入			输　　出	
J	K	Q^n	Q^{n+1}	逻辑功能	J	K	Q^n	Q^{n+1}	逻辑功能
0	0	0	Q^n	保持不变	1	0	0	1	置1
		1					1		
0	1	0	0	置0	1	1	0	$\overline{Q^n}$	计数
		1					1		

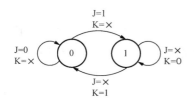

图 7 - 12　JK 触发器
状态转换图

计数是指每来一个时钟脉冲，触发器就翻转一次。换句话说，我们用翻转的次数来记录时钟脉冲 CP 的个数，称为计数。

根据表 7 - 5 画出 JK 触发器的状态转换图，如图 7 - 12 所示。

由上述分析可知，JK 触发器不仅输入 J、K 之间没有约束条件，而且具有置 0、置 1、保持和计数功能，同时使用灵活方便，已成为触发器的主流产品。其常用型号是 74LS112 双 JK 负沿触发器、CD4027 双 JK 主从触发器。74LS112 引脚图如图 7 - 13 所示。

【例 7 - 3】　JK 触发器的输入信号 J、K 及 CP 的波形，如图 7 - 14 所示。如果 JK 触发器的初始状态为 0，试画出其输出 Q 的波形图。

解　已知 JK 触发器的初态 Q＝0。根据其状态表有：

当第 1 个 CP 下降沿到达时，由于 J＝1，K＝0，触发器置 1，Q 由 0 变 1；

当第 2 个 CP 下降沿到达时，由于 J＝0，K＝0，触发器保持，Q 不变；

当第 3 个 CP 下降沿到达时，由于 J＝0，K＝1，触发器置 0，Q 由 1 变 0；

当第 4 个 CP 下降沿到达时，由于 J＝1，K＝1，触发器翻转，Q 由 0 变 1；

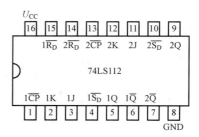

图 7 - 13　74LS112 引脚图

……

注意，对于主从触发器而言，在 CP＝1 期间，我们要求其输入信号的状态始终保持不变。但例〔7 - 3〕中的第 6 个 CP 期间，由于输入信号 J 受到外界某种干扰的影响，状态发生了变化，根据主从触发器的触发特点，则会造成其输出状态产生一次变化的错误。

主从 JK 触发器输出 Q 的波形图如图 7 - 14 所示。

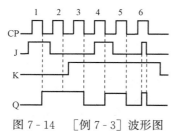

图 7 - 14　〔例 7 - 3〕波形图

五、D 触发器

通过〔例 7 - 3〕的分析，主从触发器在 CP＝1 时，由于受到外界干扰信号的影响，难免会被触发器接收。当 CP 下降沿到来时，主从触发器的输出状态可能已经产生了所谓一次变化现象，造成其可靠性能的降低。为此，人们研制了边沿触发器。

边沿触发器的触发特点体现于，它仅在时钟脉冲 CP 上升沿或下降沿到达时刻接收输入信号；并在此时刻，其电路状态才能发生翻转。换句话说，边沿触发器的次态 Q^{n+1}，仅由 CP 边沿时刻的输入信号决定，而与以前或以后的输入状态无关。

D 触发器大部分属于边沿结构类型。下面以维持 - 阻塞型 D 触发器为例进行介绍。所谓维持 - 阻塞结构，是指在电路中设置有两条连接线，即维持线和阻塞线。其中，维持线的作用是使应该开启的门保持畅通，保证按预期的要求完成动作；与此同时，阻塞线的作用是阻止不应有的动作发生，使不应该开启的门保持关闭。

1. 电路结构

维持 - 阻塞型 D 触发器逻辑图如图 7 - 15 所示。

由图 7 - 15 可见，维持 - 阻塞型 D 触发器由六个与非门组成。其中，G_1、G_2 组成基本 RS 触发器；G_3、G_4 组成时钟控制电路；G_5、G_6 组成数据输入电路；D 为信号输入端；CP 为时钟脉冲输入端。

2. 逻辑功能

当 CP=0，无论输入信号 D 有何变化，由于 G_3 和 G_4 被封锁，其输出全为 1（即 $\overline{R}=\overline{S}=1$），触发器的状态不变。

当 CP 由 0 上跳为 1 时，G_3 和 G_4 打

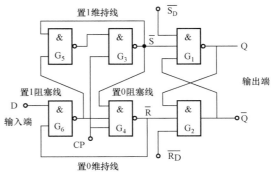

图 7 - 15　维持 - 阻塞型 D 触发器逻辑图

开。此时，触发器的状态取决于输入信号 D。经分析其逻辑功能可用表 7 - 6 表示。

表 7 - 6　　　　　　　　　　D 触 发 器 功 能 表

输　　入		输　　出		输　　入		输　　出	
D	Q^n	Q^{n+1}	逻辑功能	D	Q^n	Q^{n+1}	逻辑功能
0	0	0	置 0	1	0	1	置 1
	1				1		

D 触发器具有置 0 和置 1 的功能；D 触发器的次态 Q^{n+1}，完全取决于 CP 上升沿到达时刻输入 D 的状态，而与触发器的现态 Q^n 无关。

由状态表可得，D 触发器的特性方程为

$$Q^{n+1} = D \tag{7 - 6}$$

式（7 - 6）说明，D 触发器的次态 Q^{n+1} 始终与输入信号 D 的状态保持一致，故 D 触发器也可称为 D 锁存器（或称为数据暂存器）。

根据表 7 - 6 还可画出 D 触发器的状态转换图，如图 7 - 16 所示。

D 触发器逻辑符号及波形图如图 7 - 17 所示。

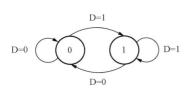

图 7 - 16　D 触发器的状态转换图

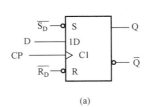

(a)

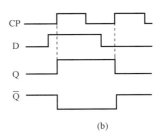

(b)

图 7 - 17　D 触发器逻辑符号及输出波形

（a）逻辑符号；（b）输出波形

由图 7 - 17（a）可见，为了区别下降沿触发，在逻辑符号的 CP 输入端靠近方框处未加

小圆圈。常用产品型号有 74LS74 双 D 触发器、CD4013 双 D 触发器。74LS74 引脚图如图 7-18所示。

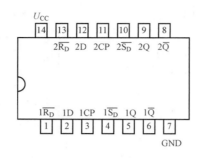

图 7-18 74LS74 引脚图

第三节 触发器间的相互转换

在数字电路的应用中，我们常会用到各种类型的触发器。对于各类触发器的逻辑功能，我们不仅要了解，还需要掌握它们之间相互转换的方法，便于利用一些常见的触发器来替代其他类型的触发器。

实际上，利用各种触发器的特性方程之间的关系对比，通过改变某些触发器的外部连接方式，便可实现触发器间的相互转换。下面举例说明。

一、JK 触发器转换成 T 和 T′触发器

1. T 触发器

T 触发器是一种具有保持和计数功能的触发器。T 触发器的特性方程为

$$Q^{n+1} = T \overline{Q^n} + \overline{T} Q^n \tag{7-7}$$

由特性方程可知：当 T=0 时，$Q^{n+1}=Q^n$，触发器状态保持不变；当 T=1 时，触发器翻转，$Q^{n+1}=\overline{Q^n}$，具有计数功能。

T 触发器的逻辑状态表见表 7-7。

表 7-7　　　　　　　　　　　　T 触 发 器 的 状 态 表

输 入		输 出		输 入		输 出	
T	Q^n	Q^{n+1}	逻辑功能	T	Q^n	Q^{n+1}	逻辑功能
0	0	Q^n	保持	1	0	$\overline{Q^n}$	计数
	1				1		

2. JK 触发器转换成 T 触发器

JK 触发器的特性方程为

$$Q^{n+1} = J \overline{Q^n} + \overline{K} Q^n$$

而 T 触发器的特性方程为

$$Q^{n+1} = T \overline{Q^n} + \overline{T} Q^n$$

对比可见，要使两个特性方程相等，必须 J=K=T。即将 JK 触发器的输入 J、K 端连

接在一起，作为触发器的输入端 T。显然，当 T=0 时，时钟脉冲作用后触发器状态保持不变；当 T=1 时，触发器翻转，具有计数功能。因此，构成 T 触发器。JK 触发器转换成 T 触发器的逻辑电路如图 7-19（a）所示。

3. T' 触发器

T' 触发器是一种只具有计数功能的触发器，其特点在于：每来一个 CP 脉冲，触发器的状态翻转一次。它的特性方程为

$$Q^{n+1} = \overline{Q^n} \qquad\qquad (7-8)$$

4. JK 触发器转换成 T' 触发器

因为，JK 触发器的特性方程为

$$Q^{n+1} = J\,\overline{Q^n} + \overline{K}Q^n$$

而 T' 触发器的特性方程为

$$Q^{n+1} = \overline{Q^n}$$

对比可见，要使两个特性方程相等，必须令 J=K=1，即可得到 T' 触发器。或者令 J=1，K=Q^n（即把 Q^n 端连接到 K 端），也可实现 T' 触发器。此外，还有两种实现方式，请读者自行分析。

JK 触发器转换成 T' 触发器的逻辑电路如图 7-19（b）所示。

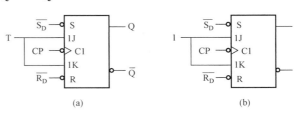

图 7-19 JK 触发器转换成 T 和 T' 触发器
(a) T 触发器；(b) T' 触发器

通过上述分析可知，利用特性方程的对比方法，只要将触发器的输入端进行合理地等效替代，即可实现触发器之间的相互转换。

二、JK 触发器转换为 D 触发器

由于 JK 触发器的特性方程为

$$Q^{n+1} = J\,\overline{Q^n} + \overline{K}Q^n$$

而 D 触发器的特性方程又为

$$Q^{n+1} = D = D\,\overline{Q^n} + \overline{\overline{D}}Q^n$$

因此，要使两个特性方程相等，必须有 J=D，K=$\overline{D}$。

JK 触发器转换为 D 触发器的逻辑电路如图 7-20 所示。可见，此时 JK 触发器与门电路构成并实现了 D 触发器的逻辑功能，并且是下降沿触发有效的 D 触发器。

三、将 D 触发器转换为 T' 触发器

D 触发器的特性方程为

$$Q^{n+1} = D$$

T' 触发器的特性方程为

$$Q^{n+1} = \overline{Q^n}$$

因此只要令 D=$\overline{Q^n}$，D 触发器就转换为 T' 触发器，其逻辑电路如图 7-21 所示。

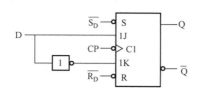

图 7-20　JK 触发器转换为 D 触发器

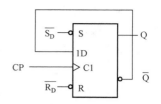

图 7-21　D 触发器转换为 T′触发器

第四节　触发器的应用——555 定时器

双稳态触发器有两个稳定状态，它可从一个稳定状态翻转到另一个稳定状态。双稳态触发器翻转的前提，必须是信号脉冲触发；并当有效信号消失后，其稳定状态还能一直保持下去。显然，前面所介绍的触发器均为双稳态触发器。

单稳态触发器，即指触发器只有一个稳定状态。它的特点是触发器处于稳定状态时，经信号脉冲触发，触发器的状态发生翻转。但这种新的状态只是处于暂稳状态，经过一定时间（时间的长短，由电路的参数决定）后，它会自动回到原来的稳定状态。

无稳态触发器是指没有稳定状态的触发器。无稳态触发器的特点是触发器只有两个暂稳状态。无稳态触发器无需外加触发脉冲，通过自身的自激振荡就能输出一定频率的矩形脉冲。由于矩形脉冲属于非正弦波形，可分解为一系列的谐波，所以又称其为多谐振荡器。

555 定时器作为一种数字电路和模拟电路相结合的集成电路，应用十分广泛。我们通过对 555 定时器的外部接线方式进行改变，便可构成单稳态触发器和多谐振荡器。

一、555 定时器

常用的 555 定时器有 TTL 集成定时电路（CB555 定时器）和 CMOS 集成定时电路（CC7555 定时器）两种。它们的功能完全相同，并且外引线编号一致。不同的是，TTL 集成定时电路的驱动能力要比 CMOS 集成定时电路的驱动能力强。下面以 CB555 定时器为例进行说明。CB555 定时器的电路和外引线排列如图 7-22 所示。

1. 电路结构

CB555 定时器的电路由三个 5kΩ 电阻组成的分压器，两个电压比较器 C_1、C_2，一个由与非门组成的基本 RS 触发器，由一个与非门和一个非门组成的输出驱动电路及一个作为放电通路的

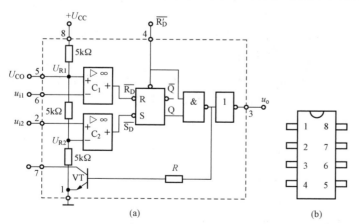

图 7-22　CB555 定时器的电路和外引线排列
(a) 电路；(b) 外部引线排列

晶体管 T（也称放电管）组成。

2. 工作原理

根据图 7-22，如果外加电源电压 U_{CC}（一般取值为 5～16V），则 U_{CC} 经 3 个 5kΩ 电阻分压后，以 $U_{R1} = \frac{2}{3}U_{CC}$ 作为比较器 C_1 的参考电压，加在其同相输入端；以 $U_{R2} = \frac{1}{3}U_{CC}$ 作为比较器 C_2 的参考电压，加在其反相输入端。其中，$\overline{R_D'}$ 为直接置 0 输入端，低电平有效。即当 $\overline{R_D'}$ 加上低电平时，则输出电压 $u_o = 0$，电路将不受其他输入端状态的影响。正常工作时，$\overline{R_D'} = 1$。

并且 u_{i1} 和 u_{i2} 分别表示 6 端（高电平触发端，亦称复位端，记为 TH）和 2 端（低电平触发端，亦称置位端，记为 $\overline{TR}$）的输入电位。

CB555 定时器的分析过程是将 u_{i1} 和 u_{i2} 分别与 U_{R1} 和 U_{R2} 比较，得出比较器 C_1 和 C_2 的输出状态 $\overline{R_D}$ 和 $\overline{S_D}$，经过基本 RS 触发器，从而得到输出 Q 端的状态，由此可决定 u_o 的状态。显然：

（1）当 $u_{i1} > U_{R1} = \frac{2}{3}U_{CC}$，$u_{i2} > U_{R2} = \frac{1}{3}U_{CC}$ 时，则 $\overline{R_D} = 0$，$\overline{S_D} = 1$，经过基本 RS 触发器有 Q=0，所以有 $u_o = 0$。此时，晶体管 VT 饱和导通。

（2）当 $u_{i1} < U_{R1} = \frac{2}{3}U_{CC}$，$u_{i2} < U_{R2} = \frac{1}{3}U_{CC}$ 时，则 $\overline{R_D} = 1$，$\overline{S_D} = 0$，有 Q=1，故 $u_o = 1$。此时晶体管 VT 截止。

（3）当 $u_{i1} < U_{R1} = \frac{2}{3}U_{CC}$，$u_{i2} > U_{R2} = \frac{1}{3}U_{CC}$ 时，则 $\overline{R_D} = 1$，$\overline{S_D} = 1$，有 Q 状态不变，故 u_o 的状态不变。此时晶体管 VT 的状态也不变。

综上所述，555 定时器的工作原理主要取决于电压比较器的工作情况。

应当注意当 5 端（称为电压控制端，记为 CO）外接有固定电压 U_{CO} 时，则会有 $U_{R1} = U_{CO}$，$U_{R2} = \frac{1}{2}U_{CO}$；当 5 端不用时，需经 $0.01\mu F$ 的电容接"地"，起滤波作用，防止干扰引入，确保参考电平的稳定。

555 定时器的工作原理可用表 7-8 进行说明。

表 7-8   **555 定时器的基本功能表**

$\overline{R_D'}$④	u_{i1}⑥	u_{i2}②	u_o③	VT
0	×	×	低电平	导通
1	$>U_{R1}$	$>U_{R2}$	低电平	导通
1	$<U_{R1}$	$<U_{R2}$	高电平	截止
1	$<U_{R1}$	$>U_{R2}$	保持	保持

注 ②、③、④、⑥分别为器件的 2 脚、3 脚、4 脚、6 脚。

3. CB555 定时器的有关技术指标

CB555 定时器的有关技术指标如下：

（1）输出电流可达 200mA，能直接用于驱动继电器、扬声器、指示灯等。

（2）输出的高电压一般要低于电源电压 1～3V。

二、555 定时器的应用

1. 由 555 定时器组成的施密特触发器

施密特触发器也称为电平触发器，具有其翻转取决于输入高、低电平触发的特点。它能将边沿变化缓慢的周期性信号变换为边沿很陡的矩形脉冲信号。

（1）电路组成。利用 555 定时器，并将 6、2 端接在一起（即 $u_i = u_{i1} = u_{i2}$）作为信号输

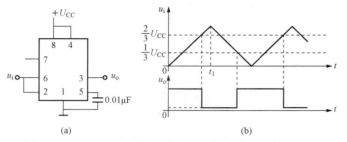

图 7-23 由 555 定时器组成的施密特触发器及其波形图
(a) 电路；(b) 工作波形

入端，即可构成施密特触发器，如图 7-23（a）所示。

（2）工作原理。设输入信号 u_i 为三角波。我们可根据 555 定时器的基本功能表 7-8，具体分析如下：

当 $u_i < \dfrac{1}{3} U_{CC}$ 时，输出 u_o 为高电平；随着 u_i 的增加，当 $\dfrac{1}{3} U_{CC} < u_i < \dfrac{2}{3} u_{CC}$ 时，电路的状态保持不变，输出 u_o 仍为高电平；当 $u_i > \dfrac{2}{3} U_{CC}$ 时，输出由高电平翻转为低电平；u_i 继续增加，输出将保持低电平状态不变。在 t_1 时刻，u_i 开始下降。当下降过程满足 $u_i > \dfrac{1}{3} U_{CC}$ 时，电路的状态保持不变，输出 u_o 仍为低电平；随着 u_i 的下降，当 $u_i < \dfrac{1}{3} U_{CC}$ 时，电路的输出才由低电平翻转为高电平。随着 u_i 的变化，其工作原理的分析可依次类推，得到的施密特触发器工作波形如图 7-23（b）所示。

由以上分析得到，施密特触发器将输入的三角波整形为矩形波时，其翻转的转折点电压有两个，一个是当 u_i 上升时，所对应的输入电压 $\dfrac{2}{3} U_{CC}$；另一个是当 u_i 下降时，所对应的输入电压 $\dfrac{1}{3} U_{CC}$。因此，我们又将 $\dfrac{2}{3} U_{CC}$ 和 $\dfrac{1}{3} U_{CC}$ 转折电压分别称为上限门槛电压 U_{T+}（或称上限阈值电压）和下限门槛电压 U_{T-}（或称下限阈值电压），并把两者的差值，称为回差（或滞后）电压，记为

$$\Delta U_T = U_{T+} - U_{T-} = \frac{1}{3} U_{CC} \tag{7-9}$$

由图 7-23（b）可见，施密特触发器也有两个稳定状态。当 u_i 上升到 U_{T+} 时，电路出现由第一稳态翻转到第二稳态的情况；当 u_i 下降到 U_{T-} 时，电路又由第二稳态翻转回到第一稳态。由于施密特触发器的翻转决定于输入电平高、低，所以它属于双稳态触发器的一种变形。

施密特触发器由一个稳态翻转到另一个稳态，所要求的输入电压是不同的。因此，它的电压传输特性形成一个滞环，如图 7-24（a）

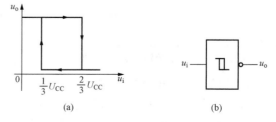

图 7-24 施密特触发器的电压
传输特性及逻辑符号

(a) 施密特触发器的电压传输特性；(b) 逻辑符号

所示。施密特触发器的逻辑符号如图7-24（b）所示。

（3）施密特触发器的应用。根据施密特触发器的特点，主要应用于以下几个方面：

1）波形的整形与变换。施密特触发器可以将正弦波及各种不规则的周期性输入信号变换成理想的矩形脉冲信号。其工作原理的分析过程与三角波的分析方法相似，可参照其方法进行。适当选择 U_{T+} 和 U_{T-} 的大小，便能收到良好的整形与变换效果。利用施密特触发器，将正弦信号转换为矩形脉冲信号的波形，如图 7-25（a）所示；利用施密特触发器，将不规则的周期性输入信号整形为理想的矩形信号的波形，如图 7-25（b）所示。

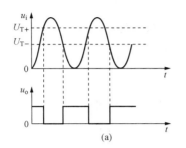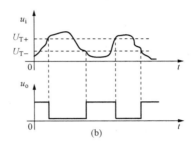

图 7-25　波形的变换与整形

（a）正弦波的变换；（b）脉冲整形

2）信号幅度鉴别。实际应用中，一般根据施密特触发器的输出状态取决于输入电平高、低的特点，常用来进行信号幅度鉴别。譬如，对于幅度各异的系列脉冲，可以通过施密特触发器按规定的鉴幅电压值来给定 U_{T+} 和 U_{T-}。只有当幅度大于 U_{T+} 的电压，电路的状态才能翻转，在其输出端会得到一个矩形脉冲；而幅度小于 U_{T+} 的电压信号，因不能触发施密特触发器，所以没有脉冲信号输出。以此，构成脉冲幅度鉴别方式，达到信号幅度鉴别的目的，如图 7-26 所示。

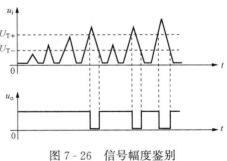

图 7-26　信号幅度鉴别

2. 由 555 定时器组成的单稳态触发器

555 定时器组成的单稳态触发器如图 7-27（a）所示。

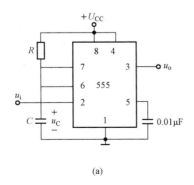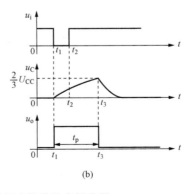

图 7-27　555 定时器组成的单稳态触发器

（a）电路；（b）工作波形

（1）电路结构。电阻 R 和电容 C 是外接的定时元件。电路将 6 端与 7 端连接在一起，接入到 R 与 C 之间；触发脉冲 u_i 由 2 端输入，即 $u_i = u_{i2}$，u_o 为输出信号。

（2）工作原理。单稳态触发器的工作原理分析如下：

1）未接通 U_{CC} 之前，如果电路没有加有效触发信号，则 $u_i = u_{i2} = 1$，为高电平。接通 U_{CC} 的瞬间，U_{CC} 通过电阻 R 对电容 C（初始电压为零）充电，当电容电压上升到 $u_C = u_{i1} \geq \frac{2}{3} U_{CC}$ 时，因输入 $u_i = u_{i2}$ 处于高电平，其值大于 $\frac{1}{3} U_{CC}$，则根据表 7-8，电路输出为低电平，即 $u_o = 0$。此时定时器内的放电管导通，使电容 C 通过晶体管迅速放电，$u_C \approx 0$。此刻，因 $u_C = u_{i1} < \frac{2}{3} U_{CC}$，而 $u_i = u_{i2} > \frac{1}{3} U_{CC}$，则电路的输出状态保持 $u_o = 0$ 不变。显然，单稳态触发器在不加触发信号的情况下，接通电源 U_{CC} 瞬间，电路有一个稳定过程发生，但其结果始终处于输出为低电平的稳定状态。

2）当 u_i 下降沿到来时（在 t_1 时刻），因 $u_i < \frac{1}{3} U_{CC}$，同时又有 $u_C = u_{i1} = 0 < \frac{2}{3} U_{CC}$，则根据表 7-8 触发器翻转，输出为高电平，即 $u_o = 1$。此时，电路进入暂稳状态，并且晶体管截止，U_{CC} 通过 R 对 C 充电。充电期间，虽然触发脉冲 u_1 可能消失（如在 t_2 时刻），但充电仍会继续进行。直至 u_C 略高于 $\frac{2}{3} U_{CC}$（即在 t_3 时刻）时，电路由暂稳状态自动翻转到低电平。同时，晶体管导通，电容 C 通过晶体管迅速放电至 $u_C \approx 0$，电路保持在 $u_o = 0$ 的稳定状态。

3）恢复过程结束后，其单稳态触发器又可接受新的触发信号。可见，单稳态触发器的输出 u_o 是一个矩形波，具有输出脉冲的下降沿较其输入脉冲的下降沿，延迟了宽度为 t_p 的特性。通过对 RC 电路瞬态过程的分析，可求出矩形波的宽度（即暂稳态的持续时间）为

$$t_p = RC \ln 3 \approx 1.1RC \tag{7-10}$$

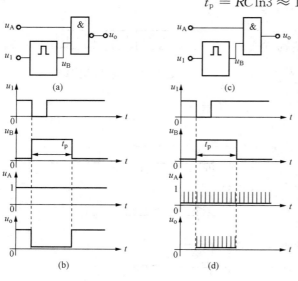

图 7-28 脉冲的延时与定时控制

（a）延时电路；（b）延时工作波形；

（c）定时电路；（d）定时工作波形

式（7-10）表明：改变 R 和 C 的值，即可调节单稳态触发器的输出脉冲宽度。

（3）单稳态触发器的应用举例。

1）延时和定时控制。利用单稳态触发器的输出脉冲下降沿，较其输入脉冲的下降沿要延迟 t_p 脉冲宽度的特性，直接可将它组成脉冲延时控制电路。同样还可利用单稳态触发器所产生的矩形脉冲来控制某一电路，使它在 t_p 的时间内，达到人们所希望电路动作或不动作的要求，起到定时控制的作用。例如，在图 7-28 所示的电路中，单稳态触发器作为逻辑门电路的输入信号，加在 u_B 控制端。显然，电路只要工作在 t_p 时间内，就会有 $u_B = 1$，使得逻辑门电路打

开，则信号 u_A 才能通过逻辑门电路输出。

2）波形的整形。不规则的脉冲波形，由于幅度不齐、边沿不陡，则不能直接输入到数字系统作为触发信号。因此，可利用单稳态触发器的输出幅度只有 1 和 0 两种状态，宽度只与定时元件 R、C 有关的性质，将不规则的脉冲整形为幅度、宽度都与它相同的矩形波，如图 7 - 29 所示。

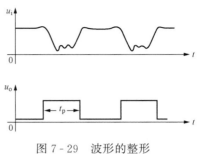

图 7 - 29　波形的整形

3. 由 555 定时器组成的无稳态触发器（多谐振荡器）

由 555 定时器组成的无稳态触发器如图 7 - 30（a）所示。

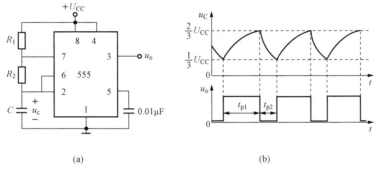

(a)　　　　　　　　　　(b)

图 7 - 30　无稳态触发器
(a) 电路；(b) 工作波形

（1）电路结构。电阻 R_1、R_2 和电容 C 是作为振荡器外接的定时器件。电路将 6 端与 2 端连接在一起（即 $u_{i1}=u_{i2}$），并且 6 端、7 端之间接入电阻 R_2，u_o 为输出信号。

（2）工作原理。当电路接通电源 U_{CC} 时，由于电容 C 的初始电压 $u_c=0$，所以 $u_{i1}=u_{i2}<\frac{1}{3}U_{CC}$。根据表 7 - 8 可知，触发器的输出 u_o 为高电平，晶体管截止，U_{CC} 通过电阻 R_1、R_2 对 C 充电，构成第一暂稳态。当 u_c 上升到 $\frac{2}{3}U_{CC}$ 时，由表 7 - 8 可知，触发器的输出 u_o 为低电平，晶体管导通，电容 C 通过电阻 R_2 和晶体管放电，构成第二暂稳态。当电容两端的电压迅速下降至 $u_c<\frac{1}{3}U_{CC}$ 时，触发器的输出 u_o 又跳变为高电平，电容 C 被重新充电，电路进入下个周期的第一暂稳态。电路周而复始地重复上述过程说明，由于电容 C 在 $\frac{1}{3}U_{CC}<u_c<\frac{2}{3}U_{CC}$ 期间，反复进行充放电而产生了自激振荡；无稳态触发器只有两个暂稳态的交替变换而没有稳定状态。它的交替变化，使触发器的输出端得到一个周期性的矩形脉冲，如图 7 - 30（b）所示。

（3）主要参数。

1）振荡周期。由图 7 - 30（b）可见，两个暂稳态的持续时间之和，为无稳态触发器的振荡周期，即 $T=t_{p1}+t_{p2}$。通过对 RC 电路的瞬态过程分析可知，第一个暂稳态的脉冲宽度

t_{p1}，即 u_{C} 从 $\frac{1}{3}U_{\mathrm{CC}}$ 开始，充电上升到 $\frac{2}{3}U_{\mathrm{CC}}$ 时，所需要的时间为

$$t_{\mathrm{p1}} = (R_1 + R_2)C\ln2 \approx 0.7(R_1 + R_2)C$$

同理，可求第二个暂稳态的脉冲宽度 t_{p2}，即 u_{C} 从 $\frac{2}{3}U_{\mathrm{CC}}$ 进行放电，下降至 $\frac{1}{3}U_{\mathrm{CC}}$ 时，所需要的时间为

$$t_{\mathrm{p2}} \approx 0.7R_2C$$

振荡周期为

$$T = t_{\mathrm{p1}} + t_{\mathrm{p2}} \approx 0.7(R_1 + 2R_2)C \tag{7-11}$$

2）振荡频率为

$$f = \frac{1}{T} = \frac{1.43}{(R_1 + 2R_2)C} \tag{7-12}$$

由无稳态触发器所构成的振荡器，最高工作频率一般可达到 300kHz。

3）输出波形的占空比为

$$q = \frac{t_{\mathrm{p1}}}{T} = \frac{R_1 + R_2}{R_1 + 2R_2} \tag{7-13}$$

（4）应用举例。

【例 7-4】 如图 7-31（a）所示电路，是由两个无稳态触发器所构成的模拟声响发生器。根据式（7-12），可以分别调节触发器（Ⅰ）和触发器（Ⅱ）的定时元件电阻、电容，使它们在不同的频率下工作，形成低频振荡器（Ⅰ）和高频振荡器（Ⅱ）。

由于低频振荡器（Ⅰ）的输出端 3 接到高频振荡器（Ⅱ）的复位端 4，因此，当低频振荡器（Ⅰ）的输出电压 u_{o1} 为高电平时，高频振荡器（Ⅱ）发生振荡；当 u_{o1} 为低电平时，高频振荡器（Ⅱ）复位而停止振荡。

这个过程，可使模拟声响发生器中的扬声器发出间歇性"呜呜"声响。u_{o1} 和 u_{o2} 的波形如图 7-31（b）所示。

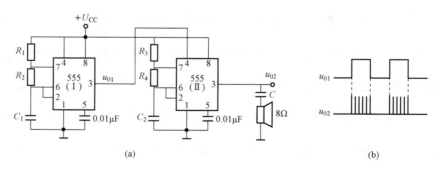

图 7-31　模拟声响发生器
（a）电路；（b）工作波形

【例 7-5】 由 555 多谐振荡器构成的"叮咚"门铃电路如图 7-32 所示，其音质优美，悦耳动听。电路中的 R_2、R_3、R_4、C_2、IC、C_3 共同构成了间接反馈式 555 无稳态多谐振荡器电路。SA1 为门铃按钮开关，VD1、VD2、R_1、C_1 配合 SA1 完成门铃控制功能。

当按下门铃开关 SA1 后，电源电压 U_{CC} 经 VD1 对 C_1 进行快速充电，使 IC 电路的 4 脚电位大于 0.7V，总复位状态消失，IC 电路与 R_2、R_3、R_4、C_2 等组成的无稳态多谐振荡器电路起振，其充电时间常数为

$$t_1 = 0.7\,(R_3 + R_4)\,C_2$$

放电时间常数为

$$t_2 = 0.7R_4C_2$$

扬声器发出"叮……"声。

随着 SA1 开关的松开，电容 C_1 上的电荷通过 R_1 放电，但 4 脚电位最初仍然大于0.7V，故此时 555 多谐振荡器通过 R_2、R_3、R_4 对 C_2 充电，通过 R_4、IC 的 7 脚内放电开关进行放电，其充电时间常数为

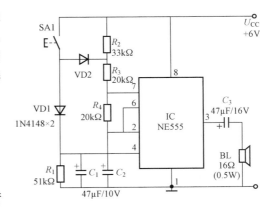

图 7 - 32　由 555 多谐振荡电路构成的"叮咚"门铃电路

$$t_1' = 0.7\,(R_2 + R_3 + R_4)\,C_2$$

放电时间常数不变，振荡频率降低，扬声器发出"咚……"声。

最后，电容 C_1 上的电位放电至 4 脚小于 0.7V 时，IC 强行复位，电路处于静态，为下一次工作做好准备。

本　章　小　结

1. 双稳态触发器

双稳态触发器是数字电路中极为重要的基本单元，它不仅有记忆功能，而且有两个稳定状态。在外界信号的作用下，可以从一个稳定状态转变为另一个稳定状态，因此，双稳态触发器可以作为存储、记忆二进制信息的单元使用。

2. 各种不同双稳态触发器的逻辑功能

（1）RS 触发器具有置 0、置 1、保持功能。

（2）JK 触发器具有置 0、置 1、保持、计数功能。

（3）D 触发器具有置 0、置 1 功能。

（4）T 触发器具有保持、计数功能。

（5）T′触发器具有计数功能。

3. 各种不同双稳态触发器的转换

各种双稳态触发器之间，都可以通过外电路连接方式的改变进行相互转换。转换后的触发器，虽然其功能发生了变化，但触发器的触发方式不会发生改变。

4. 555 定时器

555 定时器是将电压比较器、触发器、分压器等集成在一起的中规模集成电路，它可以构成施密特触发器、单稳态触发器和多谐振荡器，应用非常广泛。

习　　题

7-1　填空题

（1）触发器有两个互补的输出端 Q、$\overline{Q}$。把 Q=1、$\overline{Q}$=0 的状态称为＿＿＿＿状态；而把 Q=0、$\overline{Q}$=1 的状态称为＿＿＿＿状态。可见触发器的状态指的是＿＿＿＿端的状态。

（2）在触发器中，$\overline{R_D}$ 端、$\overline{S_D}$ 端可以根据需要随时将触发器＿＿＿＿或＿＿＿＿，而不受＿＿＿＿的控制。

（3）触发器的逻辑功能通常可用状态表、＿＿＿＿、＿＿＿＿和＿＿＿＿四种方法描述。

（4）$\overline{R_D}+\overline{S_D}$=1 是＿＿＿＿触发器的约束条件，它表示不允许输入 $\overline{R_D}$=＿＿＿＿且 $\overline{S_D}$=＿＿＿＿的信号。

（5）在一个 CP 脉冲作用下，引起触发器两次或多次翻转的现象称为触发器的＿＿＿＿，触发方式为＿＿＿＿式或＿＿＿＿式的触发器不会出现这种现象。

（6）JK 触发器的特性方程是＿＿＿＿，T 触发器的特性方程是＿＿＿＿。

（7）边沿触发器分为＿＿＿＿沿触发和＿＿＿＿沿触发两种。下降沿触发是指当 CP 从＿＿＿＿到＿＿＿＿跳变时，触发器输出状态发生改变。

（8）D 触发器具有＿＿＿＿和＿＿＿＿的功能，T′触发器只具有＿＿＿＿的功能。

（9）555 定时器的最基本应用有＿＿＿＿、＿＿＿＿、＿＿＿＿三种类型。

（10）施密特触发器主要用于脉冲波形的＿＿＿＿和＿＿＿＿。

7-2　判断题

（1）触发器具有记忆功能。　　　　　　　　　　　　　　　　　　　（　　）

（2）RS 触发器具有保持功能。　　　　　　　　　　　　　　　　　（　　）

（3）同步 RS 触发器的约束条件是 R+S=1。　　　　　　　　　　　（　　）

（4）D 触发器的特性方程为 Q^{n+1}=D，与 Q^n 无关，所以它没有记忆功能。（　　）

（5）当 JK 触发器的输入端 J=K=1 时，触发器按 $Q^{n+1}=Q^n$ 工作。　（　　）

（6）仅具有保持功能和计数功能的触发器是 T 触发器。　　　　　　（　　）

（7）只要是电平触发的触发器都可能存在空翻问题。　　　　　　　（　　）

（8）上升边沿触发器的输出状态变化发生在 CP=1 期间。　　　　　（　　）

（9）施密特触发器是一种双稳态电路。　　　　　　　　　　　　　（　　）

（10）多谐振荡器主要用于将正弦波变为同频率的矩形波。　　　　（　　）

7-3　选择题

（1）同步触发器的"同步"是指（　　）。

A. RS 两个信号同步　　　B. Q^{n+1} 与 S 同步　　　C. Q^{n+1} 与 CP 同步

（2）采用 TTL 或非门构成的基本 RS 触发器，有效触发信号是（　　）。

A. 高电平　　　　　　　　B. 低电平

（3）无稳态触发器的类型是（　　）。

A. 同步 RS 触发器　　　　B. 多谐振荡器　　　　C. 555 定时器

（4）对于 JK 触发器，若 J=K，则可完成（　　）触发器的逻辑功能。

A. D　　　　　　　　　B. T′　　　　　　　　C. T　　　　　　　　D. RS

（5）存在空翻问题的触发器是（　　　）。

A. 主从 JK 触发器　　　B. 同步 RS 触发器　C. D 触发器

（6）欲使 D 触发器按 $Q^{n+1}=Q^n$ 工作，应使输入 D=（　　　）。

A. $\overline{Q}$　　　　　　　　　B. 1　　　　　　　　　C. Q　　　　　　　　　D. 0

（7）描述触发器的逻辑功能的方法有（　　　）。

A. 状态表　　　　　　　B. 特性方程　　　　　C. 状态转换图　　　　D. 时序图

（8）555 定时器的 TH 端电平大于 $\frac{2}{3}U_{CC}$，$\overline{TR}$ 端电平大于 $\frac{1}{3}U_{CC}$ 时，定时器的输出状态是（　　　）。

A. 0 态　　　　　　　　B. 1 态　　　　　　　　C. 原态

（9）施密特触发器正常工作时，采用的是（　　　）触发方式。

A. 边沿　　　　　　　　B. 脉冲　　　　　　　　C. 电平

（10）集成单稳态触发器的暂稳维持时间取决于（　　　）。

A. 电源电压值　　　　　B. 触发脉冲宽度　　　　C. 外接定时电阻、电容

7 - 4　分析题

（1）已知基本 RS 触发器的输入端波形如图 7 - 33 所示，画出其 Q 和 $\overline{Q}$ 端的波形（设 Q 初始状态为 0）。

（2）已知同步 RS 触发器的输入信号波形如图 7 - 34 所示，画出其 Q 端的波形（设 Q 初始状态为 0）。

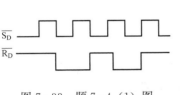

图 7 - 33　题 7 - 4（1）图

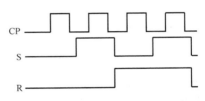

图 7 - 34　题 7 - 4（2）图

（3）已知主从 JK 触发器的输入信号波形如图 7 - 35 所示，画出其 Q 端的波形（设 Q 初始状态为 0）。

（4）已知维持阻塞 D 触发器的输入信号波形如图 7 - 36 所示，画出其 Q 端的波形（设 Q 初始状态为 0）。

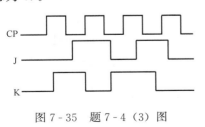

图 7 - 35　题 7 - 4（3）图

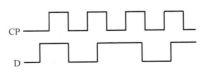

图 7 - 36　题 7 - 4（4）图

（5）写出图 7 - 37 所示各触发器的特性方程，并分别画出各触发器 Q 端的波形（设 Q 初始状态均为 0）。

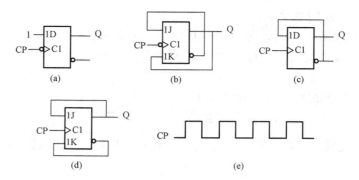

图 7 - 37 题 7 - 4 (5) 图

（6）电路和输入波形如图 7 - 38 所示，画出 Q 端的波形（设 Q 初始状态均为 0）。

（7）根据 u_i 波形，画出图 7 - 39 所示用 555 组成的施密特触发器的 u_o 波形。

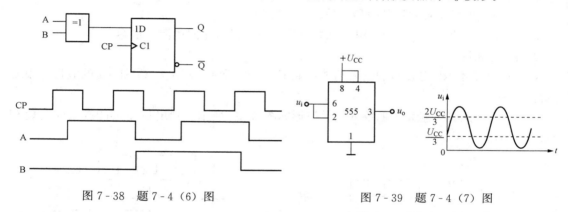

图 7 - 38 题 7 - 4 (6) 图　　　　　　图 7 - 39 题 7 - 4 (7) 图

（8）图 7 - 40（a）为由 555 定时器构成的施密特触发器，当输入如图 7 - 40（b）所示的对称三角波时，试画出相应的输出电压波形，并求出该电路的回差电压。

（9）定性画出如图 7 - 41 所示用 555 组成的多谐振荡器的 u_C 及 u_o 波形。

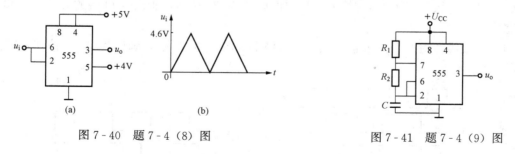

图 7 - 40 题 7 - 4 (8) 图　　　　　　图 7 - 41 题 7 - 4 (9) 图

（10）由一个 555 定时器组成一个单稳态触发器，已知电阻 $R=500\text{k}\Omega$，电容 $C=10\mu\text{F}$，$U_{CC}=5\text{V}$。试求：

1）画出电路图。

2）已知触发脉冲 u_i 的波形如图 7 - 42 所示，画出相应的电容电压 u_C 和输出脉冲 u_o 波形。

3）求输出脉冲 u_o 的宽度 t_p。

（11）由 5G1555 定时器组成的微型电动机正反转控制电路如图 7 - 43 所示。M 是

20ZY2 型微型电动机（额定电压 6V，额定电流 0.12A），设微型电动机中的电流方向从左到右时，电动机为正转。试分析开关 SB1、SB2 分别闭合、打开时，电动机的工作状态。

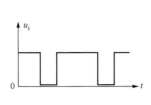

图 7-42　题 7-4（10）图

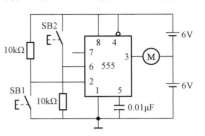

图 7-43　题 7-4（11）图

（12）图 7-44 所示为一个防盗报警电路，a、b 两端被一细铜丝接通，此铜丝置于认为盗窃者必经之处。当盗窃者闯入室内将铜丝碰断后，扬声器即发出报警声（扬声器电压为 1.2V，通过电流为 40mA）。试完成：

1）思考 555 定时器接成何种电路。

2）说明本报警电路的工作原理。

（13）用 555 定时器组成的自动控制灯电路如图 7-45 所示，当按下按钮 SB 时，灯能亮 12s 左右。试完成：

1）简述该电路的工作原理。

2）若要延长灯亮的时间，可改变哪些参数？

（14）图 7-46 所示为一种门铃电路，试说明其工作原理。

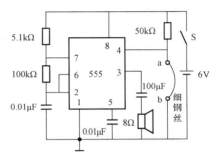

图 7-44　题 7-4（12）图

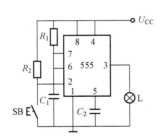

图 7-45　题 7-4（13）图

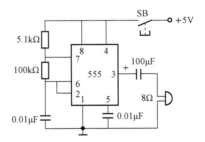

图 7-46　题 7-4（14）图

第八章　时序逻辑电路

本章介绍了时序逻辑电路的分析方法，介绍了各种计数器、寄存器及其应用，最后还介绍了时序逻辑电路的设计方法。

第一节　时序逻辑电路的分析

在数字电路的分析中，我们根据逻辑电路的输入与输出信号及电路的状态情况，一般将数字电路分为组合逻辑电路和时序逻辑电路两大类。组合逻辑电路具有在任意时刻的输出信号仅取决于该时刻的输入信号，而与电路原来的状态无关的特点，如加法器、编码器、译码器等。时序逻辑电路是由具有记忆功能的触发器作为基本单元组合而成。因此，它在某一时刻的输出不仅取决于该时刻的输入信号，而且与电路原来的状态有关（即具有记忆功能）。对于时序逻辑电路，我们可根据电路状态的变化要求，分为同步时序逻辑电路和异步时序逻辑电路两种。

同步时序逻辑电路，是指电路中所有的触发器，在同一个时钟脉冲 CP 的作用下，只要具备翻转条件，则在同一时刻其状态同步翻转。换句话说，各触发器的状态改变与时钟脉冲 CP 的触发同步。

异步时序逻辑电路，是指电路中所有的触发器不一定由同一个时钟脉冲 CP 触发。因此，各触发器的状态也不可能在同一时刻改变。

一、时序逻辑电路的分析方法

时序逻辑电路的分析，主要是根据给定的时序逻辑电路，分析它所能实现的逻辑功能。分析的步骤如下：

（1）按照给定时序逻辑电路的组成结构，确定电路的同、异步，并写出时序逻辑电路中，各触发器 CP 信号的表达式（即时钟方程）。

（2）根据电路写出各个触发器输入端的逻辑函数表达式（即驱动方程）。

（3）将驱动方程代入相应触发器的特性方程，得出每个触发器的次态方程（即每个触发器的状态方程），并组成电路的状态方程。

（4）根据电路的状态方程进行分析计算，列出状态转换表，并可画出状态转换图及波形图。

（5）由状态表或状态转换图、波形图，确定时序逻辑电路的逻辑功能。

（6）检查时序逻辑电路能否自启动。

二、例题分析

【例 8-1】　试分析图 8-1 所示时序逻辑电路的逻辑功能。假设电路的初始状态为 $Q_1 Q_0 = 00$ 。

解　电路由两个 JK 触发器组成。其中，CP 为时钟脉冲；$\overline{R_D}$ 为复位端，用低电平清零；Q_0、Q_1 为输出端。

1. 列方程

（1）由逻辑图可见，两个触发器的 CP 是同一个信号，为同步时序逻辑电路，则时钟方程为

$$CP_0 = CP_1 = CP$$

（2）根据逻辑图，写出各个触发器的驱动方程，有

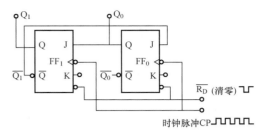

图 8-1　［例 8-1］电路图

$$J_0 = \overline{Q_1^n}, K_0 = 1$$
$$J_1 = Q_0^n, K_1 = 1$$

（3）写出各触发器的状态方程。若将各驱动方程分别代入 JK 触发器的特性方程 $Q^{n+1} = J\overline{Q^n} + \overline{K}Q^n$，则有各触发器的状态方程为

$$Q_0^{n+1} = \overline{Q_1^n}\ \overline{Q_0^n}$$
$$Q_1^{n+1} = Q_0^n\ \overline{Q_1^n}$$

2. 列状态转换表

在初始状态为 $Q_1Q_0 = 00$ 的情况下，将触发器所有的现态依次列出，分别代入状态方程，求出相应的次态并列出其状态转换表，见表 8-1。

由表 8-1 可清楚看出，触发器清零后，初始现态为 00。下一个状态即其次态为 01，它又是再下一个状态的"现态"，依次类推。

表 8-1　　　　　［例 8-1］的状态转换表

输入	输	态	出	态
CP	现	态	次	态
	Q_1^n	Q_0^n	Q_1^{n+1}	Q_0^{n+1}
1	0	0	0	1
2	0	1	1	0
3	1	0	0	0

3. 画出状态转换图

如果将电路状态的变化规律及状态转换过程中输入与输出的对应关系，用流程的方式描述，这种流程图称为状态转换图。

状态转换图可由表 8-1 画出，如图 8-2 所示。在图中，箭头表示状态转换的方向。

由状态转换图可见，逻辑电路明显具有计数功能。

4. 时序图

时序图又称为工作波形图。用随时间变化的波形图来表达时钟信号、输入信号、输出信号、电路状态等取值的关系。时序图也可由表 8-1 画出，如图 8-3 所示。

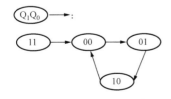

图 8-2　状态转换图

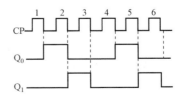

图 8-3　［例 8-1］的时序图

5. 检查时序逻辑电路的自启动情况

因为电路是由两个触发器组成的，所以其工作状态应为 $2^2 = 4$ 种（即 00、01、10、11

四种状态）。但在表 8-1 中所反映的工作状态，只有 00、01、10 三种，称它们为有效状态。由于状态 11 没被利用，所以称其为无效状态。

检查时序逻辑电路的自启动情况，也就是将所有的无效状态代入到状态方程中进行计算，观察这些无效状态，通过 1 个或多个 CP 脉冲作用后，是否可以进入到有效状态。若能进入有效状态，则这一电路具有自启动功能。反之，电路不能自启动。[例 8-1] 中，无效状态 11 经过 1 个 CP 脉冲作用后，电路的状态将转换为 00 的有效状态，可以进入有效循环，所以电路具有自启动功能。

第二节 常用的时序逻辑电路

最基本的时序逻辑电路一般都有寄存器和集成寄存器、计数器和集成计数器。我们将通过本节内容，分别介绍它们的工作原理及应用。

一、寄存器及应用

在数字系统中，将能用来暂时存放参与运算的二进制数码、数据及运算结果的电路，称为寄存器。

由于触发器具有记忆功能，因此将它作为寄存器的单元电路，用来暂时存放数码。在此基础上，若再配以一些门电路，用来控制其数码的接收和发送，这样便可以组成各种集成寄存器电路。

因为一个触发器只能寄存一位二进制数，所以要存放多位二进制数时，就得采用多个触发器。常见的寄存器有四位、八位、十六位等。

（一）寄存器的存码、取码方式

（1）寄存器存放数码的方式即输入方式有并行方式和串行方式两种。其中，并行输入方式是指存放数码的各位分别从各对应位的输入端，同时输入到寄存器暂存；串行输入方式是指所存放数码是从一个输入端逐位将其输入到寄存器中的。

（2）在寄存器中，我们取出数码的方式即输出方式也有并行方式和串行方式两种。对于寄存器，如果被取出数码各位在对应于各位的输出端上同时出现，称它为并行输出方式；如果被取出的数码在一个输出端逐位出现，则称它为串行输出方式。

在常用的寄存器中，根据寄存器有无移位的功能，又将其分为数码寄存器和移位寄存器两种。

（二）数码寄存器

对于只有存放数码功能和清除原有数码功能的逻辑电路，称为数码寄存器。

下面以如图 8-4 所示的 4 位数码寄存器加以说明。

四位数码寄存器的电路结构及工作过程如下：

（1）输入是由 4 个"与门"组成。其中，IE 为寄存信号控制端。

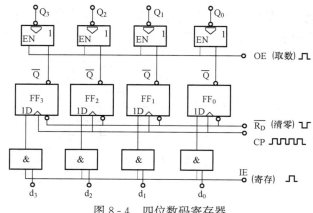

图 8-4 四位数码寄存器

由图 8-4 可见，若要输入 4 位二进制数 d_3、d_2、d_1、d_0 时，必须使"与门"的寄存控制信号 IE=1，将"与门"打开。这样，d_3、d_2、d_1、d_0 便以并行的方式，同时从各对应位的输入端输入。

（2）中间是由 4 个 D 触发器 FF_3、FF_2、FF_1、FF_0 组成。其中，$\overline{R_D}$ 为清零端，寄存器工作时应接高电平。

当时钟脉冲 CP=1 时，4 位二进制数 d_3、d_2、d_1、d_0 则以反变量的形式，分别寄存于 4 个 D 触发器 FF_3、FF_2、FF_1、FF_0 的 $\overline{Q}$ 端。完成 4 位二进制数的数码寄存操作。

（3）输出是由 4 个"三态非门"组成。其中，OE 为取数信号控制端。

若取出所寄存的数据，只需取数控制信号 OE=1（即高电平有效），"三态非门"打开，寄存的 4 位二进制数 d_3、d_2、d_1、d_0，便可同时从"三态非门"的 Q_3、Q_2、Q_1、Q_0 端分别输出。

显然，这种寄存器属于并行输入、并行输出寄存器。

（三）移位寄存器

移位寄存器不仅有存放数码的功能，还有将所存放的数码进行移位的功能。所谓移位，是指每到一个移位控制脉冲（即时钟脉冲 CP），触发器的状态便由低位向高位或高位向低位移动。换句话说，触发器中所寄存的数码在时钟脉冲 CP 的控制下，可以向左或者向右进行逐位移动。

按照移位寄存器所移位情况的不同，移位寄存器又分为单向移位寄存器和双向移位寄存器两大类。

譬如一个四位单向移位寄存器，如图 8-5 所示。它是由 4 个 JK 触发器 FF_3、FF_2、FF_1、FF_0 构成。其中，FF_0 接成 D 触发器，数码由 D 端输入。$\overline{R_D}$ 为清零端，移位寄存器工作之前应先清零，工作时 $\overline{R_D}$ 接高电平。假设，四位待存的二进制数码为 1101。在清零的情况下，移位寄存器将按照移位脉冲的工作节拍，从高位到低位逐位将二进制数码 1101，串行送到 D 端。首先 D=1，第一个移位脉冲的下降沿来到时，根据 D 触发器的特性方程，FF_0 翻转，$Q_0=1$。此时，其他触发器仍保持 0 态。接着 D=1，第二个移位脉冲的下降沿来到时，FF_0 仍置 1；根据 JK 触发器的特性方程，FF_1 翻转。所以 $Q_0=1$，$Q_1=1$，而 Q_2 和 Q_3 仍为 0。紧接着 D=0，第三个移位脉冲的下降沿来到时，FF_0 翻转为 0。同时，根据 JK 触发器的特性方程，FF_1 置 1，FF_2 翻转为 1。所以有 $Q_2=1$，$Q_1=1$，$Q_0=0$，而 Q_3 仍为 0。最后 D=1，在第四个移位脉冲作用后 $Q_3Q_2Q_1Q_0=1101$。其状态表见表 8-2。

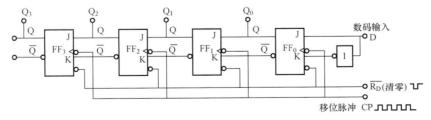

图 8-5 四位单向移位寄存器

表 8 - 2　　　　　　　　　　　　　　移位寄存器状态表

移位脉冲数	寄存器中的数码				移位过程
	Q_3	Q_2	Q_1	Q_0	
0	0	0	0	0	清零
1	0	0	0	1	向左，移一位
2	0	0	1	1	向左，移二位
3	0	1	1	0	向左，移三位
4	1	1	0	1	向左，移四位

由表 8-2 可见，移位寄存器每当移位一次，便存入一个新数码。直到第四个移位脉冲的下降沿来到时，4 个数码即可全部存入寄存器。与此同时，还可以从 4 个 JK 触发器的 Q 端，得到并行的数码输出。

移位寄存器，如果继续经过四个移位脉冲的作用，四位待存的二进制数码 1101，便都可以逐位从移位寄存器的 Q_3 端，得到串行输出。

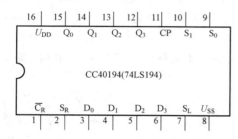

图 8 - 6　CC40194（74LS194）引脚图

常用寄存器有 4 位右移移位寄存器 74LS94，4 位并行存取双向移位寄存器 74LS95，4 位双向通用移位寄存器，型号为 CC40194 或 74LS194，两者功能相同，可互换使用，其引脚排列如图 8 - 6 所示，逻辑功能见表 8 - 3。其中，D_0、D_1、D_2、D_3 为并行数据输入端；Q_0、Q_1、Q_2、Q_3 为并行输出端；SR 为右移串行输入端，SL 为左移串行输入端，S_1、S_0 为操作模式控制端；$\overline{C_R}$ 为异步清零端；CP 为时钟脉冲输入端。CD40194 有 5 种不同操作模式：并行送数寄存，右移（方向由 $Q_0 \rightarrow Q_3$），左移（方向由 $Q_3 \rightarrow Q_0$），保持及清零。

表 8 - 3　　　　　　　　　　CC40194（74LS194）逻辑功能表

功能	输入										输出			
	CP	$\overline{C_R}$	S_1	S_0	S_R	S_L	D_0	D_1	D_2	D_3	Q_0	Q_1	Q_2	Q_3
清除	$\times$	0	$\times$	$\times$	$\times$	$\times$	$\times$	$\times$	$\times$	$\times$	0	0	0	0
送数	$\uparrow$	1	1	1	$\times$	$\times$	a	b	c	d	a	b	c	d
右移	$\uparrow$	1	0	1	D_{SR}	$\times$	$\times$	$\times$	$\times$	$\times$	D_{SR}	Q_0	Q_1	Q_2
左移	$\uparrow$	1	1	0	$\times$	D_{SL}	$\times$	$\times$	$\times$	$\times$	Q_1	Q_2	Q_3	D_{SL}
保持	$\uparrow$	1	0	0	$\times$	$\times$	$\times$	$\times$	$\times$	$\times$	Q_0^n	Q_1^n	Q_2^n	Q_3^n
保持	$\downarrow$	1	$\times$	$\times$	$\times$	$\times$	$\times$	$\times$	$\times$	$\times$	Q_0^n	Q_1^n	Q_2^n	Q_3^n

二、计数器

计数器作为电子计算机和数字逻辑系统中的基本器件之一，它不仅对时钟脉冲具有计数的功能，而且常用于数字系统的定时、延时、分频等诸多方面，还可以构成节拍脉冲发生器。

计数器由于种类繁多，使用面广，我们可以从不同的角度对其进行分类。例如，按计数脉冲的引入方式，可分为异步计数器和同步计数器；按照计数器的增减趋势，可分为加法计数器、减法计数及两者都有的可逆计数器，按计数长度，还可分为二进制计数器、十进制计数器、N 进制（即任意进制）计数器等多种。

（一）二进制计数器

我们知道，二进制只有 0 和 1 两个数码，双稳态触发器只有 0 和 1 两种状态。所以，一个触发器只能表示一位二进制数。若要表示 n 位二进制数，则必须采用 n 个触发器。

加法计数器也称为递增计数器，每当增加一个计数脉冲，计数器的结果递增 1。所谓二进制加法计数器，即指计数器按照"逢二进一"的计数规律，进行每次加 1 运算。下面以四位二进制加法计数器为例进行介绍。

1. 异步二进制计数器

用 4 个 JK 触发器所组成的四位异步二进制加法计数器，如图 8 - 7 所示。电路具有以下特点：

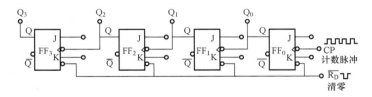

图 8 - 7　四位异步二进制加法计数器

（1）每个触发器的 J、K 端悬空，相当于接高电平，触发器具有计数功能。

（2）计数脉冲只加在最低位触发器的 CP 端，其他各位触发器都是由相邻低位触发器输出的进位脉冲来触发的，状态只能依次翻转而不同步。

根据逻辑电路图，列出电路的方程如下：

时钟方程	驱动方程	状态方程
$CP_0 = CP$	$J_0 = K_0 = 1$	$Q_0^{n+1} = \overline{Q_0^n}$
$CP_1 = Q_0^n$	$J_1 = K_1 = 1$	$Q_1^{n+1} = \overline{Q_1^n}$
$CP_2 = Q_1^n$	$J_2 = K_2 = 1$	$Q_2^{n+1} = \overline{Q_2^n}$
$CP_3 = Q_2^n$	$J_3 = K_3 = 1$	$Q_3^{n+1} = \overline{Q_3^n}$

由上述方程分析可知：对于 FF_0，每来一个计数脉冲就翻转一次；对于 FF_1，只有当 Q_0 的下降沿到来时才翻转；对于 FF_2，只有当 Q_1 的下降沿到来时才翻转；对于 FF_3，只有当 Q_2 的下降沿到来时才翻转。由此，列出状态转换表，见表 8 - 4。

表 8-4　　　　　　　　　　　四位二进制加法计数器状态转换表

计数脉冲数 CP	二　进　制　数				十　进　制　数
	Q_3	Q_2	Q_1	Q_0	
0	0	0	0	0	0
1	0	0	0	1	1
2	0	0	1	0	2
3	0	0	1	1	3
4	0	1	0	0	4
5	0	1	0	1	5
6	0	1	1	0	6
7	0	1	1	1	7
8	1	0	0	0	8
9	1	0	0	1	9
10	1	0	1	0	10
11	1	0	1	1	11
12	1	1	0	0	12
13	1	1	0	1	13
14	1	1	1	0	14
15	1	1	1	1	15
16	0	0	0	0	0

　　由表 8-3 看见，每来一个计数脉冲，最低位触发器翻转一次，而高位触发器是在相邻的低位触发器由 1 变为 0 的时候才翻转。根据表 8-4，画出状态转换图，如图 8-8 所示。

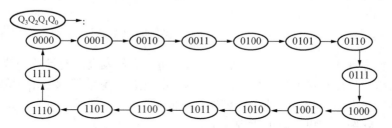

图 8-8　四位二进制加法计数器的状态转换图

　　按图 8-8 的状态转换过程画出时序图，如图 8-9 所示。

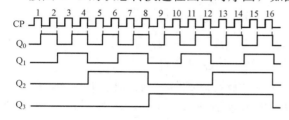

图 8-9　四位二进制加法计数器的时序图

　　从状态转换表或时序图可以看出，电路是由初始状态 0000 开始，每来一个计数脉冲，计数器中的数值便增加 1。经过 16 个计数脉冲后，四位二进制加法计数器并没有得到 10000（即十进制数 16），而是返回了起始状态 0000（即计数器计满归 0）。这是因为组成计数器的触发器只有 4 个，所以状态 10000 记录不了。这种现象称为计数器溢出。

综上所述，四位二进制加法计数器的计数长度为 $2^4 = 16$，能计的最大十进制数为 $2^4 - 1 = 15$；N 位二进制加法计数器的计数长度为 2^n，能计的最大十进制数为 $2^n - 1$。

另外，观察时序图还看出，Q_0 波形的频率是 CP 频率的一半，因此称为对 CP 的二分频。同理，Q_1 波形的频率又是 CP 频率的 1/4，为四分频。依次类推，Q_2 为八分频，Q_3 为十六分频。说明二进制计数器具有分频的作用。

分频的规律表现如下：1 位二进制计数器实现 2^1 分频；2 位二进制计数器实现 2^2 分频；3 位二进制计数器实现 2^3 分频；n 位二进制计数器实现 2^n 分频。

因此，在许多需要不同频率脉冲的场合，可将计数器作为分频器使用。

用 JK 触发器还可以组成异步二进制减法计数器。采用其他类型的触发器同样可以组成功能相同的逻辑电路。例如，由三个 D 触发器组成的三位异步二进制减法计数器，如图 8-10 所示。

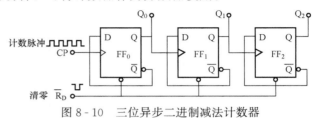

图 8-10 三位异步二进制减法计数器

根据逻辑电路图，首先列出电路的方程，有

时钟方程	驱动方程	状态方程
$CP_0 = CP$	$D_0 = \overline{Q_0^n}$	$Q_0^{n+1} = \overline{Q_0^n}$
$CP_1 = Q_0^n$	$D_1 = \overline{Q_1^n}$	$Q_1^{n+1} = \overline{Q_1^n}$
$CP_2 = Q_1^n$	$D_2 = \overline{Q_2^n}$	$Q_2^{n+1} = \overline{Q_2^n}$

由方程列出状态转换表，见表 8-5。

表 8-5 三位二进制减法计数器状态转换表

计数脉冲数 CP	二 进 制 数			十 进 制 数
	Q_2	Q_1	Q_0	
0	0	0	0	0
1	1	1	1	7
2	1	1	0	6
3	1	0	1	5
4	1	0	0	4
5	0	1	1	3
6	0	1	0	2
7	0	0	1	1
8	0	0	0	0

根据状态转换表，画状态转换图和时序图，如图 8-11 和图 8-12 所示。

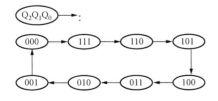

图 8-11 状态转换图

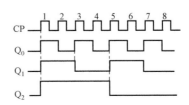

图 8-12 时序图

异步计数器的优点在于结构简单，工作可靠。由于异步计数器的计数脉冲只是加到了最低位触发器，而其他各位触发器都是依靠相邻低位触发器输出的进位脉冲，采用逐级传递方式进行触发。因此，计数的速度较慢。

2. 同步二进制计数器

为了提高计数速度，可采用同步二进制计数器，将计数脉冲同时加到各个触发器的时钟脉冲输入端，让计数器在计数脉冲的作用下，所有应该翻转的触发器同步进行翻转。

例如，由 4 个 JK 触发器 FF_3、FF_2、FF_1、FF_0 组成的四位同步二进制加法计数器，如图 8-13 所示。

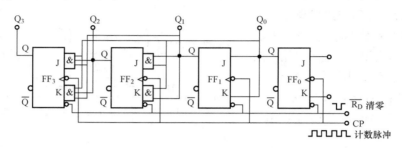

图 8-13　四位同步二进制加法计数器

电路所具有的特点如下：

（1）计数脉冲同时输入每个触发器的 CP 端。

（2）低位触发器的输出 Q 为高位触发器的输入信号。

根据逻辑电路图，首先列出电路的方程，有

时钟方程	驱动方程	状态方程
$CP_0 = CP$	$J_0 = K_0 = 1$	$Q_0^{n+1} = \overline{Q_0^n}$
$CP_1 = CP$	$J_1 = K_1 = Q_0^n$	$Q_1^{n+1} = Q_1^n \oplus Q_0^n$
$CP_2 = CP$	$J_2 = K_2 = Q_1^n Q_0^n$	$Q_2^{n+1} = Q_2^n \oplus (Q_1^n Q_0^n)$
$CP_3 = CP$	$J_3 = K_3 = Q_2^n Q_1^n Q_0^n$	$Q_3^{n+1} = Q_3^n \oplus (Q_2^n Q_1^n Q_0^n)$

根据上述方程，分析可知：

对于 FF_0，每来一个计数脉冲就翻转一次；

对于 FF_1，只有当 $Q_0 = 1$ 时，再来一个计数脉冲才能翻转；

对于 FF_2，只有当 $Q_1 = Q_0 = 1$ 时，再来一个计数脉冲才能翻转；

对于 FF_3，只有当 $Q_2 = Q_1 = Q_0 = 1$ 时，再来一个计数脉冲才能翻转。

由此，可列出的状态转换表、画出状态转换图及时序图分别与表 8-4、图 8-8 和图 8-9 相同。

（二）十进制计数器

二进制计数器的电路结构简单，运算方便，但读数比较困难。在日常生活中，人们更习惯采用十进制运算，因此研制了十进制计数器。

十进制计数器应按照"逢十进一"的运算规律进行计数。十进制数有 0～9 这 10 个数码，必须要有 10 个状态相对应。能否用二进制数反映十进制的 10 个数码，并利用二进制计数器组成十进制的计数器呢？这是我们考虑问题的关键。

我们知道，四位二进制计数器共有 16 个状态，表示十进制的 10 个数码，尚有多余。从中取出哪 10 个状态表示十进制数码，则取决于编码方式。只要确定了编码方式，十进制计数器完全可以通过二进制计数器改造而成。这种改进计数器又称为二 - 十进制计数器。

采用 8421 编码方式，列出十进制加法计数器的状态转换，见表 8 - 6。

表 8 - 6 **8421 码十进制加法计数器状态转换表**

计数脉冲数	二 进 制 数				等效十进制数
	Q_3	Q_2	Q_1	Q_0	
0	0	0	0	0	0
1	0	0	0	1	1
2	0	0	1	0	2
3	0	0	1	1	3
4	0	1	0	0	4
5	0	1	0	1	5
6	0	1	1	0	6
7	0	1	1	1	7
8	1	0	0	0	8
9	1	0	0	1	9
10	0	0	0	0	进 位

1. 同步十进制计数器

根据表 8 - 6 和表 8 - 4 的对比分析可知，同步十进制加法计数器与四位同步二进制加法计数器的区别在于：当第十个脉冲到来时，状态 1001 不能变为 1010，而应该恢复为 0000 的状态。换句话说，此时要求四位同步二进制加法计数器中的触发器 FF_1 不能翻转，保持 0 态；而触发器 FF_3 则应翻转为 0。

因此，对于四位同步二进制加法计数器的电路，如果我们引入一条从 FF_3 触发器 $\overline{Q_3}$ 输出端到 FF_1 触发器 J 输入端的反馈线，同时将 FF_3 触发器 K 输入只与 FF_0 的输出 Q_0 连接。使得 FF_1、FF_3 触发器 J、K 端的逻辑关系，按需要进行改变，便能满足十进制计数的要求。

用 4 个 JK 触发器 FF_3、FF_2、FF_1、FF_0 组成的同步十进制加法计数器，如图 8 - 14 所示。

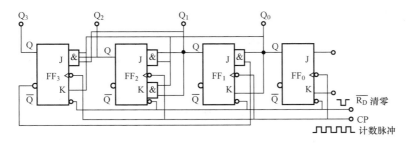

图 8 - 14 同步十进制计数器

根据电路图，列出电路的方程，有

时钟方程	驱动方程	状态方程
$CP_0 = CP$	$J_0 = K_0 = 1$	$Q_0^{n+1} = \overline{Q_0^n}$
$CP_1 = CP$	$J_1 = \overline{Q_3^n}Q_0^n, K_1 = Q_0^n$	$Q_1^{n+1} = \overline{Q_3^n}Q_0^n\overline{Q_1^n} + \overline{Q_0^n}Q_1^n$
$CP_2 = CP$	$J_2 = K_2 = Q_1^nQ_0^n$	$Q_2^{n+1} = Q_2^n \oplus (Q_1^nQ_0^n)$
$CP_3 = CP$	$J_3 = Q_2^nQ_1^nQ_0^n, K_3 = Q_0^n$	$Q_3^{n+1} = Q_2^nQ_1^nQ_0^n\overline{Q_3^n} + \overline{Q_0^n}Q_3^n$

由上述方程分析，所列出状态转换表和表 8-6 完全相同。因此，它是一个十进制加法计数器。

根据状态转换表，画状态转换图和时序图，如图 8-15 和图 8-16 所示。

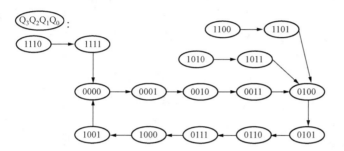

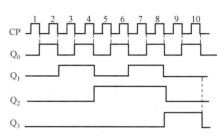

图 8-15　同步十进制加法计数器的状态转换图   图 8-16　同步十进制加法计数器的时序图

2. 异步十进制计数器

图 8-17 所示电路为异步十进制加法计数器，其分析过程与同步十进制计数器相同。读者可以自行分析其工作原理和逻辑功能。在分析过程中，要注意各触发器的触发条件。

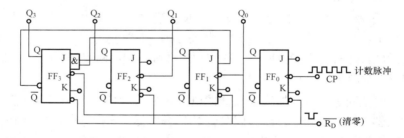

图 8-17　异步十进制加法计数器

（三）N 进制计数器

除二进制计数器、十进制计数器之外的其他进制计数器，可称为 N 进制计数器。

N 进制计数器的分析方法与二进制、十进制计数器的分析方法相同。

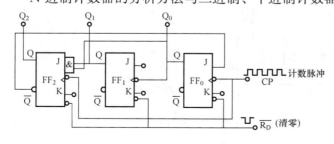

图 8-18　［例 8-2］的逻辑电路

【例 8-2】 试分析图 8-18 所示的逻辑电路为几进制计数器。

解 由图 8-18 逻辑电路可见，计数器是由 3 个 JK 触发器 FF_2、FF_1、FF_0 组成，并且为异步计数器。

（1）根据电路图，列出电路的

方程，有

时钟方程	驱动方程	状态方程
$CP_0 = CP$	$J_0 = \overline{Q_2^n}, K_0 = 1$	$Q_0^{n+1} = \overline{Q_2^n}\,\overline{Q_0^n}$
$CP_1 = Q_0^n$	$J_1 = K_1 = 1$	$Q_1^{n+1} = \overline{Q_1^n}$
$CP_2 = CP$	$J_2 = Q_1^n Q_0^n, K_2 = 1$	$Q_2^{n+1} = \overline{Q_2^n} Q_1^n Q_0^n$

（2）运用 $\overline{R_D}$ 清零，使触发器的初始状态为 $Q_2 Q_1 Q_0 = 000$。

（3）根据状态方程分析，可得出状态转换表，见表8-7。显然，该逻辑电路是经过五个计数脉冲后循环工作的，有效循环状态为五个，故称为异步五进制加法计数器。

表 8-7 　　　　　　　　　　　**[例 8-2] 状态转换表**

CP	Q_2	Q_1	Q_0	相对应的十进制数
0	0	0	0	0
1	0	0	1	1
2	0	1	0	2
3	0	1	1	3
4	1	0	0	4
5	0	0	0	0

（4）画出状态转换图，如图8-19所示。

（四）集成计数器

如果将触发器所构成的计数器集成在一块硅片上，便可形成集成计数器。

由于集成计数器具有功能齐全、使用方便等诸多优点，因而得到了广泛的应用。关于集成计数器，可以通过查阅有关手册，在看懂它的功能表和查出它的外引脚排列图的基础上正确使用。下面介绍几种常用集成计数器芯片及其使用方法。

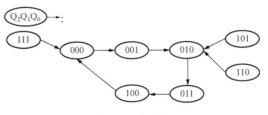

图 8-19 [例8-2]的状态转换图

1. CC（D）4518型计数器

CC4518型计数器属于CMOS同步双十进制加法计数器。也就是说，CC4518型计数器内部具有两个十进制的计数器，它们除电源共用外，各自独立。

两个十进制计数器分别都有时钟输入端CP、使能端EN、清零端CR及4个输出端 Q_0、Q_1、Q_2、Q_3。其中，引脚 $1 \sim 7$ 属于一个计数器，用序列号1表示；引脚 $9 \sim 15$ 则属于另一个计数器，用序列号2表示。

CC4518型计数器引脚图如图8-20所示。

CC4518型计数器功能表见表8-8。

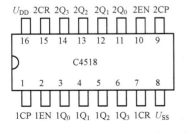

图 8-20 CC4518型计数器引脚图

表 8-8　　　　　　　　　　　　　**CC4518 型计数器功能表**

CR	CP	EN	功　　能
1	×	×	清零
0	上升沿触发 ↑	1	计数
0	0	下降沿触发 ↓	计数
0	×	0	保持

由表 8-8 可见，如果将使能端 EN 接高电平，计数脉冲由 CP 端输入，触发器则为上升沿触发；如果将 CP 接低电平，计数脉冲由使能端 EN 端输入，触发器为下降沿触发。

用一片 CC4518 就可以实现 00～99 加法计数的百进制计数器，电路接线图如图 8-21 所示。

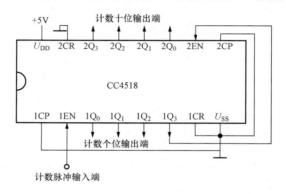

图 8-21　CC4518 组成的百进制加法计数器

目前常用的集成计数器主要是二进制和十进制。如果需要一种任意进制的集成计数器，我们可将现有的集成计数器改接而成。现介绍两种改接方法。

（1）反馈清零法（复位法）。对于集成计数器，我们利用计数器的清零端、加上少量的逻辑门电路进行反馈置 0，可以得到小于原进制计数以内的任意进制的计数器。图 8-22 所示为利用 CC4518 外加一个与门实现了 00～59 进行加法计数规律的六十进制计数器。图 8-23 所示则实现了 00～23 进行加法计数规律的二十四进制计数器。其他任意进制计数器的实现请读者自行分析。

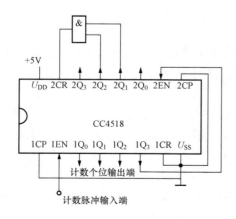

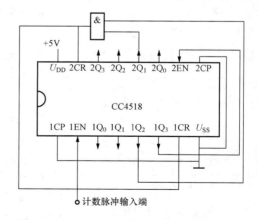

图 8-22　CC4518 组成的六十进制计数器　　　　图 8-23　CC4518 组成的二十四进制计数器

（2）预置数法。当计数器在开始计数以前，如果将事先设定的数据预先写入计数器中，在计数脉冲 CP 的作用下，计数器从设定的数值开始做加法或减法计数。这种方法称为预置数法，应用于具有预置并行数据输入端的计数器。

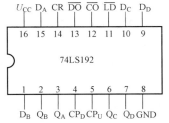

图 8-24　74LS192 引脚图

2. 74LS192 型计数器

74LS192 是同步十进制可逆计数器，具有双时钟输入，可以执行十进制加法和减法计数，并具有清零、置数等功能。引脚排列如图 8-24 所示。其中，$\overline{LD}$ 为置数端；CP_U 为加计数端；CP_D 为减计数端；$\overline{DO}$ 为非同步借位输出端；$\overline{CO}$ 为非同步进位输出端；Q_D、Q_C、Q_B、Q_A 为计数器输出端，输出 8421BCD 代码；D_D、D_C、D_B、D_A 为数据输入端，输入数据范围是 8421BCD 代码的 10 个数码 0000～1001；CR 为清零端。

74LS192 逻辑功能表见表 8-9。

表 8-9　　　　　　　　　　　　　74LS192 逻辑功能表

输　入								输　出				逻辑功能
CR	$\overline{LD}$	CP_U	CP_D	D_D	D_C	D_B	D_A	Q_D	Q_C	Q_B	Q_A	
1	×	×	×	×	×	×	×	0	0	0	0	清零
0	0	×	×	d	c	b	a	d	c	b	a	置数
0	1	↑	1	×	×	×	×	0000～1001				加计数
0	1	1	↑	×	×	×	×	1001～0000				减计数

当清零端 CR 为高电平 1 时，计数器直接清零（称为异步清零），执行其他功能时，CR 置低电平。

当 CR 为低电平，置数端 $\overline{LD}$ 为低电平时，数据直接从置数端 D_D、D_C、D_B、D_A 置入计数器。

当 CR 为低电平，$\overline{LD}$ 为高电平时，执行计数功能。执行加计数时，减计数端 CP_D 接高电平，计数脉冲由加计数端 CP_U 输入，在计数脉冲上升沿进行 8421BCD 码的十进制加法计数。执行减计数时，加计数端 CP_U 接高电平，计数脉冲由减计数端 CP_D 输入，在计数脉冲上升沿进行 8421BCD 码十进制减法计数。

如果采用反馈清零法，用一片 74LS192 还可以构成十以内的任意进制加法计数器，例如由 74LS192 外加一个与门组成的七进制加法计数器，如图 8-25 所示。

若要实现 10 以上 100 以内的计数功能，则

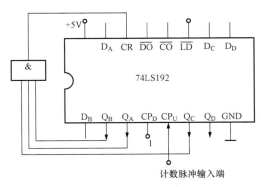

图 8-25　74LS192 组成的七进制加法计数器

要用两片 74LS192 级联来构成。由两片 74LS192 级联组成的百进制加法计数器电路如图

8-26所示，此电路实现 00 到 99 的加法计数。74LS192（Ⅰ）是低位（即个位）片，74LS192（Ⅱ）是高位（即十位）片。连接特点是低位计数器的 CP_U 端接计数脉冲，进位输出端 $\overline{CO}$ 接到高一位计数器的 CP_U 端。在加计数过程中，当低位计数器输出端由 1001 变为 0000 时，进位输出端 $\overline{CO}$ 输出一个上升沿，送到高一位的 CP_U 端，使高一位计数器加 1，也就是说低位计数器每计满个位的十个数，则向高位发出一个进位请求脉冲，高位计数器计一个数。若要构成 100 以内的任意进制加法计数器，只要外加少量的逻辑门即可实现。

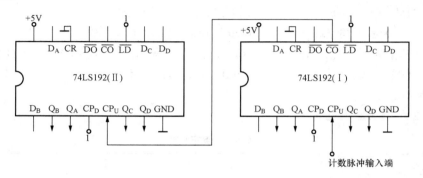

图 8-26　74LS192 组成的 100 进制加法计数器

同理，在减计数过程中，当低位计数器的输出端由 0000 到 1001 时，借位输出 $\overline{DO}$ 输出一个上升沿，送到高一位的 CP_D 端使高一位减 1。由两片 74LS192 级联组成的百进制减法计数器电路如图 8-27 所示，此电路实现从 99 到 00 的减法计数。又如，欲构成 30s 倒计时电路，则可由两片 74LS192 级联外加一个与非门组成的三十进制减法计数器的电路来实现，如图 8-28 所示。电路中 74LS192（Ⅰ）是低位（即个位）片，组成十进制减法计数，74LS192（Ⅱ）是高位（即十位）片，采用置数法组成三进制减法计数，秒脉冲送入低位片 74LS192（Ⅰ）的 CP_D 端，此电路实现了从 29 到 00 的减法计数。由图 8-28 可见，要实现 10 以内的任意进制减法计数器，可以采用置数法，用一片 74LS192 外加一个与非门来实现，请读者自行分析，在此不予详述。

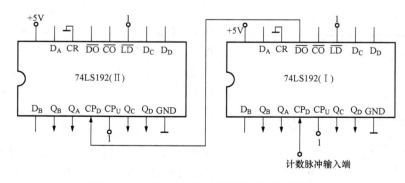

图 8-27　74LS192 组成的百进制减法计数器

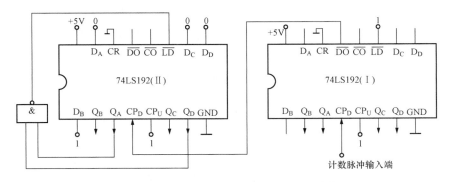

图 8 - 28 74LS192 组成的三十进制减法计数器

3. 74LS161/60 型计数器

74LS161 型计数器是四位同步二进制加法计数器，其外引脚排列和逻辑功能示意，如图 8 - 29 所示。

其中，各引线端的功能分别如下：

引脚 1 为清零端 $\overline{CR}$，低电平有效。

引脚 2 为时钟脉冲输入端 CP，上升沿有效。

引脚 3～6 为预置数据输入端 $D_0 \sim D_3$，可预置任何一个四位二进制数。

引脚 7、10 为计数控制端 CT_P、CT_T。当两者或其中之一为低电平时，计数器保持原态；当两者均为高电平时，计数器执行计数功能。

引脚 8 为接地端 GND。

引脚 9 为同步并行置数控制端 $\overline{LD}$，低电平有效。

引脚 11～14 为数据输出端 $Q_3 \sim Q_0$。

引脚 15 为进位输出端 CO，高电平有效。

引脚 16 为电源端 U_{CC}。

74LS161 型四位同步二进制加法计数器的功能表见表 8 - 10。

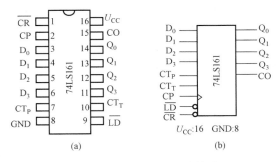

图 8 - 29 74LS161 型计数器
(a) 引脚排列；(b) 逻辑功能示意

表 8 - 10　　　　　　　　　　　74LS161 功 能 表

输 入									输 出			
$\overline{CR}$	CP	$\overline{LD}$	CT_P	CT_T	D_3	D_2	D_1	D_0	Q_3	Q_2	Q_1	Q_0
0	×	×	×	×	×				0	0	0	0
1	↑	0	×	×	d_3	d_2	d_1	d_0	d_3	d_2	d_1	d_0
1	↑	1	1	1	×				计	数		
1	×	1	0	×	×				保	持		
1	×	1	×	0	×				保	持		

　　而 74LS160 型计数器是同步十进制加法计数器，其外引脚排列、逻辑功能与 74LS161 型计数器完全相同。两者的功能表类似，区别在于 74LS161 按二进制规律计数，74LS160 按十进制规律计数。

　　如果采用反馈清零法，用一片 74LS161 外加一个与非门所构成的五进制加法计数器和十二进制加法计数器的接线如图 8-30 (a)、(b) 所示。

　　如果采用预置数法，用一片 74LS160 可以构成 10 以内的任意进制计数器。

　　74LS160 型计数器是具有 4 个预置并行数据输入端 $D_3 \sim D_0$ 的同步十进制加法计数器。当预置控制端 $\overline{LD}$ 为低电平时，在计数脉冲 $\overline{CP}$ 上升沿的作用下，可以将放置在预置输入端 $D_3 \sim D_0$ 的数据置入计数器（这种预置方式，称为同步预置）。当预置控制端 $\overline{LD}$ 为高电平时，则禁止预置数据置入计数器。下面以 74LS160 为例进行应用说明。

　　例如，74LS160 型计数器构成七进制加法计数器的接线，如图 8-31 所示。由图 8-31 可见，计数器的预置数为 0000。根据表 8-10 结合图 8-31 分析，当第六个计数脉冲 CP 上升沿到来后，计数器的输出状态为 0110。由于与非门的作用，使预置控制端 $\overline{LD}=0$。等到第七个计数脉冲 CP 上升沿到达时，预置数才置入输入端，计数器的输出状态变为 0000；与此同时，$\overline{LD}$ 由 0 变为 1，禁止预置数据置入，计数器进行下一个计数循环。由于整个循环过程含有 0000～0110 七个状态，所以为七进制加法计数器。其状态转换图如图 8-32 所示。

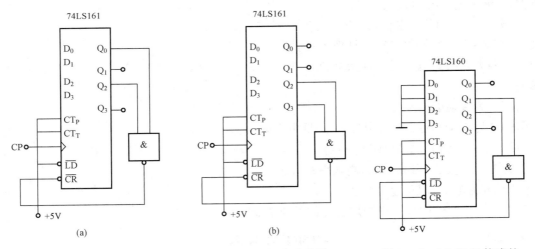

图 8-30　74LS161 构成的五进制和十二进制加法计数器
(a) 5 进制加法计数器；(b) 12 进制加法计数器

图 8-31　74LS160 构成的七进制加法计数器

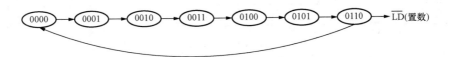

图 8-32　74LS160 构成七进制加法计数器的状态转换图

再如，74LS160 型计数器构成六进制加法计数器的接线如图 8 - 33 所示。

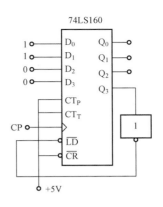

由图 8 - 33 可见，计数器的预置数为 0011。同理分析，在第八个计数脉冲 CP 上升沿的作用下，输出状态为 1000。由于非门的作用，使得 $\overline{LD}=0$。等到第九个计数脉冲 CP 上升沿到来时，预置数置入输入端，计数器的输出状态为 0011。同时，因 $\overline{LD}$ 由 0 变为 1，禁止预置数据置入，计数器进行下一个计数循环。其状态转换图如图 8 - 34 所示。由图 8 - 34 可见，因为循环的起点是 0011，所以在循环过程中再不会出现 0000、0001、0010 和 1001 四个状态，有效循环状态为 0011～1000 六个，为六进制加法计数器。

图 8 - 33　74LS160 型计数器构成的六进制加法计数器

图 8 - 34　74LS160 构成六进制加法计数器的状态转换图

4. 74LS290 型计数器

74LS290 型计数器是一种典型的异步二-五-十进制计数器。它具有异步清零、异步置 9 和异步计数的功能。

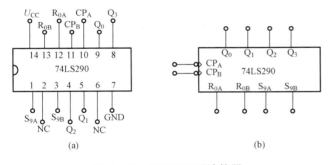

图 8 - 35　74LS290 型计数器

(a) 引脚排列；(b) 逻辑功能示意

74LS290 型计数器的引脚排列和逻辑功能示意图，如图 8 - 35 所示。其中，R_{0A} 和 R_{0B} 为清零输入端；S_{9A} 和 S_{9B} 为置 "9" 输入端，并且逻辑电路中有两个时钟脉冲输入端 CP_A 和 CP_B（下降沿有效）。74LS290 型计数器的功能见表 8 - 11。

由表 8 - 11 可见：

（1）R_{0A} 和 R_{0B} 端全为 1 时，4 个触发器清零（置 0）。

（2）清零时，S_{9A} 和 S_{9B} 中至少有一个端为 0，保证清零的可靠进行。

（3）S_{9A} 和 S_{9B} 端全为 1 时，$Q_3Q_2Q_1Q_0=1001$，即表示十进制数的 "9"（置 9）。

表 8 - 11　　　　　　　　　　　74LS290 型计数器功能表

输　　入						输　　出			
R_{0A}	R_{0B}	S_{9A}	S_{9B}	CP_A	CP_B	Q_3	Q_2	Q_1	Q_0
1	1	0	×	×	×	0	0	0	0
		×	0	×	×				

续表

输　　　入						输　　　出			
R_{0A}	R_{0B}	S_{9A}	S_{9B}	CP_A	CP_B	Q_3	Q_2	Q_1	Q_0
$\times$	$\times$	1	1	$\times$	$\times$	1	0	0	1
$\times$	0	$\times$	0	$\downarrow$	0	二进制计数			
0	$\times$	0	$\times$	0	$\downarrow$	五进制计数			
0	$\times$	$\times$	0	$\downarrow$	Q_0	8421 码十进制计数			
$\times$	0	0	$\times$	Q_3	$\downarrow$	5421 码十进制计数			

　　74LS290 型计数器的内部逻辑电路如图 8-36 所示。可见，电路由 4 个 JK 触发器 FF_3、FF_2、FF_1、FF_0 和 2 个与非门组成。仔细观察，整个电路又可分为两个独立部分（图 8-36 中，用点画线划分），其中，FF_0 是一位二进制计数器，FF_1、FF_2、FF_3 则组成了异步五进制计数器。

　　74LS290 型计数器用作二进制计数器的接线如图 8-37 所示。

　　74LS290 型计数器用作五进制计数器的接线如图 8-38 所示。

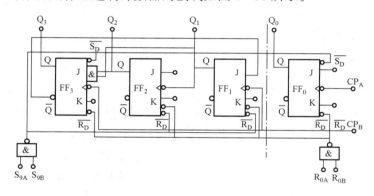

图 8-36　74LS290 型计数器的内部逻辑电路

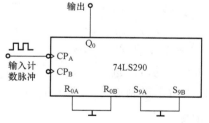

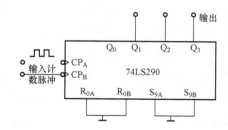

图 8-37　74LS290 用作二进制计数器的接线图　　　图 8-38　74LS290 用作五进制计数器的接线图

　　74LS290 型计数器用作十进制计数器时的接线方式有两种。一种是将 CP_B 与 Q_0 端进行连接，CP_A 作为计数脉冲的输入端如图 8-39 所示，这种电路对计数脉冲是按 8421 码进行异步加法计数。另一种是将 CP_A 与 Q_3 端连接，CP_B 作为计数脉冲的输入端如图 8-40 所示，电路虽然仍是十进制异步计数器，但计数规律却是 5421 码。

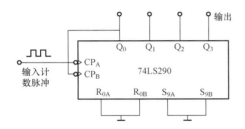

图 8 - 39 8421 码的加法计数接线图

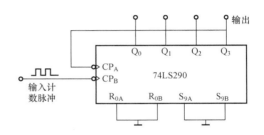

图 8 - 40 5421 码的加法计数接线图

目前常用的集成计数器主要是二进制和十进制。如果需要一种任意进制的计数器,我们可将现有的集成计数器改接而成。74LS290 型计数器构成任意进制计数器接线如图 8 - 41 所示。由图 8 - 41 可见,CP_A 作为计数脉冲输入端,CP_B 和 Q_0 连接;由 Q_1 和 Q_2 引出的两根反馈线,分别接至置 0 端 R_{0A} 和 R_{0B},进行反馈置 0;而 Q_3、Q_2、Q_1、Q_0 分别为信号的输出端。

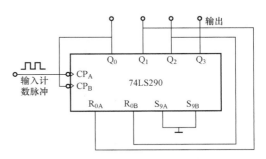

图 8 - 41 74LS290 构成的六进制计数器

具体分析如下:

计数器在前五个计数脉冲的作用下,按二进制的计数规律计数,计数器是由 0000 变为 0101。当第六个计数脉冲作用时,计数器应该出现的 0110 状态,没有能够显示。这是因为 Q_1、Q_2 端同时出现了 1,经反馈线送到 R_{0A} 和 R_{0B} 置 0 端,计数器被强迫清零,所以状态 0110 只会瞬间出现,而不能显示。我们将 0110 状态称为过渡状态。此时,计数器立即返回到 0000 的状态。其状态转换图如图 8 - 42 所示。

图 8 - 42 六进制加法计数器状态转换图

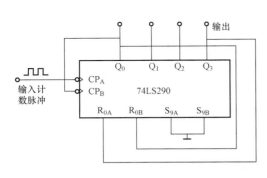

图 8 - 43 74LS290 构成的九进制计数器

由于计数器经过六个计数脉冲循环一次。故为六进制计数器。上述分析表明,在任意进制计数器中,所谓清零法,就是将 R_{0A} 和 R_{0B} 置 0 端与过渡状态中为 1 的输出端相连接,达到控制计数循环的目的。用 74LS290 型计数器构成九进制计数器接线如图 8 - 43 所示。由图 8 - 43 可见,CP_A 作为计数脉冲输入端,CP_B 和 Q_0 连接;由 Q_0 和 Q_3 引出的两根反馈线,分别接至置 0 端 R_{0A} 和 R_{0B},进行反馈置 0;而 Q_3、Q_2、Q_1、Q_0 分别为信号的输出端。

通过 Q_3 和 Q_0 引出的两根反馈线,分别接到 R_{0A} 和 R_{0B} 置 0 端的原因读者可自行分析。

当计数要求超过一片集成计数器的计数范围时,我们可以采用多片集成计数器的级联方式,以获得所需要的计数器。

图 8 - 44 所示电路为采用两片 74LS290 型计数器构成的二十四进制计数器。

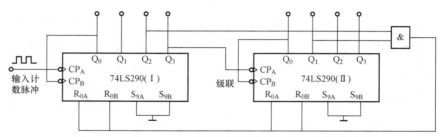

图 8 - 44　用 74LS290 型计数器构成的二十四进制计数器

　　由图 8 - 44 可以看出，二十四进制计数器是由个位（Ⅰ）和十位（Ⅱ）组成。个位（Ⅰ）、十位（Ⅱ）两片均已连接为 8421BCD 码十进制计数器的工作状态，并且个位（Ⅰ）的最高位 Q_3 联到十位（Ⅱ）的 CP_A 端，作为逢十进一的进位信号，实现两片级联。二十四进制计数器的计数过程，简述如下：个位（Ⅰ）的十进制计数器经过十个脉冲循环一次，每当第十个脉冲到来时，Q_3 由 1 变为 0，给十位（Ⅱ）的计数器 CP_A 端一个计数脉冲，自身回到 0000 状态，开始下一个计数循环过程。个位（Ⅰ）的计数器完成第一次循环的同时，十位（Ⅱ）计数器的计数状态为 0001；经过第二次循环后，十位（Ⅱ）的计数状态为 0010；当个位（Ⅰ）的十进制计数器再次计数到 0100 时，由于个位（Ⅰ）的 Q_2 和十位（Ⅱ）的 Q_1 同时出现 1，经反馈线送到 R_{0A} 和 R_{0B} 置 0 端，使两片计数器被强迫清零，完成二十四进制计数。

第三节　时序逻辑电路的设计

　　时序逻辑电路的设计实际是时序逻辑电路分析的逆过程。换句话说，它就是根据设计任务所要求的逻辑功能，画出能够实现该逻辑功能的时序逻辑电路。我们从时序电路的分析过程可知，只要能够求出电路的时钟方程、驱动方程、状态方程及输出方程，便可很容易地画出其逻辑电路。时序逻辑电路的设计方法又可分为同步时序逻辑电路的设计方法和异步时序逻辑电路的设计方法两种。

一、同步时序逻辑电路的设计方法

　　在同步时序逻辑电路中，由于各个触发器的时钟脉冲是同一个信号，并且仅仅起到同步控制的作用，因此在设计中可以不将它作为一个输入信号考虑，所以设计方法相对比较简单。

　　1. 同步时序逻辑电路的设计步骤

　　（1）根据设计要求，确定需要采用的触发器数目及类型。

　　（2）选择适当的状态编码，画出其状态转换图。

　　（3）求出它的状态方程、驱动方程和输出方程。

　　（4）根据驱动方程和输出方程，画出其逻辑电路。

　　（5）检查逻辑电路能否自启动。

　　2. 同步时序逻辑电路的设计举例

　　试设计一个三进制同步加法计数器。

　　（1）确定触发器数目和类型，根据设计要求，触发器的数目 n 应为 $2^n > 3$，故取 $n = 2$。其类型选用 JK 触发器。

　　（2）选择状态编码，画出状态转换图。所谓状态编码，就是将设计电路中的每一种状态赋予一个二进制代码。编码方案的选择，将会影响电路的复杂程度。选择是否合适，一般是以设计得到时序逻辑电路的结构最简为标准。

根据设计要求电路应有 3 种状态，可用 $S_0 \sim S_2$ 表示。若将两个触发器按 $Q_1 Q_0$ 的顺序编排，并取 $S_0 = 00$，$S_1 = 01$，$S_2 = 10$（即 $S_0 = \overline{Q_1} \cdot \overline{Q_0}$、$S_1 = \overline{Q_1} Q_0$、$S_2 = Q_1 \overline{Q_0}$），则可以画出编码状态转换图，如图 8-45 所示。图 8-45 中，箭头表示状态转换方向；斜线下方所标出的数字为计数器进位信号 C 的相应取值。

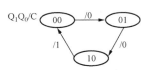

图 8-45　三进制计数器的编码状态转换图

（3）求状态方程，驱动方程。

1）状态方程。由于状态方程反映了触发器的次态与其现态之间的逻辑关系。这种逻辑关系可通过卡诺图的方法获得。因此，只要有了触发器次态的卡诺图，就能很方便得到状态方程。

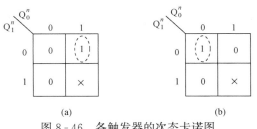

图 8-46　各触发器的次态卡诺图

（a）Q_1^{n+1} 的卡诺图；（b）Q_0^{n+1} 的卡诺图

根据图 8-45 所示的状态转换图，分别作出 Q_1^{n+1} 和 Q_0^{n+1} 的次态卡诺图，如图 8-46 所示。

由于 JK 触发器的特性方程为 $Q^{n+1} = J \overline{Q^n} + \overline{K} Q^n$。因此，对于次态卡诺图化简所得到的状态方程，必须要在形式上和特性方程保持一致，这样有利于我们通过比较而求得各触发器的驱动方程。具体化简的方法是将同一次态的现态变量 Q^n 和 $\overline{Q^n}$ 的最小项分开进行合并，至少保留现态变量 Q^n 和 $\overline{Q^n}$ 中的一个，便可得到与特性方程相似的状态方程。

由图 8-46 可知，状态方程为

$$Q_1^{n+1} = Q_0^n \overline{Q_1^n}$$
$$Q_0^{n+1} = \overline{Q_1^n}\ \overline{Q_0^n}$$

由于进位信号 C 也是现态的函数。所以，由图 8-45 同样可以画出进位信号 C 的卡诺图，如图 8-47 所示。

显然，由图 8-47 可得到

$$C = Q_1^n$$

2）驱动方程。将所得到的状态方程与 JK 触发器特性方程进行对比可知，驱动方程为

$$J_1 = Q_0^n, \quad K_1 = 1$$
$$J_0 = \overline{Q_1^n}, \quad K_0 = 1$$

（4）画逻辑电路图。根据驱动方程画逻辑电路图，如图 8-48 所示。

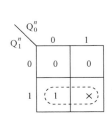

图 8-47　C 的卡诺图

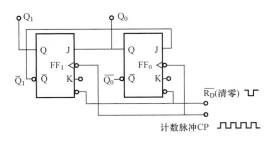

图 8-48　三进制计数器电路图

（5）检查电路能否自启动。因为电路是由两个 JK 触发器构成，应有四种状态。其中，$Q_1^n Q_0^n = 11$ 为无效状态，代入状态方程分析，电路的状态将转换为 00。其结果说明：计数器的无效状态在 CP 脉冲作用下，可以进入有效循环。因此，设计的计数器具有自启动能力。无效状态转换表见表 8-12。

表 8-12　　　　　　　　　　　　无 效 状 态 转 换 表

Q_1^n	Q_0^n	Q_1^{n+1}	Q_0^{n+1}	C
1	1	0	0	1

二、异步时序逻辑电路的设计方法

异步时序逻辑电路中，由于各触发器的时钟脉冲不是同一个信号，而是根据各触发器所需要翻转的时刻来引入不同的触发信号。因此，异步电路的组成相对于同步电路而言，一般比较简单。但应当注意，在这种电路的设计过程中，要把时钟脉冲作为未知量进行适当选择，其他步骤与设计同步时序逻辑电路基本相似。

1. 异步时序逻辑电路的设计步骤

（1）根据设计要求，确定触发器数目和类型。

（2）选择状态编码，画出状态转换图。

（3）画出时序图，确定时钟方程。

（4）求状态方程、驱动方程和输出方程。

（5）根据驱动方程、时钟方程和输出方程画逻辑电路。

（6）检查电路能否自启动。

2. 异步时序逻辑电路的设计举例

试设计一个异步五进制加法计数器。

（1）根据设计要求，确定触发器数目和类型。根据设计要求，触发器的数目 n 应为 $2^n > 5$，故取 $n=3$。其类型选用 JK 触发器。

（2）选择状态编码，画出状态转换图。根据设计要求电路应有 5 种状态，可用 $S_0 \sim S_4$ 表示。若选用最常用的 8421 编码，将三个触发器按以 $Q_2 Q_1 Q_0$ 的顺序编排，并取 $S_0 = 000$，$S_1 = 001$，$S_2 = 010$，$S_3 = 011$，$S_4 = 100$，则可以画出编码状态转换图，如图 8-49 所示。图 8-49 中，箭头表示状态转换方向，斜线下方标出的是计数器进位信号 C 的相应取值。

（3）画出时序图，确定时钟方程。

1）时序图。按编码状态转换图画出时序图，如图 8-50 所示。

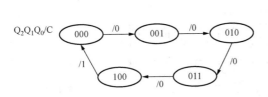

图 8-49　五进制计数器的编码状态转换图

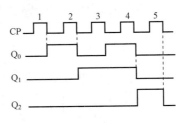

图 8-50　时序图

2）时钟方程。在时序图中，凡是触发器翻转的地方，都可以确定为时钟控制信号。选取时钟控制信号时，首先根据选用的触发器，判断它的触发方式；其次要满足翻转要求，并且希望时钟脉冲越少越好。

本例设计选用的是 JK 触发器，它为下降沿触发。由图 8-50 可看出，Q_1 的两次翻转，正好对应 Q_0 的下降沿，可以由 Q_0 触发 FF_1；而 Q_2 的第二次翻转，Q_0、Q_1 都没有变化，所以只能由 CP 触发 FF_2。根据分析得到时钟方程为

$$CP_0 = CP, CP_1 = Q_0, CP_2 = CP$$

（4）求状态方程和驱动方程。

1）状态方程。根据图 8-49 所示的状态转换图，直接画出各触发器次态的卡诺图，如图 8-51 所示。应当注意，在没有控制脉冲时，触发器的次态也应看成约束项。因此，Q_1^{n+1} 的卡诺图如图 8-51（b）所示。

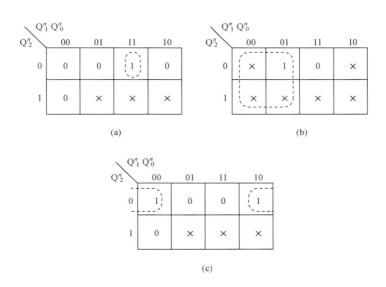

图 8-51 各触发器的次态卡诺图

(a) Q_2^{n+1} 的卡诺图；(b) Q_1^{n+1} 的卡诺图；(c) Q_0^{n+1} 的卡诺图

由图 8-51 得出状态方程为

$$Q_2^{n+1} = Q_1^n Q_0^n \overline{Q_2^n}$$
$$Q_1^{n+1} = \overline{Q_1^n}$$
$$Q_0^{n+1} = \overline{Q_2^n} \ \overline{Q_0^n}$$

根据图 8-49 可画出 C 的卡诺图，如图 8-52 所示。

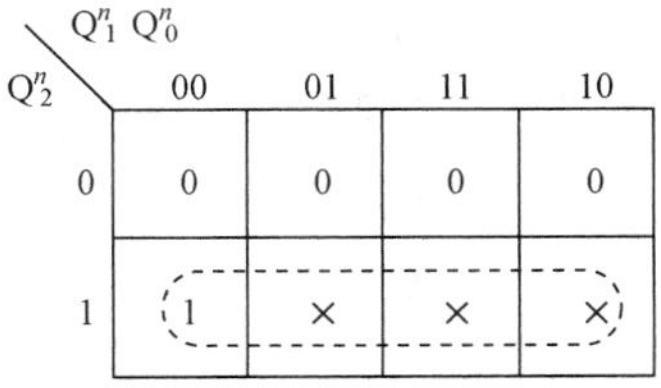

由图 8-52 可得

$$C = Q_2^n$$

图 8-52 C 的卡诺图

2）驱动方程。将所得到的状态方程与 JK 触发器特性方程进行对比可知，驱动方程为

$$J_2 = Q_1^n Q_0^n, K_2 = 1$$
$$J_1 = K_1 = 1$$
$$J_0 = \overline{Q_2^n}, K_0 = 1$$

（5）画逻辑电路图。根据驱动方程及时钟方程画逻辑电路图，如图 8-53 所示。

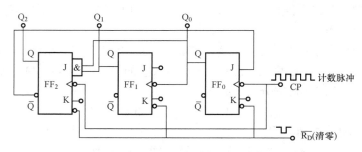

图 8-53 五进制计数器电路图

（6）检查电路能否自启动，将无效状态 101、110、111 分别代入状态方程进行分析，其结果说明计数器的无效状态在 CP 脉冲作用下，可以转入有效状态而进入有效循环。因此，设计的计数器具有自启动能力。无效状态转换表见表 8-13。

表 8-13　　　　　　　　　　无 效 状 态 转 换 表

Q_2^n	Q_1^n	Q_0^n	Q_2^{n+1}	Q_1^{n+1}	Q_0^{n+1}	C
1	0	1	0	1	0	1
	1	0	0	1	0	1
1	1	1	0	0	0	1

本 章 小 结

（1）时序逻辑电路是数字电路的重要组成部分。它由具有控制作用的逻辑门电路和具有记忆作用的触发器组成。时序逻辑电路中，任何时刻的输出状态不仅与同一时刻的输入状态有关，而且与电路的原有状态有关。

（2）时序逻辑电路分析就是由给定的时序逻辑电路，通过对时钟方程、驱动方程、状态方程、状态转换表及状态转换图和时序图的分析，确定其输出信号与输入信号和时钟信号之间的关系，从而得到逻辑电路的逻辑功能。

（3）寄存器是具有存储数码或信息功能的逻辑电路。在数字电路系统中，可用来存放参与运算的二进制数或者运算结果。寄存器输入或输出数码的方式可以分为并行方式和串行方式。寄存器按功能的区别，可分为数码寄存器和移位寄存器两种。

（4）计数器作为数字电路系统中的主要器件，具有累计脉冲信号个数的功能，也可作分频器使用。有二进制计数器、十进制计数器和 N 进制计数器；异步计数器、同步计数器；加法计数器、减法计数器等。如果将由触发器所构成的计数器集成在一块硅片上，便可形成集成计数器。在看懂它的功能表和查出它的外引线排列图的基础上，应注重集成计数器的使用方法。

（5）时序逻辑电路的设计实际上是时序逻辑电路分析的逆过程。即根据设计任务所要求的逻辑功能，画出一个完整并符合设计功能要求的时序逻辑电路。

习 题

8-1 填空题

(1) 时序逻辑电路在某一时刻的输入不仅取决于该时刻的_____，而且与电路_____有关。

(2) 时序逻辑电路的基本单元是_____。

(3) 时序逻辑电路按照其触发器是否有统一的时钟控制分为_____时序电路和_____时序电路。

(4) 寄存器按照功能不同可分为两类：_____寄存器和_____寄存器。

(5) 寄存器的输入输出数码的方式有_____和_____两种。

(6) 由 4 位移位寄存器构成的顺序脉冲发生器可产生_____个顺序脉冲。

(7) 二进制加法计数器从 0 计数到 60，需要_____个触发器。

(8) 构成一个十二进制计数器最少要采用_____个触发器，这时构成的电路有_____个无效状态。

(9) 一个 3 位二进制异步加法计数器用作分频器时，输出脉冲信号的频率有_____种。

(10) 正常工作过程中的 74LS161，当 $\overline{LD}$ 由 1 变为 0 时，74LS161 工作在_____状态；$\overline{CR}$ 的作用是使 74LS161 处于_____状态。

8-2 判断题

(1) 同步时序逻辑电路由组合电路和存储器两部分组成。　　　　（　　）

(2) 时序逻辑电路的特点是：任一时刻电路的输出只取决于该时刻电路的输入。（　　）

(3) 同步时序逻辑电路中各触发器的时钟脉冲 CP 是同一个信号。　（　　）

(4) 异步时序逻辑电路因各触发器的类型不同而得名。　　　　（　　）

(5) 所有寄存器只有输入、输出方式上的差别，而工作原理没有区别。　（　　）

(6) 4 位左移寄存器经过 4 个 CP 脉冲以后，寄存器中的数码为 CP 脉冲加入前寄存器中数码乘以 16 的积。　　　　　　　　　　　　　　　　　（　　）

(7) 计数器的计数长度是指构成计数器的触发器的个数。　　　　（　　）

(8) 把一个三进制计数器与一个八进制计数器级联可得到二十四进制计数器。（　　）

(9) 一个计数器在任意初始状态下如果都能进入到有效循环状态时，称其能自启动。（　　）

(10) 利用一片 74LS290 可以构成一个十二进制的计数器。　　　（　　）

8-3 选择题

(1) 同步计数器和异步计数器比较，同步计数器的显著优点是（　　）。

A. 工作速度高　　　　　　　　B. 触发器利用率高

C. 电路简单　　　　　　　　　D. 不受时钟 CP 控制

(2) 属于时序逻辑电路的是（　　）。

A. 寄存器　　B. 译码器　　C. 加法器　　D. 编码器

(3) 同步时序电路和异步时序电路比较，其差异在于后者（　　）。

A. 没有触发器　　　　　　　B. 没有统一的时钟脉冲控制

C. 没有稳定状态　　　　　　D. 输出只与内部状态有关，与输入无关

(4) 4 位移位寄存器，串行输入时经（　　）个脉冲后，4 位数码全部移入寄存器中。

A. 1　　　　　　　B. 2　　　　　　　C. 4　　　　　　　D. 8

（5）一位 8421BCD 码计数器至少需要（　　）个触发器。

A. 3　　　　　　　B. 4　　　　　　　C. 5　　　　　　　D. 10

（6）某数字钟需要一个分频器将 32768Hz 的脉冲转换为 1Hz 的脉冲，欲构成此分频器至少需要（　　）个触发器。

A. 10　　　　　　B. 32768　　　　　C. 16384　　　　　D. 15

（7）把一个十进制计数器与一个六进制计数器级联可得到（　　）进制计数器。

A. 十六　　　　　B. 六　　　　　　C. 六十　　　　　D. 十

（8）74LS161 芯片构成的计数器，预置初始值为 1001，当输入第 6 个计数脉冲后，其输出状态为（　　）。

A. 1111　　　　　B. 1101　　　　　C. 1110

（9）用多片 74LS290 构成的计数器是（　　）计数器。

A. 同步　　　　　B. 异步　　　　　C. 同步计数器或者异步

（10）用多片 74LS161 构成的计数器是（　　）计数器。

A. 同步　　　　　B. 异步　　　　　C. 同步计数器或者异步

8-4　分析题

（1）试分析如图 8-54 所示时序逻辑电路的功能。

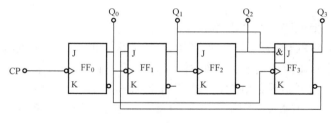

图 8-54　题 8-4（1）图

（2）如图 8-55 所示电路，试写出各触发器的驱动方程和状态方程，列出其状态表，并说明电路是几进制计数器，能否自启动。

（3）如图 8-56 所示电路，试写出各触发器的驱动方程和状态方程，列出状态表，并说明电路具有什么功能。

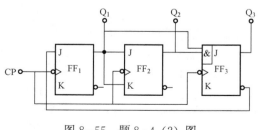

图 8-55　题 8-4（2）图

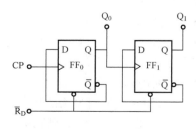

图 8-56　题 8-4（3）图

（4）在图 8-57 所示逻辑电路中，试画出 Q_1 和 Q_2 端的波形。如果时钟脉冲的频率是 4kHz，那么 Q_1 和 Q_2 波形的频率各为多少？（设初始状态 $Q_1Q_2 = 00$）

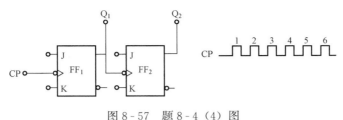

图 8-57 题 8-4 (4) 图

（5）如图 8-58 所示电路，试画出 Q_1 和 Q_2 的波形。（设初始状态 $Q_1Q_2 = 00$）

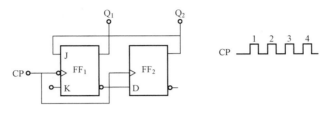

图 8-58 题 8-4 (5) 图

（6）74LS290 型计数器有两个时钟脉冲输入端 CP_A 和 CP_B。试思考：

1）从 CP_A 输入，Q_0 输出时，是几进制计数器。

2）从 CP_B 输入，Q_3、Q_2、Q_1 输出时，是几进制计数器。

3）将 Q_0 端接到 CP_B 端，从 CP_A 输入 Q_3、Q_2、Q_1、Q_0 输出时，是几进制计数器。

（7）试用 74LS161 构成十进制计数器。要求：采用预置法；预置初始值为 0110。

（8）用如图 8-59 所示的 74LS290 构成一个六进制计数器，并画出它的状态转换图。

（9）用 74LS290 组成的计数器，如图 8-60 所示。试列出它的状态表，并说明这是几进制计数器。

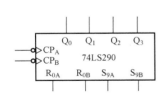

图 8-59 题 8-4 (8) 图

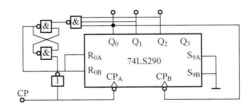

图 8-60 题 8-4 (9) 图

（10）逻辑电路如图 8-61 所示。设 $Q_A = 1$，红灯亮；$Q_B = 1$，绿灯亮；$Q_C = 1$，黄灯亮。分析该电路，说明三组彩灯点亮的顺序（设初始状态 $Q_AQ_BQ_C = 000$）。此电路可用于晚会的彩灯采光。

8-5 设计题

试设计一个由 D 触发器组成的同步五进制计数器。

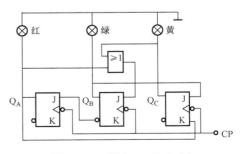

图 8-61 题 8-4 (10) 图

第九章　数/模转换器和模/数转换器

以数字计算机为代表的多种数字系统已经广泛地应用于各个领域。例如在工业生产过程的控制中，控制对象常为压力、流量、温度等连续变化的物理量，需要经传感器变换为与之相对应的电压或电流信号，再通过模/数转换器转换成相应的数字量送入数字系统进行处理，其结果再通过数/模转换器转换成相应的模拟量，去推动执行元件，调整控制对象。这个控制过程可用图 9-1 所示的数字控制系统来表示。

由此可见，模/数转换器和数/模转换器是数字系统中不可缺少的组成部分。我们把模拟量转换为数字量的过程称为模/数转换，或称 A/D 转换。实现 A/D 转换的电路，称为 A/D 转换器，简称 ADC。把数字量转换为模拟量的过程称为数/模转换，或称 D/A 转换。实现 D/A 转换的电路称为 D/A 转换器，简称 DAC。

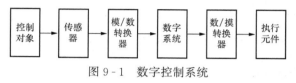

图 9-1　数字控制系统

第一节　数/模转换器及应用

按照工作原理的不同，DAC 可分为直接型和间接型两种。所谓直接 DAC 是指直接将输入的数字量转换为模拟量输出；所谓间接 DAC 则是先将输入的数字量转换为某个中间量，例如转换为频率或脉宽随数字量变换的脉冲信号，然后再把这个中间量转换为模拟量输出。

按照工作方式的不同，DAC 可分为并行式和串行式两种。所谓并行 DAC 是指数字量的各位数值同时输入进行转换，而串行 DAC 则是将数字量逐位输入进行转换。

由于并行 DAC 的工作速度快，所以绝大多数 DAC 是以并行方式工作的，而串行 DAC 只在特殊情况下使用。间接 DAC 在集成 DAC 中很少使用，因此本节只介绍直接并行方式 DAC 的基本电路。

一、DAC 的基本电路

（一）权电阻网络 DAC

1. 电路结构

权电阻网络 DAC 的原理图如图 9-2 所示，它由模拟电子开关 S_0、S_1、S_2、S_3，权电阻网络 2^3R、2^2R、2^1R、2^0R，求和运算放大器和基准电压四部分组成。

下面分别介绍各部分的功能。

（1）模拟电子开关。它受输入的二进制数字控制，每一位数字控制相应的一个模拟开关 S_i。当 $D_i=1$ 时，S_i 将电阻网络中相应的电阻 R_i 和基准电压 $-U_{REF}$ 接通；当 $D_i=0$ 时，S_i 将 R_i 接地。

（2）权电阻网络。N 位二进制数的解码网络由 N 个电阻组成，它们的一端则分别与相应的模拟开关相连。各支路电阻按二进制位权的大小成比例减小。即位权高的电阻值小，在

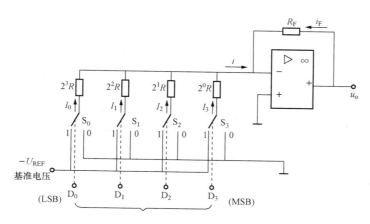

图 9 - 2　权电阻网络 DAC 原理图

U_{REF} 的作用下，产生的电流大；位权低的电阻值大，产生的电流小。

（3）求和运算放大器。它的作用是将解码网络输出的电流转换为模拟电压输出。由于它接成求和运算方式，因此当某一开关 S_i 接基准电压 $-U_{\text{REF}}$ 时，输入到放大器的电流与其他开关的状态无关。同时它还作为模拟输出与权电阻网络之间的缓冲器。

2. 工作原理

由图 9 - 2 可知，运算放大器的总输入电流为

$$i = I_3 + I_2 + I_1 + I_0$$

$$= \frac{-U_{\text{REF}}}{2^0 R} D_3 + \frac{-U_{\text{REF}}}{2^1 R} D_2 + \frac{-U_{\text{REF}}}{2^2 R} D_1 + \frac{-U_{\text{REF}}}{2^3 R} D_0$$

$$= -\frac{U_{\text{REF}}}{2^3 R}(D_3 2^3 + D_2 2^2 + D_1 2^1 + D_0 2^0)$$

又由于 $i = -i_{\text{F}}$，故运算放大器的输出电压 u_{o} 为

$$u_{\text{o}} = i_{\text{F}} R_{\text{F}}$$

$$= R_{\text{F}} \frac{U_{\text{REF}}}{2^3 R}(D_3 2^3 + D_2 2^2 + D_1 2^1 + D_0 2^0)$$

对于 n 位权电阻 D/A 转换器，则有

$$u_{\text{o}} = i_{\text{F}} R_{\text{F}}$$

$$= R_{\text{F}} \frac{U_{\text{REF}}}{2^{n-1} R}(D_{n-1} 2^{n-1} + D_{n-2} 2^{n-2} + \cdots + D_0 2^0) \tag{9 - 1}$$

由式（9 - 1）可以看出，输出模拟电压 u_{o} 的大小直接与输入二进制数的大小成正比，从而实现了数字量到模拟电压的转换。

权电阻 DAC 的优点是电路简单。它的缺点是各个电阻的阻值相差很大，在转换器输入数字量位数较多时，这个矛盾就显得更为突出。例如，在一个十位的权电阻 DAC 中，当最小电阻 $R = 10\text{k}\Omega$ 时，则最大电阻将达 $2^9 R = 5.12\text{M}\Omega$，两者相差 512 倍。要想在这样宽的阻值范围内保证每一个电阻都有很高的精度是十分困难的。为了克服这一缺点，可采用 T 形电阻网络 DAC。

（二）T 形电阻网络 DAC

1. 电路结构

T 形电阻网络 DAC 的原理图如图 9-3 所示。它与权电阻 DAC 的主要区别在于电阻

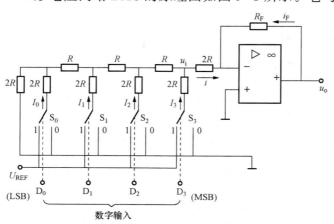

网络中只有 R 和 $2R$ 两种阻值的电阻，且接成 T 形。它克服了权电阻 DAC 中电阻值相差太大的缺点。电子模拟开关 $S_3 \sim S_0$ 同样受输入数字信号控制。当 $D_i = 1$ 时，S_i 接到位置 1，电阻 $2R_i$ 与基准电压 U_{REF} 连接；当 $D_i = 0$ 时，S_i 接到位置 0，电阻 $2R_i$ 与地连接。

T 形电阻网络只采用 R 和 $2R$ 两种阻值的电阻，这为集成电路的设计和制作带来了方便。

图 9-3　T 形电阻网络 DAC 原理图

2. 工作原理

为便于说明电路的工作原理，需要对 T 形电阻网络进行简化。

设输入数字信号 $D_3 D_2 D_1 D_0 = 0001$ 时，即只有 S_0 接基准电压 U_{REF}，其余电子模拟开关都接地，于是图 9-3 中的电阻网络可画成如图 9-4（a）所示的电路。用戴维南定律可求得 $A_0 A_0$ 左侧部分的等效电路为 $U_{REF}/2$ 和 R 的串联支路，如图 9-4（b）所示。用同样的方法可求得 $A_1 A_1$、$A_2 A_2$、$A_3 A_3$ 左侧的等效电路，如图 9-4（c）所示。显然每经过一个节点以后，电压就衰减 1/2。因此，$A_3 A_3$ 左侧的等效电源电压为 $U_{REF}/2^4$，而其内阻始终为 R 不变，由此可求得 $D_3 D_2 D_1 D_0 = 0001$ 的等效电路，如图 9-4（d）所示。这时，对应于 2^0 位电阻网络产生的输出电流 I_o 为

$$I_o = \frac{U_{REF}/2^4}{3R} D_0 = \frac{U_{REF}}{3R} \frac{D_0}{2^4} \tag{9-2}$$

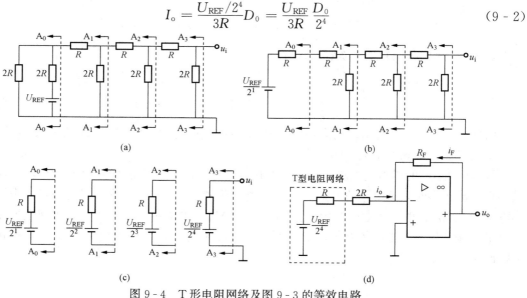

(a)　　　　　　　　　　　　　　　　　　(b)

(c)　　　　　　　　　　　　　　　　　　(d)

图 9-4　T 形电阻网络及图 9-3 的等效电路

同理，可分别求得 $D_3D_2D_1D_0=0010$，0100，1000 时，电阻网络产生的电流分别为

$$I_1 = \frac{U_{REF}}{3R}\frac{D_1}{2^3}, I_2 = \frac{U_{REF}}{3R}\frac{D_2}{2^2}, I_3 = \frac{U_{REF}}{3R}\frac{D_3}{2^1}$$

根据叠加原理，可求出四位二进制数 $D_3D_2D_1D_0=1111$ 时，电阻网络总的输出电流 i 为

$$i = I_3 + I_2 + I_1 + I_0 = \frac{U_{REF}}{3R \times 2^4}(D_3 2^3 + D_2 2^2 + D_1 2^1 + D_0 2^0) \qquad (9\text{-}3)$$

又由于 $i=-i_F$，当 $R_F=3R$ 时，运算放大器的输出电压 u_o 为

$$u_o = i_F R_F = -\frac{U_{REF}}{2^4}(D_3 2^3 + D_2 2^2 + D_1 2^1 + D_0 2^0) \qquad (9\text{-}4)$$

对于 n 位 T 型电阻网络 DAC，其输出电压 u_o 为

$$u_o = -\frac{U_{REF}}{2^n}(D_{n-1} 2^{n-1} + D_{n-2} 2^{n-2} + \cdots + D_0 2^0) \qquad (9\text{-}5)$$

由式（9-5）可以看出，输出模拟电压 u_o 的大小直接与输入二进制数的大小成正比，从而实现了数字量到模拟电压的转换。

（三）倒 T 形电阻网络 DAC

1. 电路结构

若将图 9-3 所示 T 形网络 DAC 中的电子模拟开关和电阻网络的位置对调一下，便成了图 9-5 所示的倒 T 形电阻网络 DAC。

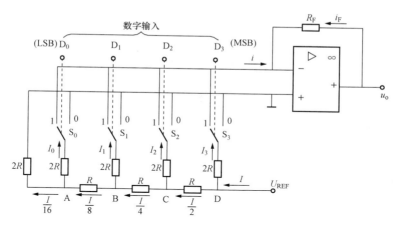

图 9-5 倒 T 形电阻网络 DAC

倒 T 形电阻网络 DAC 的特点是：当输入数字信号任何一位为 1 时，对应的开关 S_i 将 $2R$ 电阻接到运算放大器的反相输入端；当它为 0 时，则将 $2R$ 电阻接地。因此，不管输入信号的状态如何，每个相应支路的电流始终不变。

2. 工作原理

倒 T 形电阻网络 DAC 的工作原理与 T 形电阻网络 DAC 的基本相同。由图 9-5 可知，节点 A、B、C、D 对地的等效电阻都为 R。因此，由 U_{REF} 流出的总电流 I 是固定不变的。其值为

$$I = \frac{U_{REF}}{R}$$

该电流每经过一个节点后，支路的电流衰减一半，即流经电阻 $2R$ 的电流减小一半。因此，从高位到低位流经电阻 $2R$ 的电流分别为 $I/2$、$I/4$、$I/8$、$I/16$，则流入运算放大器的输入电流 i 为

$$i = \frac{I}{2}D_3 + \frac{I}{4}D_2 + \frac{I}{8}D_1 + \frac{I}{16}D_0 = \frac{I}{2^4}(D_3 2^3 + D_2 2^2 + D_1 2^1 + D_0 2^0) \qquad (9\text{-}6)$$

当 $R_F = R$ 时，运算放大器的输出电压 u_o 为

$$u_o = i_F R_F = -\frac{U_{REF}}{2^4}(D_3 2^3 + D_2 2^2 + D_1 2^1 + D_0 2^0) \qquad (9\text{-}7)$$

对于 n 位倒 T 形电阻网络 DAC，其输出电压 u_o 为

$$u_o = -\frac{U_{REF}}{2^n}(D_{n-1} 2^{n-1} + D_{n-2} 2^{n-2} + \cdots + D_0 2^0) \qquad (9\text{-}8)$$

由式（9-8）可以看出，输出模拟电压 u_o 的大小直接与输入二进制数的大小成正比，从而实现了数字量到模拟电压的转换。

倒 T 形电阻网络 DAC 中各支路的电流与电子开关 S 的位置无关，始终保持不变，这样就从根本上消除了尖峰脉冲的产生。同时，因为电阻网络各支路的电流都直接接到运放的输入端，所以它们之间不存在传输时间差，提高了转换速度。因此，倒 T 形电阻网络 DAC 的应用非常广泛。

二、DAC 的主要技术指标

（一）分辨率

分辨率用于表征 D/A 转换器对输入微小量变化的敏感程度。其定义为 D/A 转换器模拟输出电压可能被分离的等级数。输入数字量位数越多，输出电压可分离的等级越多，则分辨率越高。因此在实际应用中，往往用输入数字量的位数表示 D/A 转换器的分辨率。此外，D/A 转换器分辨率也可以用输入数字信号只有最低有效位（LSB）为"1"时的最小输出电压与所有有效位全为"1"时的最大输出电压（又称 FSR，满刻度输出电压）的比值来表示。n 位 D/A 转换器的分辨率可表示为

$$S = \frac{1}{2^n - 1} \qquad (9\text{-}9)$$

式中：n 为 DAC 的位数。

例如，$n=8$ 的 DAC，其分辨率 $S = \frac{1}{2^8 - 1} = 0.004$。如果输出模拟电压最大值为 10V，则八位 DAC 所能分辨的最小电压为 $10/255 \approx 0.04V$。显然，DAC 的位数越多则分辨最小输出电压的能力越强。因此，常常用输入数字信号的有效位数来表示分辨率。例如八位 DAC 的分辨率就是八位。

（二）转换精度

转换精度分绝对精度和相对精度。绝对精度对应于给定满刻度数字量时，实际输出的模拟电压与理论值之间的误差。此误差一般由 D/A 的增益误差、零点误差、线性误差和噪声误差引起，通常应低于 $2^{-(n+1)}$。相对精度指在满刻度整个范围内，对应于任一数字的模拟量输出与理论值之差。对于线性的 DAC，常用该偏差相对满刻度的百分比表示，或将偏差用数字量最低有效位的位数表示。

（三）输出电压建立时间

输出电压建立时间是指 DAC 从数字信号输入开始到输出电压达到稳定值所需的时间，

也称转换时间。该时间越短，DAC 的工作速度也越快。

三、集成 DAC 举例

随着大规模集成电路的发展，已经能够将十分复杂的 DAC 集成在一块芯片上，在实际应用中，一般只需选用集成 DAC 即可满足需要。集成 DAC 的种类很多，性能指标各异。集成 DAC 是将电阻网络、电子模拟开关等集成在一块芯片上，再根据应用需要，附加一些功能电路，就构成具有各种特性的 DAC 芯片。

集成 DAC 按转换位数分为 4、8、10、12、14、16 位等。按转换特性分，有通用、高速、高精度、高分辨率等。下面以常用的 DAC0832 为例进行介绍。

（一）DAC0832 的结构及工作过程

图 9-6 所示为 DAC0832 的原理框图。由图 9-6 可见，其内部有两个输入数据缓冲寄存器，可以进行两级缓冲操作，使该器件的操作有更大的灵活性。

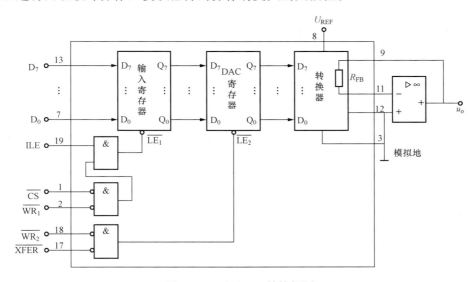

图 9-6 DAC0832 结构框图

DAC0832 芯片的工作过程简述如下：

（1）双缓冲工作方式。DAC0832 内部包含两个数据寄存器，即输入寄存器和 DAC 寄存器，因而称为双缓冲。这是它不同于其他 DAC 的显著特点。数据在进入 R-2R 倒梯形网络转换之前，必须通过两个相互独立控制的寄存器进行传递。在一个系统中，任何一个 DAC 都可以同时保留两组数据，在 DAC 寄存器中保存即将转换的数据，而在输入寄存器中保存下一组数据。

（2）单缓冲与直通工作方式。在不需要双缓冲的应用场合，为了提高数据通过率，可把寄存器之一接成直通。例如，$\overline{WR_2}$ 和 $\overline{XFER}$ 接地，这样 DAC 寄存器就处于直通状态。当 $\overline{WR_1}=0$，$\overline{CS}=0$，ILE$=1$ 时，DAC 模拟输出更新；当 $\overline{WR_1}=1$ 时，数据锁存，模拟输出不再变化，称为单缓冲工作方式。如果要求模拟输出快速连续地反映输入数码的变化，则可以把 $\overline{CS}$、$\overline{WR_1}$、$\overline{WR_2}$ 和 $\overline{XFER}$ 接地，ILE 接高电平，使两个寄存器都处于直通状态。转换后的电流加到集成运放的输入端，其输出端就可得到与输入数字信号相应的模拟输出电压 u_o，即

$$u_o = -\frac{U_{REF}}{2^8}\sum_{i=0}^{7}2^i D_i$$

由此可知，DAC0832 能以双缓冲、单缓冲和直通三种方式工作。

（二）DAC0832 的引线及功能

DAC0832 引线图如图 9-7 所示。图 9-7 中，$D_7 \sim D_0$ 为数字信号输入端，TTL 电平。$\overline{CS}$ 为片选信号输入端，低电平有效。$\overline{WR_1}$ 为输入寄存器的写选通输入端，负脉冲有效。当 $\overline{CS}=0$、ILE$=1$、$\overline{WR_1}=0$ 时，$D_7 \sim D_0$ 状态被传送到输入寄存器中。

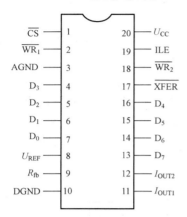

图 9-7 DAC0832 引线图

$\overline{XFER}$ 为数据传输控制信号输入端，低电平有效。

$\overline{WR_2}$ 为 DAC 寄存器写选通输入端，负脉冲有效。当 $\overline{XFER}=0$，且 $\overline{WR_2}$ 有效时，输入寄存器的状态被传送到 DAC 寄存器中。I_{OUT1} 为电流输出端，当输入全为 1 时，其电流最大。I_{OUT2} 为电流输出端，其值和 I_{OUT1} 端的电流之和为一常数。R_{FB} 为反馈电阻端，芯片内部此端与 I_{OUT1} 端之间已接有一个 15kΩ 的电阻。U_{CC} 为电源电压端，电压范围为 $+5 \sim +15V$。U_{REF} 为基准电压输入端。输入电压范围为 $-10 \sim +10V$。AGND 为模拟地，是模拟信号和基准电源的参

考地。DGND 为数字地，是工作电源地和数字逻辑地，使用时，两种地线最好与基准电源电路中的地端相连接。DAC0832 是电流型输出，应用时需外接运算放大器使之成为电压型输出。

（三）DAC0832 主要技术指标

分辨率：八位。

转换精度：$\leqslant \pm 0.2\%$FSR。

转换时间：$\leqslant 1\mu s$。

功耗：20mW。

模拟电压输出范围：满标度 $\pm 10V$。

（四）典型应用电路

典型的两级运算放大器构成的模拟电压输出变换电路如图 9-8 所示。从 A 点输出的模拟电压为单极性，从 B 点输出的模拟电压为双极性。如果基准电压为 $+5V$，则 A 点输出电压为 $-5 \sim 0V$，B 点输出电压为 $-5 \sim +5V$。

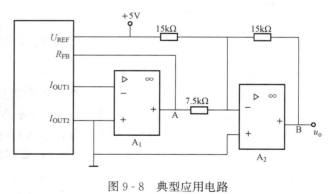

图 9-8 典型应用电路

第二节　模/数转换器及应用

按照转换原理不同，可将 ADC 电路分成直接转换和间接转换两大类，每类中又包含许多结构不同，性能各异的电路。ADC 的分类如下：

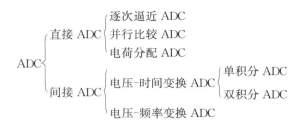

这里只介绍几种目前应用较多的 ADC 的工作原理。

一、A/D 转换的一般步骤

将模拟量转换为数字量，通常需要采样、保持、量化与编码四大步骤来完成。

（一）采样

采样是将一个在时间和量值上都连续变化的模拟信号按一定的时间间隔抽取样值的过程。它实际上是将模拟信号转换为时间上离散的信号，图 9-9 所示为采样原理电路。

输入模拟信号为 u_i，电子开关 S 在采样脉冲 u_s 作用下进行采样。当 u_s 为高电平时，S 接通，输出 $u_o = u_i$；当 u_s 为低电平时，S 断开，输出 $u_o = 0$。图 9-9（b）所示为 u_i、u_s 和 u_o 波形图。

为使采样信号能准确重现原输入模拟信号，要求采样频率必须满足

$$f_s \geqslant 2f_{imax} \tag{9-10}$$

式（9-10）称为采样定理。其中，f_{imax} 为输入模拟信号 u_i 的最高频率分量。通常取采样频率 f_s 为

$$f_s = (2.5 \sim 3)f_{imax} \tag{9-11}$$

（二）保持

由于采样时间极短，采样输出为一串断续的窄脉冲，而要把一个采样信号数字化需要一定的时间，因此，在前后两次采样之间，应将采样的模拟信号暂时存储起来，以便将它们数字化。我们把每次的采样值存储到下一个脉冲到来之前称为保持。

随着集成电路的发展，整个采样保持电路已制作在一块芯片上，LF198 就是其中之一，采用双极型场效应晶体管工艺制造，其结构框图如图 9-10 所示。

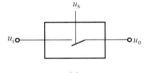

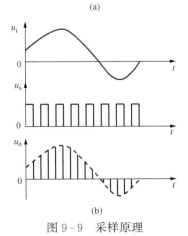

图 9-9　采样原理

（a）采样原理电路；（b）波形图

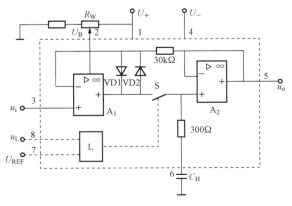

图 9-10　LF198 的结构框图

A_1、A_2 分别为输入和输出运算放大器，S 为模拟开关，L 为控制 S 状态的逻辑单元。u_L 和 U_{REF} 是逻辑单元的两个输入电压信号，当 $u_L > U_{REF} + U_{TH}$ 时，S 闭合；而当 $u_L < U_{REF} + U_{TH}$ 时，S 断开。U_{TH} 称为阈值电压，约为 1.4V。VD1、VD2 组成保护电路，U_B 为偏置输入端，调整 R_w 使 $u_i = 0$ 时，$u_o = 0$。

采样时，$u_L = 1$，使 S 闭合，A_1、A_2 组成电压跟随器，所以 $u_o = u_i$。采样结束时，$u_L = 0$，使 S 断开。由于 A_2 的输入阻抗很高，C_H 上的电压基本保持不变，所以输出电压 u_o 的电位维持不变。当下一个采样控制信号到来后，S 又闭合，电容 C_H 上的电压又跟随此时的输入信号 u_i 而变换。

（三）量化与编码

我们知道，任何一个数字量的大小都是以某个规定的最小数量单位的整数倍来表示的。因此，用数字量来表示采样电压时，也必须把它化成这个最小数量单位的整数倍，这个转化过程称为量化。所规定的最小数量单位称为量化单位，用 Δ 表示。显然，数字信号最低有效位中的 1 所表示的数量大小就等于 Δ。将量化的数值用二进制代码表示，称为编码。这个二进制代码便为 ADC 的输出信号。

由于模拟信号是连续的，它不一定能被 Δ 整除，因而不可避免地带来误差，这个误差称为量化误差。

如果将 0~1V 的模拟电压转换成三位二进制代码时，可取 $\Delta = \frac{1}{8}$V，并规定凡数值在 0~$\frac{1}{8}$V 的模拟电压都当作 $0 \times \Delta$，用二进制 000 表示；凡数值在 $\frac{1}{8}$~$\frac{2}{8}$V 的模拟电压都当作 $1 \times \Delta$，用二进制 001 表示；依次类推，如图 9-11（a）所示。不难看出这种方法产生的最大量化误差为 Δ，即 $\frac{1}{8}$V。

为了减小最大量化误差，可改用图 9-11（b）所示的划分方法，取最小量化单位 $\Delta = \frac{2}{15}$V，并将 000 代码所对应的模拟电压规定为 0~$\frac{1}{15}$V，001 代码所对应的模拟电压规定为 $\frac{1}{15}$~$\frac{3}{15}$V，依次类推。这样，最大量化误差便缩小为 $\frac{\Delta}{2} = \frac{1}{15}$V。

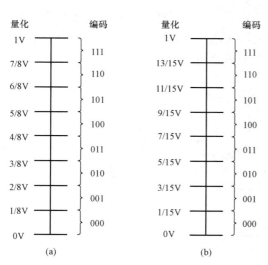

图 9-11 划分量化电平的两种方法
(a) $\Delta = \frac{1}{8}$V；(b) $\Delta = \frac{2}{15}$V

二、并联比较型 ADC

并联比较型 ADC 电路原理图如图 9-12 所示。它由电阻分压器、电压比较器、寄存器、代码转换器等部分组成。输入电压 u_i 的变化范围为 0 到基准电压 U_{REF}，输出为三位二进制代码。

（1）电阻分压器。电阻分压器由 8 个电阻串联而成，电阻的阻值有 R 和 $R/2$ 两种，其作用是将参考电压 U_{REF} 经电阻分压产生 7 个比较电平，分别送到 7 个比较器去。

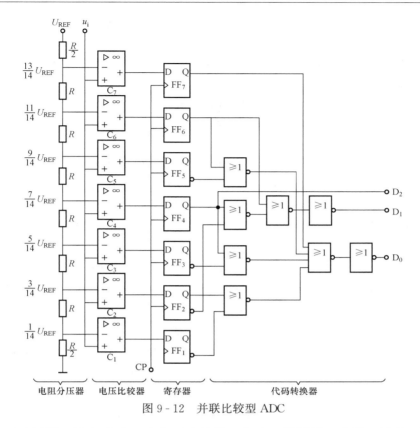

图 9 - 12　并联比较型 ADC

（2）电压比较器。该电路有 7 个电压比较器，每个比较器的一个输入端接不同数值的参考比较电平，输入模拟电压 u_i 同时接到各比较器的另一个输入端，与 7 个参考电平相比较。当 u_i 大于参考电平时，则比较器输出 C=1；反之，C=0。

（3）寄存器。寄存器由 7 个 D 触发器组成。其作用是在 CP 脉冲的操作下，将比较器的输出状态寄存起来，以免由于各比较器工作速度的差异而造成编码错误。

（4）编码器。编码器由或非门组成。其作用是将寄存器的输出转换成二进制代码输出。

当输入模拟电压在 $0 \sim U_{REF}$ 范围内变化时，寄存器的状态见表 9 - 1。这时 ADC 输出二进制代码的范围为 000～111，从而实现了模拟电压到数字量的转换。

表 9 - 1　　　　　　　　　　　　　　**并联比较型 ADC 真值表**

输入模拟电压	寄 存 器 状 态							代码转换器状态		
u_i	Q_7	Q_6	Q_5	Q_4	Q_3	Q_2	Q_1	D_2	D_1	D_0
$(0 \sim 1/14)\,U_{REF}$	0	0	0	0	0	0	0	0	0	0
$(1/14 \sim 3/14)\,U_{REF}$	0	0	0	0	0	0	1	0	0	1
$(3/14 \sim 5/14)\,U_{REF}$	0	0	0	0	0	1	1	0	1	0
$(5/14 \sim 7/14)\,U_{REF}$	0	0	0	0	1	1	1	0	1	1
$(7/14 \sim 9/14)\,U_{REF}$	0	0	0	1	1	1	1	1	0	0
$(9/14 \sim 11/14)\,U_{REF}$	0	0	1	1	1	1	1	1	0	1
$(11/14 \sim 13/14)\,U_{REF}$	0	1	1	1	1	1	1	1	1	0
$(13/14 \sim 1)\,U_{REF}$	1	1	1	1	1	1	1	1	1	1

　　并联比较型 ADC 的最大优点是转换速度快，只需比较一次就能得出结果。它的主要缺点是需用较多的比较器和触发器，并且输出位数越多，这个矛盾就越突出，当输出位数为 n 位时，需用（2^n-1）个比较器和触发器。因此，它一般用于速度要求较高而分辨率要求不高的场合。

三、逐次逼近型 ADC

　　这种转换器是采用逐次比较相平衡的原理来实现的。其比较方法如同天平称量物体质量一样，即将被测物体的质量与标准质量的砝码逐次比较，直至两者达到平衡，最后根据所用砝码的总质量来确定被测物体的质量。

　　例如，有 4、2、1、0.5、0.25、0.125g 六种砝码，其质量依次减半。假设被测物体的质量是 5.627g，则可按以下步骤称量：①先用最重的 4g 砝码进行比较，砝码质量不够，将其保留在天平上，记为 1；②加上 2g 的砝码，砝码过重，将其取下，记为 10；③加上 1g 的砝码，砝码过轻，将其保留，记为 101；④加上 0.5g 的砝码，砝码过轻，将其保留，记为 1011。

　　依次类推，直至试到最后的 0.125g 砝码，物体也就称量完毕。同时得到代表物体质量的二进制数为 101101。该物体的质量为 $4+1+0.5+0.125=5.625$g，结果与被测物体的真实质量只差 0.002g。可见，当砝码的质量分得越细，测量误差也越小。

　　将上述比较原理用于测量电压便构成了逐次逼近型 ADC。

　　三位逐次逼近型 ADC 如图 9-13 所示。它主要由三位 DAC、电压比较器、数码寄存器（由 $FF_6 \sim FF_8$ 组成）、环形移位寄存器（由 $FF_1 \sim FF_5$ 组成）、控制逻辑电路（由 $G_1 \sim G_8$ 组成）等部分组成。

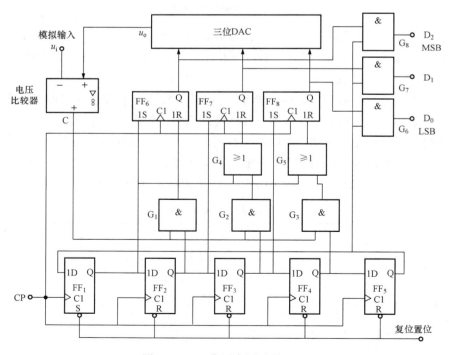

图 9-13　三位逐次逼近型 ADC

　　初始状态，环形移位寄存器被复位置位脉冲置成 $Q_1 \sim Q_5 = 10000$ 状态。这时 $D_2 D_1 D_0 =$

000，无数码输出。

第一个时钟脉冲 CP 作用后，使 FF_6 置 1，FF_7、FF_8 保留 0 状态不变，数码寄存器为 $Q_6Q_7Q_8 = 100$ 状态，三位 DAC 又把 100 转换成对应的模拟电压 u_o，然后送到电压比较器进行比较。若 $u_o > u_i$，则 C = 1；若 $u_o < u_i$，则 C = 0。同时移位寄存器向右移一位，其状态为 $Q_1 \sim Q_5 = 01000$。由于 $Q_5 = 0$，因此 $G_6 \sim G_8$ 被封锁，无数码输出。

第二个时钟脉冲 CP 到来时，使 FF_7 置 1。若原来的 C = 1 时，则 FF_6 被置 0；若原来的 C = 0，则 FF_6 保留 1 状态。同时移位寄存器向右移一位，其状态为 $Q_1 \sim Q_5 = 00100$。这时 $Q_5 = 0$，无数码输出。

第三个时钟脉冲 CP 到来时，使 FF_8 置 1。若原来的 C = 1，则 FF_7 被置 0；反之，则保留 1 状态。同时，移位寄存器向右移一位，其状态为 $Q_1 \sim Q_5 = 00010$。这时 $Q_5 = 0$，仍无数码输出。

第四个时钟脉冲 CP 到来后，根据 C 的状态确定 FF_8 的 1 状态是否保留。这时，FF_6、FF_7 和 FF_8 的状态就是所要转换的结果。同时，移位寄存器向右移一位，处于 $Q_1 \sim Q_5 = 00001$。由于 $Q_5 = 1$，因此 $FF_6 \sim FF_8$ 的状态通过 $G_6 \sim G_8$ 输出，即 $D_2D_1D_0 = Q_6Q_7Q_8$。

第五个时钟脉冲到达后，移位寄存器又移一位，使电路返回到 $Q_1 \sim Q_5 = 10000$ 的初始状态。由于 $Q_5 = 0$，$G_6 \sim G_8$ 重新被封锁，输出的数字信号消失。

上述过程完成了将输入的模拟电压 u_i 转换成数字量输出，即完成了 A/D 转换。

由上述可看到，三位输出的 ADC 完成一次转换需要 5 个时钟信号周期的时间。如果是输出为 n 位的 ADC，则完成一次转换所需的时间将为（$n+2$）个时钟信号周期。因此，它的转换速度比并联比较型 ADC 低。然而，由于在位数较多时它所用的器件比并联比较型少得多，所以逐次逼近型 ADC 仍然获得了广泛的应用。

四、双积分型 ADC

双积分型 ADC 的基本工作原理：将输入模拟电压转换成与之成正比的时间间隔，然后利用标准时钟和计数器将此时间间隔变换成数字量。因此，它是一种间接型的 ADC。

双积分型 ADC 转换电路如图 9 - 14 所示。它由积分器、检零比较器、时钟控制器、计数器和定时电路等部分组成，各部分作用如下：

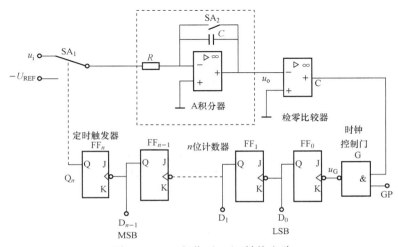

图 9 - 14　双积分型 A/D 转换电路

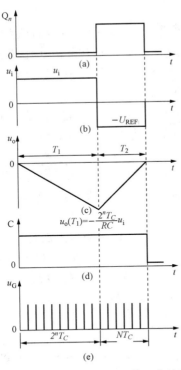

图 9-15　双积分型 ADC 的工作波形

（1）积分器 A。它由运算放大器 A、RC 网络和放电开关 SA₂ 组成，这是转换器的核心部分。开关 SA₁ 受触发器 FF$_n$ 控制。当 Q$_n$=0 时，SA₁ 接输入电压 u_i，积分器对 u_i 积分；当 Q$_n$=1 时，SA₁ 接基准电压 $-U_{REF}$，积分器对 $-U_{REF}$ 积分。因此，积分器进行两次方向相反的积分。

（2）检零比较器 C。当输入 $u_o>0$ 时，比较器输出 C=0；当 $u_o<0$ 时，C=1。

（3）时钟控制门 G。它有两个输入端，一个接检零比较器的输出，另一个接时钟 CP。当 C=1 时，G 门打开，CP 经其加到 n 位计数器；当 C=0 时，G 门关闭，计数器停止计数。

（4）计数器和定时电路。计数器由 n 个触发器组成。初始阶段，计数器的全部触发器清 0，同时使触发器 FF$_n$ 输出 Q$_n$=0，SA₁ 接 u_i，n 位计数器开始计数。

设输入 u_i 为正极性的模拟电压。其工作过程分采样和比较两个阶段。下面结合图 9-15 所示波形进行说明。

（一）采样阶段（第一次积分）

在转换之前，将计数器清零，开关 SA₂ 闭合，电容放电到零，积分器反相输入端是"虚地"，积分器输出 u_o=0。

转换开始后，逻辑控制电路使开关 SA₂ 断开，开关 SA₁ 接入 u_i，被测模拟电压 u_i 通过 SA₁ 加到积分器的输入端，于是积分器开始对 u_i 进行积分，其输出电压 u_o 为

$$u_o = -\frac{1}{RC}\int_0^{T_1} u_i \, \mathrm{d}t = -\frac{u_i}{RC}T_1 \tag{9-12}$$

即积分器输出 u_o 是以 u_i/RC 的斜率随时间从 0 开始下降，如图 9-15（c）所示。由于 $u_o<0$ 检零比较器输出 C=1，见图 9-15（d）。这时，时钟控制门 G 打开，周期为 T_C 的时钟脉冲通过 G 门加到计数器的 CP 端，n 位计数器从 0 开始计数，如图 9-15（e）所示。经时间 $T_1 = 2^n T_C$ 后，计数器计满 2^n 个脉冲，计数器都回到 0 状态，这时采样过程结束，积分器输出电压 u_o 为

$$u_o(T_1) = -\frac{T_1}{RC}u_i = -\frac{2^n T_C}{RC}u_i \tag{9-13}$$

（二）比较阶段（第二次积分）

采样结束后，计数触发器 FF$_{n-1}$ 的 Q 端送出信号，使定时触发器置 1，开关 SA₁ 与 $-U_{REF}$ 接通，积分器又开始对 $-U_{REF}$ 进行反向积分，计数器从 0 开始计数。这时，积分器输出 u_o 由负值向正值上升。如将 T_1 时刻作为计算零点，则输出为

$$u_o = u_o(T_1) + \frac{-1}{RC}\int_0^t (-U_{REF})\mathrm{d}t = -\frac{2^n T_C}{RC}u_i + \frac{U_{REF}}{RC}t \tag{9-14}$$

设 $t=T_2$ 时，输出 u_o 正好过零，比较器输出为 0，G 门关闭，计数器停止计数，比较阶段结束。计数器在 T_2 时间内计的脉冲个数 N 为转换的结果。

当 $t=T_2$ 时，$u_o(T_2)=0$，代入式（9-14），即可求出比较阶段的时间 T_2，即

$$0 = -\frac{2^n T_C}{RC}u_i + \frac{U_{REF}}{RC}T_2$$

$$T_2 = \frac{2^n T_C}{U_{REF}}u_i$$

可见，第二次积分的时间间隔 T_2 与输入模拟电压 u_i 成正比，即完成了模拟电压到时间间隔的转换。在时间 T_2 内，计数器计的脉冲个数 N 为

$$N = \frac{T_2}{T_C} = \frac{2^n}{U_{REF}}u_i$$

即计数器计的脉冲个数 N 与输入模拟电压 u_i 是成正比的。n 位计数器输出的 n 位二进制数就是对应输入模拟电压的数字量，从而实现了 A/D 转换。

由于双积分型 ADC 是经过两次积分后转换为时间间隔，再利用计数器变成数字信号输出的，它的抗干扰能力很强，转换精度高，因此，在数字测量等设备中得到广泛的应用。

五、ADC 的主要技术指标

1. 分辨率

分辨率又称分解度，它为 ADC 输出最低位（LSB）变化的数字量所对应的输入模拟量必须变化的量。它说明了 ADC 对输入信号的分辨能力。输出数字量的位数越多，能分辨出的最小模拟电压越小，转换精度也越高。从理论上讲，n 位输出的 ADC 应能区分出输入模拟电压信号的 2^n 个不同等级，每个等级相差为 $\frac{1}{2^n}$ 个满量程。例如 8 位 ADC 输入最大模拟电压（满量程）为 5V 时，则其分辨率为

$$\frac{5}{2^8} = 19.53(mV)$$

2. 相对精度

相对精度是指 ADC 实际输出的数字量与理论输出数字量之间的差值。例如相对误差 ≤ 1LSB/2，则说明实际输出的数字量和理论上得到的输出数字量之间的误差不大于最低位 1 的一半。

3. 转换速度

转换速度是指 ADC 完成一次转换所需的时间。所谓转换时间是指从接到转换控制信号开始到输出端得到稳定的数字量输出所需的时间。

ADC 的转换速度主要取决于转换电路的类型，不同的转换电路，其转换速度的差别是很大的。

并联比较型 ADC 的转换速度最快。例如，8 位二进制输出的单片集成 ADC 转换时间可以达到 50ns 以内。

逐次逼近型 ADC 次之。多数产品的转换时间都在 $10\sim100\mu s$，个别速度较快的 8 位 ADC 的转换时间可以不超过 $1\mu s$。

相比之下双积分型 ADC 的转换速度要低得多。一般 8 位 ADC 的转换时间多在几十毫秒到几百毫秒之间。

六、集成 ADC 举例

ADC 在数字式仪表、数字控制系统和计算机控制系统中是必不可少的一个部件。目前，市场上集成 ADC 种类很多，技术指标各有特点。一般地，逐次逼近型 ADC 兼顾了高速度和高精度的优点，另一种常用的双积分 ADC 更适用于工频干扰强、精度要求高的场合。总的来说，集成 ADC 的使用方法是相似的。

下面以 ADC0809 为例进行介绍。

（一）ADC0809 的结构及工作过程

ADC0809 芯片是采用 CMOS 大规模集成工艺制成的 8 位逐次逼近型 ADC，具有 8 路模拟输入通道，通道的地址输入能够进行锁存译码，转换后的数据具有三态输出和锁存功能。图 9-16 所示为 ADC0809 结构框图。

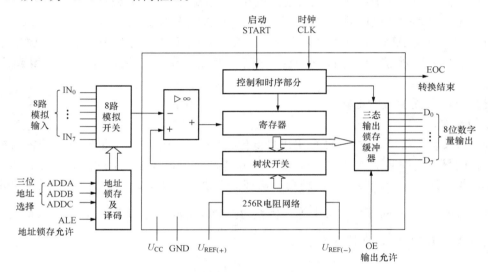

图 9-16　ADC0809 结构框图

电路的工作过程：启动转换后，控制电路将 8 路逐次逼近寄存器从高位到低位依次置 1，同时将每次置数后的数字量送到 256R 梯形电阻和对应树状开关构成的 DAC 中去，产生相应的模拟电压，再将该电压送入比较器，与被地址译码选中的 8 路模拟输入中的一个进行比较，并确定该位数码是置"1"还是复"0"。经过 8 次比较后，数码寄存器中所得到的 8 位数码就是输入模拟电压的相应数字量，控制电路再将它送入输出锁存缓冲器，同时发出转换结束信号。

（二）ADC0809 引脚及功能

ADC0809 采用 28 脚双列直插式封装，其外部引脚排列如图 9-17 所示。下面分别介绍 ADC0809 各个引脚的功能：

（1）$IN_0 \sim IN_7$：八位模拟量输入，由 ADDA、ADDB、ADDC 三条地址线选择，通常输入的模拟电压为 $0 \sim 5V$，相应转换的数字量为 00H～FFH。

（2）ADDA、ADDB、ADDC：模拟输入通道地址线。

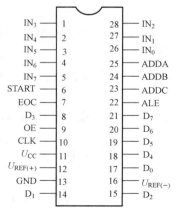

图 9-17　ADC0809 引脚图

各输入通道对应的地址状态见表 9-2。

表 9-2 　　　　　　　　　　　　输 入 通 道 选 择

地　址　输　入			选择通道	地　址　输　入			选择通道
ADDC	ADDB	ADDA		ADDC	ADDB	ADDA	
0	0	0	IN_0	1	0	0	IN_4
0	0	1	IN_1	1	0	1	IN_5
0	1	0	IN_2	1	1	0	IN_6
0	1	1	IN_3	1	1	1	IN_7

（3）ALE：地址锁存允许信号。利用送入的脉冲信号上升沿，将地址状态锁存在地址锁存器中，并通过译码接通所选中的模拟输入通道。

（4）START：ADC 启动信号。利用输入的脉冲信号上升沿将寄存器清零，下降沿启动逐次逼近 A/D 转换。

（5）OE：输出允许信号。当 OE＝1 时，打开锁存器，允许转换数据从三态缓冲器输出。

（6）CLK：时钟信号输入端。作内部计时控制操作之用。常用脉冲频率的典型值为 640kHz。

（7）$D_7\sim D_0$：8 位数字量输出。由 OE 端控制，当 OE＝1 时，$D_7\sim D_0$ 输出；当 OE＝0 时，锁存。

（8）EOC：转换结束信号。从启动信号上升沿开始，经 10（逐次逼近型 ADC 需要 $n+2=8+2=10$）个时钟周期后，EOC 端由高电平变为低电平。EOC＝0 表示正在进行 A/D 转换，待转换结束后 EOC＝1，用以通知外部设备转换已经结束，可以取转换数据了。EOC 与 START 相连接时，可进行连续转换工作。

（9）$U_{REF(+)}$、$U_{REF(-)}$：外接基准电压的正端和负端。为芯片内权电阻 DAC 提供标准电压。当 $U_{REF(-)}$ 接零时，该端成为 ADC 的模拟接地端。

（10）GND：ADC 的数字接地端。

（三）ADC0809 主要技术指标

分辨率：8 位。

转换时间：取决于芯片时钟频率，当 CLK＝500kHz 时，转换时间为 $128\mu s$。

电源：＋5V。

模拟输入电压范围：单极性 $0\sim+5V$，双极性 $\pm5V$ 或 $\pm10V$。

最小功耗：15mW。

（四）ADC0809 连接与应用

图 9-18 所示为 ADC0809 与 MCS-51 系列单片机 8031 的连接与应用电路。该电路与地址锁存器 74LS373、存储器 2764、DAC0832 和逻辑门构成数据采集系统。由单片机 8031 及存入 EPROM2764 中的程序控制，将模拟量 $IN_0\sim IN_7$ 经 A/D 转换后送到 CPU 处理，处理后的结果经 D/A 转换输出，从而构成一个闭环控制系统。

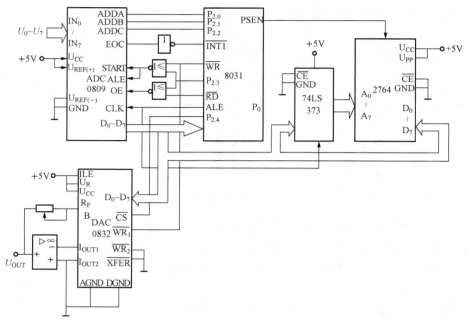

图 9-18　A/D 和 D/A 应用电路图

本 章 小 结

在数字与模拟信号混合的应用电路系统中，往往需要采用数字量到模拟量和模拟量到数字量的转换电路。本章主要介绍了数模转换器和模数转换器的工作原理、电路组成、常用 D/A 转换芯片 DAC0832 和 A/D 转换芯片 ADC0809。

（1）D/A 转换就是将数字量转换为相应的模拟量，A/D 转换就是将模拟量转换为相应的数字量。

（2）D/A 转换器的工作原理是利用线性电阻来分配数字量各位的权，使输出电流与数字量成正比。在各种 D/A 转换器中，倒 T 形电阻网络 DAC 结构简单，转换速度快、精度高，是目前使用较多的一种类型。

集成芯片 DAC0832 是 8 位的倒 T 形电阻网络 DAC，应用广泛。

（3）A/D 转换包含取样、保持、量化和编码四个过程。取样电路是将输入模拟信号按相等的时间间隔进行抽样取值。保持电路是展宽取样脉冲。量化是对取样、保持后的脉冲进行分级归类。编码则是将分级后的信号表示成二进制代码。量化、编码的方案很多，常用的有逐次逼近型、并行比较型及双积分型三种。

ADC0809 是 8 位 8 通道逐次逼近型 ADC，其分辨率较高，转换速度较高，转换精度较高，应用广泛。

习　　题

9-1　试述权电阻网络 DAC 的工作原理。

9-2 试述 T 形电阻网络 DAC 的工作原理。

9-3 和权电阻网络 DAC 相比，T 形电阻网络 DAC 和倒 T 形电阻网络 DAC 主要有哪些优缺点？

9-4 一个 10 位 DAC 的满刻度输出电压是 5V，它的最小分辨电压是多少？

9-5 图 9-19 所示电路是一种权电阻网络 DAC，由权电阻网络、电子开关及加法放大器组成。试完成：

（1）论证其输出模拟电压 u_o 正比于输入数字量 D。

（2）当 $D=D_3D_2D_1D_0=0101$ 时，求 u_o 值（$U_{REF}=5V$）。

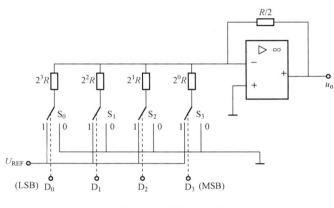

图 9-19 题 9-5 图

9-6 常用的 ADC 有几种？其特点分别是什么？

9-7 试思考为什么 A/D 转换需要采样、保持电路。

9-8 试说明在 A/D 转换过程中产生量化误差的原因及减小量化误差的方法。

9-9 试述并联比较型 ADC 的工作原理。

9-10 试述逐次逼近型 ADC 的工作原理，以及与并联比较型 ADC 相比，各有什么优缺点。

9-11 试述双积分型 ADC 的工作原理。

第十章 半导体存储器

半导体存储器是一种以半导体电路作为存储媒体的存储器，用来存储大量的二进制数据。在电子计算机及一些数字系统的工作过程中，需要对大量数据进行存储，因此，存储器是数字系统的重要组成部分。

第一节 只读存储器

半导体存储器具有存储密度高、速度快、低功耗等一系列优点。它不仅能用来存储数据，而且能实现数据组合逻辑函数。从信息的存取看，半导体存储器基本上可以分为两大类，即只读存储器（ROM）和随机存取存储器（RAM）。

只读存储器 ROM 在断电时数据不会丢失，只读存储器分为固定 ROM（或掩模 ROM）和可编程 ROM（PROM）。PROM 又可分为一次可编程 ROM（PROM）、光可擦除可编程 ROM（EPROM）、电可擦除可编程 ROM（E^2PROM）和闪存存储器（flash memory）。

ROM 常用于存放系统程序、数据表、字符代码等相对固定的数据。E^2PROM 和 flash memory 则广泛用于移动存储设备中。

一、ROM 的基本结构

存储器由存储阵列、地址译码器和输出控制电路三部分组成，其结构如图 10-1 所示。存储阵列由许多存储单元组成，每个存储单元存放 1 位二值数据。通常存储单元排列成矩阵形式，且按一定位数进行编组，每次读出一组数据，这里的组称为字。一个字中所含的位数称为字长，常以字数和字长的乘积表示存储器的容量（也称为密度）。为了区别各个不同的字，给每个字赋予一个编号，称为地址。构成字的存储单元也称为地址单元。地址译码器将输入的地址代码译成相应的地址信号，从存储矩阵中选出相应的存储单元，并将其中的数据送到输出控制电路。地址单元的个数 N 与二进制地址码的位数 n 满足关系式 $N=2^n$。

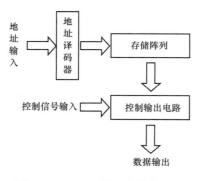

图 10-1 ROM 的基本结构框图

输出控制电路一般都包含三态缓冲器，以便与系统的数据总线连接。当有数据输出时，可以有足够的能力驱动数据总线；当没有数据输出时，输出高阻态不会影响数据总线。

图 10-2 所示为 ROM 结构示意。其中，存储阵列由字线和位线交叉处的二极管构成。该存储器有 4 个地址单元（4 个字），字长为 4 位，容量为 4×4 位。

读操作时，如果给定的地址为 $A_1A_0=01$，译码器的 $\overline{Y_0} \sim \overline{Y_3}$ 中只有 $\overline{Y_1}$ 为低电平，则 $\overline{Y_1}$ 字线与所有位线交叉处的二极管导通，使相应的位线变为低电平，而交叉处没有二极管的位线仍保持高电平。此时，若输出使能控制信号 $\overline{OE}=0$，则位线电平经缓冲器反相输出，使 $D_3D_2D_1D_0=1100$。因此，ROM 属于组合电路，给定一组输入（地址），便可得到

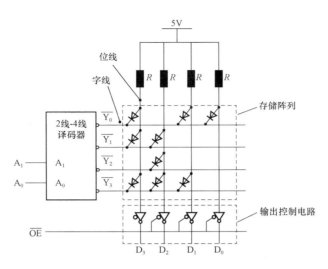

图 10 - 2 ROM 结构示意

一组输出（数据）。该 ROM 的 4 个地址内所存储的数据见表 10 - 1。

表 10 - 1   **图 10 - 2 ROM 存储的内容**

地址		内容			
A_1	A_0	D_3	D_2	D_1	D_0
0	0	1	0	1	1
0	1	1	1	0	0
1	0	0	1	0	0
1	1	1	1	1	0

由以上分析可知，字线与位线交叉处相当于一个存储单元，此处若有二极管存在，则存储单元存有 1 值，否则为 0 值。

存储器的容量越大，意味着能存储的数据越多。例如，一个容量为 256×4 位的存储器，有 256 个字，字长为 4 位，总共有 1024 个存储单元。存储容量较大时，字数通常采用 K、M 或 G 为单位。其中，$1K = 2^{10} = 1024$，$1 M = 2^{20} = 1024K$，$1G = 2^{30} = 1024M$。

二、二维译码与存储阵列

如果采用图 10 - 2 所示的译码方式，构造一个 $2^8 \times 1$ 位的 ROM，则需要 256 根译码输出选择线，译码电路规模显著增大，特别是大容量存储器，这种译码方式会使译码电路急剧膨胀。而采用行译码和列译码的二维译码结构（见图 10 - 3），可以大大减少选择线数量，只需要行、列译码器各 16 根选择线，减小了译码电路的规模。

图 10 - 3 中的存储阵列由行选择线和列选择线交叉处的 MOS 管构成。当给定的地址 $A_7 A_6 A_5 A_4 A_3 A_2 A_1 A_0 = 00010001$ 时，$A_7 A_6 A_5 A_4$ 经译码器译码，输出 Y_1 行线为高电平，则栅极 Y_1 相连的 MOS 管导通，使 I_1、I_{14} 的位线变为低电平；而交叉处未连接 MOS 管的位线仍保持高电平，如 I_0、I_{15} 的位线仍为高电平。而此时地址码的低 4 位 $A_3 A_2 A_1 A_0 = 0001$，数据选择器选择 I_1 位线输出，即 $D_0 = I_1 = 0$。如果 Y_1 行线和 I_1 位线交叉处没有 MOS 管，$D_0 =$

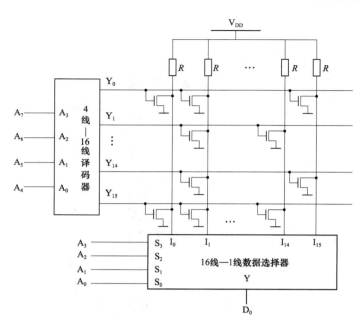

图 10-3　用 MOS 管构成存储单元的 ROM 结构示意

$I_1 = 1$。一般数据选择器的输出 D_0 还需经反相缓冲器再输出。由此看出，4 线—16 线译码器实现行的选择，16 线—1 线数据选择器实现列的选择，从而完成行和列的译码。ROM 通过行和列交叉点上是否连有 MOS 管来存储 0 和 1。

由于二维译码需通过行、列共同作用才能选中地址单元，所以存储矩阵中水平线不再是字线，而称为行线或行选择线。

三、ROM 应用举例

试用 2716EPROM 设计一个驱动共阴极八段字符显示器。2716 是常用的 EPROM 芯片，它采用 24 脚双列直插式 DIP 封装结构。$A_{10} \sim A_0$ 为 11 条地址线，$D_7 \sim D_0$ 为 8 条并行数据线，24 脚 V_{CC} 加 5V 工作电压，12 脚 GND 为公共地端，18 脚 $\overline{CE}/PGM$ 为片选，编程控制端，20 脚 $\overline{OE}$ 为输出控制端，21 脚 V_{PP} 为 25V 编程电压输入端。2716 共有五种操作模式，见表 10-2。

表 10-2　　　　　　　　　　　　　2716EPROM 操作模式

模式	$\overline{CE}/PGM$	$\overline{OE}$	V_{PP}	V_{CC}	$D_7 \sim D_0$
读取	0	0	+5V	+5V	数据输出
维持	1	×	+5V	+5V	高阻（禁止）
编程	0→1		+25V	+5V	数据输入
编程校验	0	0	+25V	+5V	数据输出
编程禁止	0	1	+25V	+5V	高阻

根据题目要求可知，该显示译码器是一个输入变量为 4，输出变量为 8 的组合逻辑电路。2716EPROM 是 2K×8 位的 EPROM 芯片，共有 11 根地址线（即 $A_{10} \sim A_0$）、8 根数据

线（即 $D_7 \sim D_0$）。

显示译码器的 BCD 码输入 D、C、B、A 分别接 2716EPROM 的 A_3、A_2、A_1、A_0，译码输出 a、b、c、d、e、f、g、h 分别接 2716EPROM 的 D_0、D_1、D_2、D_3、D_4、D_5、D_6、D_7，2716EPROM 的多余高位地址线 $A_{10} \sim A_4$ 都接低电平，即在前 16 个地址上存储显示译码数据，而其他地址单元的数据可以任意。2716EPROM 构成的八段显示译码电路如图 10 - 4 所示。

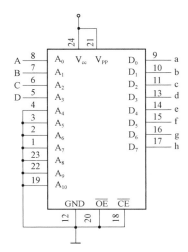

图 10 - 4 2716EPROM 构成的八段显示译码电路

第二节 随机存取存储器

随机存储器也称为随机读/写存储器，简称 RAM。它在工作时可以随时根据地址信号从存储单元中读取或写入数据，主要优点是读、写方便，使用灵活，缺点是它的易失性，断电时，存储器将丢失所有的信息。根据工作原理不同，RAM 又分为静态 RAM（static random access memory，SRAM）和动态 RAM（dynamic random access memory，DRAM）。SRAM 的存储单元是以双稳态锁存器或触发器为基础构成的，在供电电源保持供电的情况下，信息不会丢失，其优点是不需要刷新，缺点是集成度较低。DRAM 的存储单元是运用 MOS 管栅极电容可以存储电荷的原理制成的，其电路结构简单，但由于 MOS 管的栅极电容很小，而 MOS 管的漏电电流不可能为零，所以电荷的存储时间有限。为了及时补充卸漏掉的电荷以避免存储信息的丢失，需要定时给栅极电容充电，通常称这种操作为刷新或再充，因此，DRAM 电路必须辅以刷新电路。

一、SRAM

（一）SRAM 的基本结构及输入输出

静态 RAM 常称为 SRAM，它的基本结构与 ROM 类似，由存储阵列、地址译码器和输入/输出控制电路三部分组成。SRAM 的一般结构框图如图 10 - 5 所示。

其中 $A_0 \sim A_{n-1}$ 是 n 根地址线，$I / O_0 \sim I / O_{m-1}$ 是 m 根双向数据线，其容量为 $2^n \times m$ 位。$\overline{OE}$ 为输出使能信号，$\overline{WE}$ 是写使能信号，$\overline{CE}$ 为片选信号。只有在 $\overline{CE} = 0$ 时，RAM 才能

进行正常工作；否则，三态缓冲器均为高阻，SRAM 不工作。为降低功耗，一般 SRAM 中都设计有电源控制电路（图中未画），当片选信号 $\overline{CE}$ 无效时，将降低 SRAM 内部的工作电压，使其处于微功耗状态。I /O 电路主要包含数据输入驱动电路和读出放大器，以使 SRAM 的内外电平好匹配。SRAM 的工作模式见表 10 - 3。

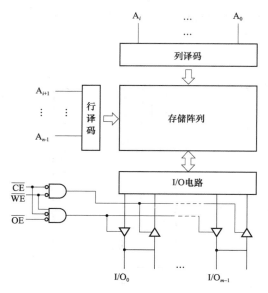

图 10 - 5　SRAM 的结构框图

表 10 - 3　　　　　　　　　　　　　**SRAM 的工作模式**

工作模式	$\overline{CE}$	$\overline{WE}$	$\overline{OE}$	$I / O_0 \sim I / O_{m-1}$
保护（微功耗）	1	$\times$	$\times$	高阻
读	0	1	0	数据输出
写	0	0	$\times$	数据输入
输出无效	0	1	1	高阻

（二）SRAM 存储单元

SRAM 与 ROM 最主要的差别是存储单元。SRAM 的存储单元是由锁存器构成的，因此它属于时序逻辑电路。图 10 - 6 画出了存储阵列中第 j 列、第 i 行的存储单元结构示意。点画线框中为六管 SRAM 存储单元，其中 T_1 和 T_3、T_2 和 T_4 分别构成两个 CMOS 反相器，交叉连接它们的输出与输入便成为基本双稳态电路（锁存器），用来存储 1 位二值数据。X_i 为行译码器的输出，Y_j 为列译码器的输出。T_5、T_6 为本单元控制门，由行选择线 X_i 控制。$X_i = 1$，T_5、T_6 导通，锁存器与位线接通；$X_i = 0$，T_5、T_6 截止，锁存器与位线隔离。T_7、T_8 为一列存储单元公用的控制门，用于控制位线与数据线的连接状态，由列选择线 Y_j 控制。显然，当行选择线和列选择线均为高电平时，$T_5 \sim T_8$，都导通，锁存器的输出才与数据线接通，该单元才能通过数据线传送数据。因此，存储单元能够进行读/写操作的条件是，与它相连的行、列选择线均须呈高电平。

由此可见，SRAM 中数据由锁存器记忆，只要不断电，数据就能永久保存。

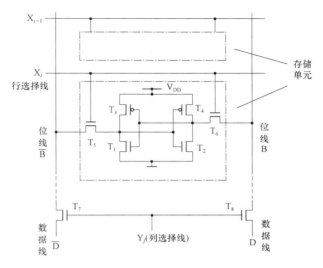

图 10 - 6　第 j 列、第 i 行的存储单元结构示意

与 ROM 类似，RAM 的读写操作也需要遵循一定的时序，使用时请参阅器件数据手册，此处不再赘述。

（三）其他存取方式的存储器

1. FIFO

FIFO（first - in first - out）是一种先进先出的存储器也得到广泛应用。所谓先进先出是指先存入的数据也先被读出，不能随机存取。意味着 FIFO 的读写地址是按一定顺序变化的。为了实现先进先出的读写功能，FIFO 的数据写入端口和数据读出端口是分开的，并沿有地址输入端口。读写数据的地址由 FIFO 内部的读地址指针计数器和写地址指计计数器来确定。写操作时，写控制信号有效，输入端口的数据写入到由写指针指向的地址单元中然后写指针计数器加 1。读操作与此类似。该存储器必须先写入数据后，才能读出数据。当 FIFO 中的数据被读完后，表示"空"状态的输出信号有效。若写入 FIFO 中的数据没有被及时读出，可能会出现被写"满"的情况，此时表示"满"状态的输出信号有效。"空"和"满"状态信号为用户控制 FIFO 的读写提供了方便。

FIFO 存储器多用作数据缓冲器，适用于需要长时间、不间断、高速数据采集的缓冲器。

2. 双口 SRAM

还有一种不同于 FIFO 的双口（dual - port）SRAM。这种存储器有两套完全独立完整的地址、数据和控制端口，共用同一个存储阵列。两个端口都能进行读写操作，而且能根据各自端口的地址随机存取。当出现两个端口同时访问相同的地址单元时，SRAM 内部仲裁电路将根据两个端口先后访问的微小时差，决定先完成哪个端口的访问，并输出状态信号告知另一端口将延迟其访问。双口 SRAM 为数据缓存提供了更便利的条件。

与 ROM 类似，SRAM 也有串行结构。由于串行 SRAM 芯片减少了引脚数目，所以做得非常小，通常用在体积要求非常小的系统中。

二、DRAM

（一）DRAM 存储单元

图 10-6 所示的 SRAM 存储单元由 6 个 MOS 管构成，所用的管子数目多、功耗大，集成度受到限制，动态 RAM 克服了这些缺点。动态 RAM 也称为 DRAM，其存储单元由一个 MOS 管和一个容量较小的电容器构成，如图 10-7 中点画线框内所示。它利用电容器的电荷存储效应来存储数据 0 或 1。当电容 C 充有电荷、呈现高电压时，相当于存有 1 值，反之为 0。MOS 管 T 相当于一个受行选择线控制的开关。由于电路中漏电流的存在，电容器上存储的数据（电荷）不能长久保存，因此必须定期给电容补充电荷，以免存储数据丢失，这种操作称为刷新（refresh）或再生。一般的刷新间隔时间为 15.6ms（或 7.8ms），刷新时间小于 100 ns。可见刷新时间只占刷新周期的 0.64%，对正常读/写操作影响很小。

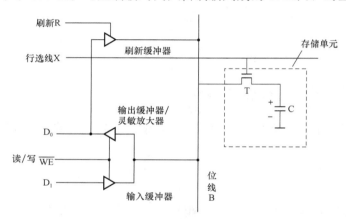

图 10-7　动态存储单元及基本操作原理

写操作时，行选线 X 为高电平，T 导通，电容器 C 与位线 B 连通。同时读写控制信号 $\overline{WE}$ 为低电平，输入缓冲器被选通，数据 D_1 经缓冲器和位线写入存储单元（外部输入/输出引脚上的数据经列选通电路送至 D_1。图中未画列选通电路）。如果 D_1 为 1，则向电容器充电；反之，电容器放电。未选通的缓冲器呈高阻态。

读操作时，行选线 X 为高电平，T 导通，电容器 C 与位线 B 连通。此时读写控制 $\overline{WE}$ 为高电平，输出缓冲器/灵敏放大器被选通，C 中存储的数据通过位线和缓冲器由 D_0 输出（D_0 再经列选通电路送至最终的输出引脚）。由于读出时会消耗 C 中的电荷，存储的数据被破坏，故每次读出后，必须及时对读出单元刷新，即此时刷新控制 R 也为高电平，则读出的数据又经刷新缓冲器和位线对电容器 C 进行刷新。

除了读、写操作可以对存储单元进行刷新外，刷新操作也可以通过只选通行选择线来实现。例如，当行选线 X 为高电平，且 $\overline{WE}$ 亦为高电平时，C 上的数据经 T 到达位线 B，然后经输出缓冲器和刷新缓冲器对存储单元刷新，此时的刷新是整行刷新。由于未进行列选通，所以 D_0 的数据不会送至最终的输出引脚。实际上，刷新操作时输出缓冲器和刷新缓冲器环路构成一正反馈，如果位线为高电平，则将位线电平拉向更高；反之，则使位线电平降得更低。

由于存储单元电容的容量很小，所以在位线容性负载较大时，C 中存储的电荷（C 存有 1 时）可能还未将位线拉至高电平时便耗尽了，由此出现读出错误。为避免出现这种情况，通常在读之前先将位线电平预置为高、低电平的中间值。这样，T 导通时，根据电容 C 存储的是 0 还是 1，会将位线拉向低电平或高电平。位线电平的这种变化经灵敏放大器放大，可以准确得到 C 所存储的逻辑值。

（二）DRAM 的基本结构

由于 DRAM 的集成度很高，存储容量大，因此需要较多的地址线。为减少引线数目，DRAM 大都采用行、列地址分时送入的方法。例如，对于一个 1M 字的存储器，有 2^{20} 个地址，即有 20 根地址线。采用行、列地址分时送入时，只需要 10 根地址线加少量控制线。DRAM 的基本结构如图 10-8 所示，其内部设有行、列两个地址寄存器。通常先将行地址（地址码高位部分）加到地址线 A 上，在行地址选通信号 $\overline{RAS}$（row address strobe）控制下送入行地址寄存器中；然后将列地址（地址码低位部分）加到地址线 A 上，在列地址选通信号 $\overline{CAS}$（column address strobe）控制下送入列地址寄存器中。此外，DRAM 内部设有刷新计数器和刷新控制及定时电路，由此可以自动产生行地址进行刷新。

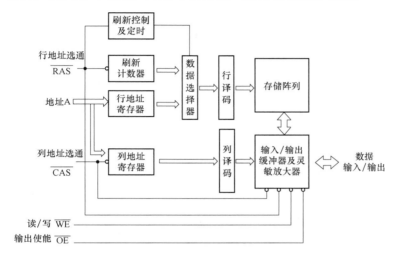

图 10-8 DRAM 的基本结构

因为需要定时刷新，所以 DRAM 的操作方式比 SRAM 要复杂些，除了正常的读写外，还有多种不同的刷新操作方式，具体请参阅所选用器件的数据手册，此处不再赘述。

与 SRAM 的发展类似 DRAM 也有同步 DRAM（synchronous DRAM，SDRAM）、DDR（双倍速率同步 DRAM）同步 DRAM 和 QDR（四倍速率同步 DRAM）同步 DRAM。由于 DRAM 的存储单元结构简单，其集成度远高于 SRAM，所以同等容量情况下，DRAM 更廉价。

目前，改进型 DDRⅡ（二代）和 DDRⅢ（三代）同步 DRAM 已成为个人电脑的主流内存。

（三）存储容量的扩展

目前，尽管各种容量的存储器产品已经很丰富，且最大容量已达 32Gbit 以上，用户能够方便地选择满足需要的芯片。但是，只用单个芯片不能满足存储容量要求的情况仍然存在，个人电脑中的内存条就是一个典型的例子，它由焊在一块印刷电路板上的多个芯片组成。例如要构成容量为 8G×32 位的存储器，就需要 8 片上述容量的芯片。此时，便涉及存储容量的扩展问题。

扩展存储容量的方法可以通过增加字长（位数）或字数来实现。

1. 字长（位数）的扩展

通常 RAM 芯片的字长为 1、4、8、16、32 位等。当实际存储器系统的字长超过 RAM 芯片的字长时，需要对 RAM 实行位扩展。

可以用芯片的并联方式实现位扩展，即将 RAM 的地址线、读/写控制线和片选信号对应地址并联在一起，而各个芯片的数据输入/输出端作为字的各个位线。如图 10-9 所示，用 4 个 4K×4 位 RAM 芯片可以扩展成 4K×16 位的存储系统。

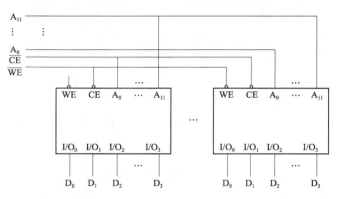

图 10-9　用 4K×4 位 RAM 芯片构成 4K×16 位的存储器系统

2. 字数的扩展

字数的扩展必然涉及地址码位数的增加，将增加的地址码作为高位，利用外加译码器译码后控制存储器芯片的片选使能输入端，就可以实现字扩展。例如，利用 2 线－4 线译码器将 4 个 8K×8 位的存器系统扩展式图 10-10 所示。其中，存储器扩展所要增加的地址线 A_{14}、A_{13} 与译码器的输入相连，译码器的输出 $\overline{Y_0} \sim \overline{Y_3}$ 分别接至 4 片 RAM 的选片信号控制端 $\overline{CE}$。这样，输入一个地址码（$A_{14} \sim A_0$）时，只有一片 RAM 被选中，从而实现了字的扩展。

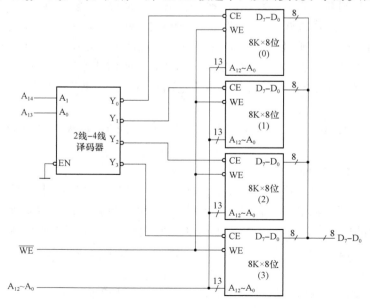

图 10-10　用 8K×8 位 RAM 芯片构成 32K×8 位的存储器系统

实际应用中，常将两种方法相互结合，以达到同时扩字和位的要求。可见，无论需要多大容量的存储器系统，均可利用一定容量存储器芯片，通过位数和字数的扩展来构成。

三、RAM 应用举例

Motorola 公司生产的 MCM6264 芯片的引脚排列，如图 10 - 11 所示。6264 是 28 引脚双排直插芯片，是一种采用 CMOS 工艺制成的 8K×8 的静态随机存取存储器，典型存取时间为 100ns。电源电压为 5V，通过电流为 40mA，维持电压及维持电流分别为 2V 和 $2\mu A$。

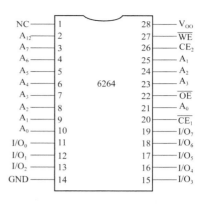

图 10 - 11　MCM6264 芯片的引脚排列

6264 共有 13 根地址线，即 A_0 到 A_{12}；8 根数据线 $I/O_0 \sim I/O_7$；4 根控制线，分别是 $\overline{CE_1}$、CE_2、$\overline{WE}$、$\overline{OE}$，$\overline{CE_1}$、CE_2 是片选端，当 $\overline{CE_1}$ 和 CE_2 都有效时选中该芯片，使它处于工作状态；$\overline{WE}$ 是写控制端，$\overline{OE}$ 是输出（读）允许控制端，写操作优先于读操作。NC 为无效引脚。6264 工作方式的选择见表 10 - 4。

表 10 - 4　　　　　　　　　　　　　6264 工作方式的选择

$\overline{CE_1}$	CE_2	$\overline{WE}$	$\overline{OE}$	$I/O_0 \sim I/O_7$	工作状态
1	×	×	×	高阻	未选中
×	0	×	×	高阻	未选中
0	1	1	1	高阻	输出禁止
0	1	1	0	数据输出	读操作
0	1	0	1	数据输入	写操作
0	1	0	0	数据输入	写操作

本　章　小　结

半导体存储器是一种能存储大量数据或信号的半导体器件，存储器的应用领域极为广泛，凡是需要记录数据或各种信号的场合都离不开它。尤其在电子计算机中，存储器是必不可少的一个重要组成部分。本章主要介绍了存储二值数据的半导体存储器件随机存储器 RAM 和只读存储器 ROM。

只读存储器 ROM 在断电时数据不会丢失，只读存储器分为固定 ROM（或掩模 ROM）和可编程 ROM（PROM）。PROM 又可分为一次可编程 ROM（PROM），光可擦除可编程 ROM（EPROM），电可擦除可编程 ROM（E^2PROM）和闪存存储器（flash memory）。

随机存储器 RAM 存、取非常方便，但它的数据在断电时会丢失。随机存储器可分为静态存储器和动态存储器。静态存储器适用于一些要求存储速度快的场合，而动态存储器适用于存储量大的场合。

习　　题

10-1　半导体存储器可以分为几类？ROM 和 RAM 的最大区别是什么？

10-2　指出下列存储系统各具有多少个存储单元？其地址码至少需要几位？数据位是几位？

（1）64K×1；（2）256K×1。

10-3　ROM 有哪几种类型？哪几种 ROM 具有多次擦除重写功能？

10-4　RAM 有哪几种类型？其各有何特点？

10-5　静态 RAM 和动态 ROM 在工作方式上有哪些区别？分别用于哪些场合？

第十一章 电子电路仿真软件 Multisim2001 的应用

Multisim 是知名的 EDA 软件之一，它的前身是 EWB（electronics workbench，电子工作台）5.0。它提供了虚拟实验和电路分析两种仿真手段，可用于模拟电路、数字电路、数模混合电路和部分强电电路的仿真实验、分析与设计。

与其他仿真分析软件相比，Multisim 的最显著特点是提供了一个操作简便且与实际很相似的虚拟实验平台。它能对电工技术课程中几乎所有基本电路进行仿真实验，实验过程和仪器操作方法与实际相似，而且比实际还要方便、省时。利用 Multisim 软件在计算机上进行验证模拟实验和电路设计，作为教学的补充，可以取得良好的教学效果。它可以使学生增强对电路的感性认识，熟悉并掌握各种仪器的使用方法和电路参数的测试方法，还有助于培养学生的创新能力、计算机应用能力和实际动手能力。对设计人员来说，可以使用仿真技术进行方案论证，通过仿真完善设计方案，再进行实际电子产品的制作，可以提高其工作效率和设计水平。因此，Multisim 是一种优秀的电子电路仿真软件。

一、Multisim 的窗口界面

用鼠标双击 Multisim 图标即可启动 Multisim，并将出现图 11 - 1 所示 Multisim 软件的操作界面。其主要部分如图 11 - 1 所示。

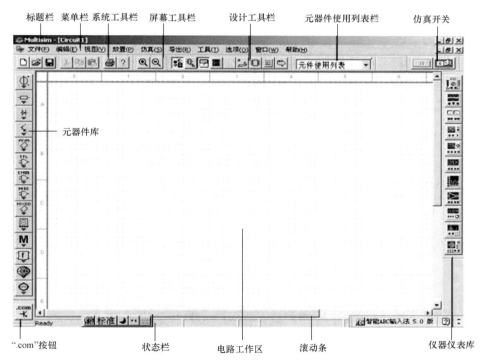

图 11 - 1 Multisim2001 主窗口

（1）菜单栏。提供文件管理、创建电路、仿真分析等所需的各种命令。

（2）工具栏。为方便用户操作，Multisim 设置了系统工具栏、屏幕工具栏、设计工具栏等多种工具栏。用鼠标单击某一按钮，即可完成相应的功能。

（3）元器件库和仪器仪表库。它提供了丰富的元器件和常用的仪器仪表。元器件库按元器件模型分门别类地放到 14 个器件库中，通常放置在工作窗口的左边，仪器仪表库有 11 种用来对电路进行测试的虚拟仪器，通常放置在工作窗口的右侧。单击某一图标可以打开该库，再进行元器件或仪器仪表的选用。

（4）使用元器件列表栏。使用元器件列表列出了当前电路所使用的全部元器件，以供检查和重复使用。

（5）".com"按钮。此按钮是为方便用户通过因特网进入 EDApart.com 网站的入口。

（6）电路工作区。中间最大的区域是电路工作区。在此工作区可进行电路图的编辑绘制、仿真分析及波形数据显示等操作。

（7）仿真开关。共有"启动/停止"和"暂停/恢复"两个按钮，用来控制仿真进程。

（8）状态栏。位于主窗口的最下面，用来显示有关当前操作以及鼠标所指条目的有关信息。

（9）Multisim 的关闭。可以用鼠标左键单击主窗口右上角的"关闭"按钮，也可以执行 File - close 命令。关闭前如果没有将编辑文件存盘，系统将弹出一个对话框，提示保存电路文件。单击需要的"是"或"否"按钮，即可将 Multisim 文件关闭。

二、电路的创建及仿真调试步骤

（1）建立电路文件。启动 Multisim2001，软件就自动创建一个默认标题为"Circuit1"的新电路文件，如图 11 - 2 所示。该电路文件可以在保存时重新命名。

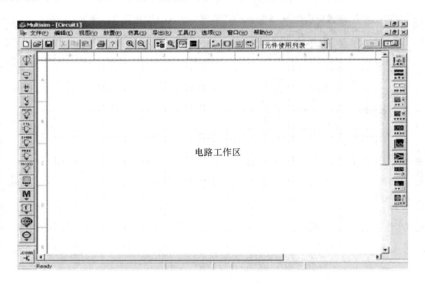

图 11 - 2　新电路文件窗口

（2）元器件的调用与布局。打开相应元器件库，将所需参数的元器件拖曳到电路工作区中即可完成元器件的调用。通过移动和旋转元器件进行布局调整。

（3）线路连接和放置节点。元器件布局结束后就可以进行线路连接。注意在必要的位置放置连接点。

（4）连接仪器、仪表。电路图设计完毕就可将仪器仪表接入，以供实验使用。为了便于仪器仪表波形的识别与读数，通常将仪器的输入、输出连线设置为不同的颜色。

（5）运行 Multisim 仿真。用鼠标左键单击仿真电源开关，软件自动开始运行仿真，系统将自动把分析结果显示在各仪器仪表上。若单击仿真暂停图标，可实现暂停仿真操作。再次按下暂停按钮，将激活电路重新进入仿真过程。此时，可方便用读数指针读出波形中测试的有关数据。

（6）查看分析结果。查看分析结果的方法有两种。第一种是双击打开仪器仪表的面板，观察指定点的波形或数据的变化。若要观察波形，双击示波器图标，展现示波器的面板，并对示波器作适当的设置，就可以显示测试的数值和波形。单击"暂停"按钮后，可方便用读数指针读出波形中测试的有关数据。第二种是单击设计工具栏中"仪表"按钮，同样可观察仿真结果。

三、仿真实验举例

单管放大电路放大特性的研究。

电路为分压式电流负反馈偏置放大电路。用 Multisim 模拟元器件连接好电路，并用 Multisim 中的虚拟仪器仪表进行在线测量，观察其输入输出波形，记录测量值，将测量值与理论计算值对照比较。

1. 放大电路静态工作点的测量

建立如图 11-3 所示的分压式电流负反馈偏置放大电路，三极管的电流放大倍数选为 $\beta = 100$，电流表、电压表按图连接，双击图中各电流表、电压表图标，弹出面板后进行设置。按下仿真开关，记录 I_{BQ}、I_{CQ}、U_{CEQ} 的测量值，填入表 11-1 中，并和理论计算值进行比较。可以看出，测试结果与理论计算具有较好的一致性。

表 11-1　放大电路静态工作点的测量表

参数	I_{BQ} （μA）	I_{CQ} （mA）	U_{CEQ} （V）
测量值			
理论值	26.5	2.65	9.4

2. 分压式偏置电路稳定性的研究

将图 11-3 中三极管的电流放大倍数改换为 $\beta = 50$，重复测量 I_{BQ}、I_{CQ}、U_{CEQ}，数据记录如下：

$I_{BQ} = 45\mu A, I_{CQ} = 2.25mA, U_{CEQ} = 10.902V$

与前一步骤的测量数据对比可见，当三极管的 β 值发生变化时，分压式偏置电路的静态工作点基本稳定不变。

3. 电压放大倍数的测量

建立如图 11-4 所示的电压放大倍数测量电路，连接仪器仪表，用双踪示波器 XSC1 观察测量的输入、输出电压波形，并进行设置：输入信号频率为 1kHz，幅度为 10mV，三极管的电流放大倍数为 $\beta = 50$。单击仿真开关，激活电路进行仿真分析，等电路到达稳态后，记录输入电压幅值 U_{im} 和输出电压幅值 U_{om}，并记

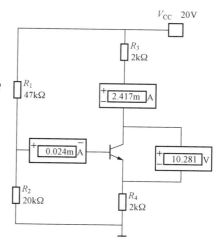

图 11-3　分压式电流负反馈
偏置放大电路

录输入输出波形之间的相位差。

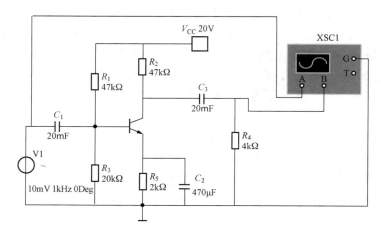

图 11-4　电压放大倍数测量电路

测量值为

$$U_{im} = 10mV, U_{om} = 1V, A_u = \frac{U_{om}}{U_{im}} = -100$$

从波形中可见，输入电压与输出电压之间的相位差为 π。

理论值为

$$A_u = -\beta \frac{R_c /\!/ R_L}{r_{be}} = -82.3$$

其中，先计算出 $r_{be} = 0.81k\Omega$。

4. 负反馈对电压放大倍数的影响

断开发射极旁路电容 C_2 后，重新测量 U_{im}、U_{om}。

测量值为

$$U_{im} = 10mV, U_{om} = 6.5mV, A_u = -0.65$$

理论值为

$$A_u = -\beta \frac{R_c /\!/ R_L}{r_{be} + (1+\beta)R_5} = -0.65$$

比较步骤 4 与步骤 3 可见，断开电容 C_2 后，电路中由于引入了电流串联负反馈，而使电压放大倍数明显减小了。且此时可以看见前面略有失真的输出波形完全得到改善了。

5. 输入电阻的测量

在图 11-4 所示的电容 C_1 左侧加上一个 $1k\Omega$ 的电阻 R_s（作为信号源内阻），将示波器连线到三极管基极，测量基极电压幅值 U_{bm}。单击仿真开关进行仿真分析，并记录 U_{im} 和 U_{bm}，计算输入电阻 r_i。

测量值为

$$U_{im} = 10mV, U_{bm} = 9.2mV, I_{im} = \frac{U_{im} - U_{bm}}{R_s} = 0.8\mu A, r_i = \frac{U_{bm}}{I_{im}} = 11.5k\Omega$$

理论值为

$$r_i = R_{B1} /\!/ R_{B2} /\!/ [r_{be} + (1+\beta)R_5] = 12.3k\Omega$$

6. 输出电阻的测量

去掉 C_1 左侧的电阻 R_s，连上导线，断开负载电阻 R_4，并将 C_2 接回，再测量电路输出电压 U'_{om}，根据步骤 3 与此次的输出电压 U'_{om} 值计算 r_o。

测量值为

$$U_{om} = 1V, U'_{om} = 1.6V, R_L = R_4 = 4k\Omega$$

$$r_o = \frac{U'_{om}}{U_{om}} - 1 = 2.4k\Omega$$

理论值为

$$r_o \approx 2k\Omega$$

第十二章 基 础 实 验

实验一 常用电子仪器的使用

一、实验目的

掌握常用电子仪器的正确使用方法。

二、预习要求

（1）预习实验指导书，了解常用电子仪器的使用方法。

（2）了解电压幅值、有效值的关系，周期和频率的关系。

三、实验仪器、设备和器件

SR8 型双踪示波器、S101 型函数信号发生器、DA-16 型晶体管毫伏表。

四、实验原理

（一）SR8 型双踪示波器

示波器不但可用于观察电信号的波形，而且可以测量频率、周期、幅度、相位等多种电量，用途广泛，借助不同的辅助电路，还可以测试器件的特性，电路的特性。下面以 SR8 型双踪示波器为例介绍示波器的使用方法。SR-8 面板控制开关分布及功能如图 12-1 所示。

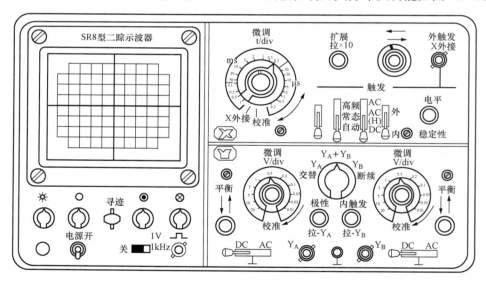

图 12-1 SR-8 双踪示波器面板图

1. SR-8 型双踪示波器的主要指标

（1）Y 轴系统。

1）输入灵敏度：10mV/div～20V/div 按 1—2—5 顺序分成 11 挡，误差≤5%，微调比＞2.5：1，最高灵敏度为 10mV/div，最低灵敏度为 20V/div。

2）频带宽度：AC 耦合 10Hz～15MHz，≤−3dB；DC 耦合 0～15MHz，≤−3dB。

3）输入阻抗：直接输入为 1MΩ∥15pF，经探极输入为 10MΩ∥15pF。

4）最大输入电压：DC 为 250V（DC＋ACpp），AC 为 500V（ACpp）。

5）上升时间：＜24ns。

（2）X 轴系统扫描速度：0.2μs/div～1s/div 按 1－2－5 顺序分 21 挡，误差≤5％，处于"扩展×10"时，最快扫速 20ns/div，微调比＞2.5∶1，扫速连续可调，最低扫速 2.5ns/div。触发性能见表 12-1。

表 12-1　　　　　　　　　　系 统 的 触 发 性 能

方　　式	频 率 范 围	内　触　发	外　触　发
常态触发	10Hz～5MHz	≤1div	U_{pp}≤0.5V
自动触发	5～15MHz		

X 外接：灵敏度≤3V/div，频带宽度 0～500kHz，BW≤3dB，输入阻抗 1MΩ∥35pF。

（3）其他。

1）校准信号：矩形波，频率 1kHz，误差≤2％；幅度 1V，误差≤3％。

2）屏幕有效面积：6div×10div。

2. 示波器使用注意事项

示波器的使用方法随其结构和性能的不同而有差异，但基本方法是一样的。使用任何型号的示波器在测试操作中应注意以下七点：

（1）使用前，应检查电网电压是否与仪器的电源电压要求一致；应适合于 220（1±10％）V 范围，在－10～＋40℃使用。

（2）注意用光点聚焦不要用扫描线聚焦，因为后者不能保证电子束在 X、Y 方向都能很好地聚拢。聚焦时为使光点细小，可把亮度调暗些。

（3）应在示波管屏幕的有效面积内进行测量，要充分利用示波器的"灵敏度""扫描速度""衰减探头""增益微调及倍乘""扩展"等开关或旋钮，使波形大小适中。

（4）示波器与被测电路的连接应特别注意，当被测信号为低频或几百千赫以下的连续信号时，可以用一般导线连接；当信号幅度较小时，应当用屏蔽线以防外界干扰信号影响；当测量脉冲和高频信号时，必须用高频同轴电缆连接。

（5）示波器除直接输入信号外，还可使用探头输入。一般探头和示波器都应配套使用。使用前要校正。

（6）在用到示波器的灵敏度和扫描速度开关做定量测量时，要先用校准信号对这些量程开关进行校准。在测量中，灵敏度和扫描速度"微调"旋钮应放在校正位置。"倍乘"或"扩展"开关放"X1"时，计算测量结果必须换算。若为"X5"，则波形扩大了 5 倍，需要换算。如果信号是经过衰减探头接入示波器的；它应该由幅度测量值乘以衰减倍数。

注意"稳定度""扫描微调""电平""极性"旋钮的配合调节，可以使扫描信号和被测信号同步。

（7）接通电源时，将各控制键置于适当的位置。如果看到光点，即可调辉度、聚焦使其显示清晰，亮度适中。如果看不到光点，按寻迹键，确定光点位置，调 X、Y 轴移位，将光点（扫描线）移至屏幕中点，并调节至清晰。使用中，注意开关转换时用力要适度。

3. 示波器应用示例

（1）电压测量。示波器可以方便地作为电压表使用。电压测量时应把示波器的灵敏度开关"V/div"的"微调"顺时针方向转至"校准"位置，这样可按"V/div"指标值直接计算被测信号的电压值，由于被测信号一般都含有交流和直流两种分量，所以测量时要加以注意。

1）交流电压的测量。

a. 将 Y 轴输入耦合开关量"DC —⊥— AC"置于"AC"处。当信号频率较低时，应置于"DC"处。微调旋钮置"校准"位置。

b. 定零电平线。将探头输入端接地（或将耦合开关方式置⊥位），使输入信号为 0。调 Y 轴移位旋钮，使水平光速移到屏幕中心（或所需位置）。以此作为零电平线，以后不再调动它，将耦合开关恢复到"AC"处。

c. 将探头接到测试点，调节 Y 轴灵敏度粗调，使显示的波形的垂直偏转尽可能大。

d. 适当调节"扫描时间"旋钮，使屏幕上能稳定显示一个或数个周期的波形。

e. 测电压值时，读出显示波形中所需测量点到零电平线的距离 H，则可求得被测点电压为

$$V = H(\text{div}) \cdot D_y(\text{V/div}) \cdot K$$

式中：D_y 为所选用的 Y 轴偏转因数；K 为探极衰减系数。

【例 12 - 1】 SR-8 型二踪示波器 Y 轴灵敏度开关"V/div"开关置于"0.5V/div"挡，"微调"处"校准"处，此时被测波形所占 Y 轴的坐标幅度 H 为 4div，则被测电压为

$$V_{\text{pp}} = 4 \times 0.5 = 2(\text{V})$$

若经探头（10∶1）测量，面板键上开关位置不变，显示波形的幅度 H 仍为 4div，被测信号电压为

$$V_{\text{pp}} = 4 \times 0.5 \times 10 = 20(\text{V})$$

2）直流电压测量。直流电压测量步骤如下：

a. 将触发方式开关置于"自动"或"高频"状态，并调节有关旋钮使屏幕上显示出水平时基线。

b. 确定被测电压极性，将电压输入耦合方式开关调到"⊥"位置，然后调整垂直位置旋钮使扫描迹线位于示波器屏幕的中间，再将耦合方式开关拨到"DC"位置，注意扫描光迹的偏移方向。若扫描光迹向上偏移，则所测直流电压极性为正；若扫描光迹向下偏移，则所测直流电压为负。

c. 将耦合开关置"DC"处，记下时基线与零电平线之间的距离 H，则可求得被测直流电压为

$$V = H(\text{div}) \cdot D_y(\text{V/div}) \cdot K$$

【例 12 - 2】 若探头选用衰减系数为 10∶1，H＝1div，选用 Y 灵敏度开关在 0.5V/div，则所测电压为

$$V = 1 \times 0.5 \times 10 = 5(\text{V})$$

由于此直流电压光迹显示在零电平线上面，所以测得的直流电压为正电压。

（2）时间测量。时间是描述周期现象的重要参数，利用示波器测量时间，非常直观，其原理与用示波器测量电压的原理相同，区别是测量时间要着眼于 X 系统。实际测量时，应把示波器的水平扫描开关"t/cm"的"微调"旋钮顺时针方向调至校准处。

1）时间间隔的测量。当被测信号接入后，调节各旋钮，使被显示波形的高度和宽度均

匀、合适，并稳定在屏幕中心区。读出被测波形上两点之间的距离 X，此时若扫描速度旋钮挡置 $D_X(t/\text{cm})$ 及 X 轴扩展倍率 K，则可算出被测波形两点间的时间间隔为

$$T = X(\text{cm}) \times D_X(t/\text{cm}) \times 1/K$$

显然，如果这两点正好为一个信号周期，所测之值则为被测信号周期。

2）脉冲前后沿时间的观测。方法如前，使被测波形稳定地显示出便于观测的长度，调节触发电平及 X 移位，读出波形显示幅度 $10\%\sim90\%$ 前沿（或后沿）的水平距离 X，再按下式计算：

$$t_r = X(\text{cm}) \times D_X(t/\text{cm}) \times 1/K$$

【例 12 - 3】 如扫描 "t/cm" 开关置 $0.1\mu\text{s/cm}$，扫描扩展为拉出 X10，图中测得 $X = 1.6\text{cm}$，则被测脉冲上升时间为

$$t_r = 1.6 \times 0.1 \times \frac{1}{10} = 16(\text{ns})$$

注意，如果被测脉冲信号的前沿或后沿时间比示波器 Y 通道本身存在的上升时间大 3 倍以上时，才可用这种直接计算方法；否则，应按下式修正：

$$t_r = \sqrt{t_{rx}^2 - t_{ro}}$$

式中：t_r 为被测脉冲实际上升时间；t_{rx} 为屏幕上显示的上升时间；t_{ro} 为示波器本身的上升时间。

3）脉冲宽度的测量。输入被测信号，调节有关旋钮，使波形稳定显示在屏幕中心。①调节 Y 轴灵敏度开关，使脉冲波形在 Y 轴方向的幅度为 $2\sim4\text{cm}$；②调节 X 扫描速度开关，使脉冲波形在 X 轴方向的幅度也为 $2\sim4\text{cm}$；③读出脉冲前后沿中心点之间的距离 X，脉冲宽度则为

$$T = t/\text{cm} \times X(\text{cm})$$

4）时间差的测量。时间差是指两个信号之间的时间差值。由于要同时对两个信号进行比较观测，所以示波器要置于 "交替" 或 "断续" 工作方式，将被测的导前信号从 Y_B 通道输入，滞后信号输入 Y_A 通道，读出水平距离 X，则时间差则为

$$T = t/\text{cm} \times X(\text{cm})$$

（3）频率的测量。周期性信号频率的测量与周期的测量在原理上相同，因为两者是倒数关系。

$$f = 1/T$$

因此，频率的测量方法与时间间隔的测量方法是相同的。

【例 12 - 4】 测得某输入信号的周期为 $2\mu\text{s}$，可算出其频率为

$$f = 1/T = 500\text{kHz}$$

如果能在屏幕上显示被测信号的多个周期，可采用数一数 X 轴方向内占有几个周期，再计算出频率的方法来测量，可减小误差，其计算公式为

$$f = N/(10\text{div} \times t/\text{div})$$

式中：N 为 10div 内占有周期数。

（4）相位测量。用双踪示波器可测两个相同频率信号的相位关系，将 Y_B 触发源开关置 "Y_B"，用内触发启动扫描，测得两个信号相位差，如一个周期在 X 轴坐标刻度线上占 8div，每 div 相应为 $45°$（一个周期 $2\pi = 360°$），则可按下式计算：

$$\Delta\varphi = 1.5\text{div} \times 45°/\text{div} = 67.5°$$

测量时，Y_A 和 Y_B 通道的基线要调到重合，幅度适当大一些，聚焦好一些。由于 Y_A 和 Y_B 波形通道特性差异、扫描线性与读数误差影响，相位差测量的误差一般为 $2°\sim5°$。如需要精确测量可以采用数字相位计。

（二）S101 型函数信号发生器

S101 型函数信号发生器能产生 1Hz～1MHz 的正弦波、方波、三角波信号，是由晶体管构成的小型函数发生器。

1. 主要技术指标

（1）频率范围，1Hz～1MHz，分六个频段，分别为 1～10Hz、1～100Hz、100～1kHz、1～1kHz、10～100kHz、100k～1MHz。

（2）输出波形，分别为正弦波、方波、三角波。

（3）输出电压，没有外接负载时输出电压为 20V，外接 600Ω 负载时输出电压为 10V。

（4）频率刻度盘精度，1Hz～100kHz，$<\pm1.5\%$；100kHz～1MHz，$<\pm5\%$。

2. 面板结构及使用方法

S101 型函数信号发生器如图 12-2 所示，其使用方法如下：

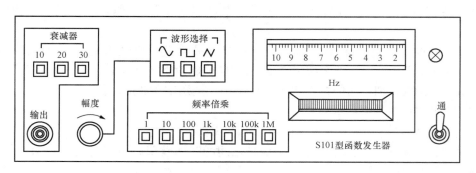

图 12-2　S101 型函数信号发生器面板图

（1）检查电源电压是否与本机工作电压一致，开启电源开关，指示灯亮。待仪器预热数分钟后才可稳定使用。

（2）用"波形选择"按键选择所需波形。

（3）按下适当的"频率倍乘"按键，再调节面板右下的拨盘，使其上方的刻度盘指示读数为所需值。例如，为获得 5kHz 的输出信号，应首先按下"频率倍乘"按键的"×1k"挡，再转动拨盘使刻度盘读数为 5。

（4）输出信号幅度的大小可通过 10dB 步级衰减器选择适当的衰减量，再通过"幅度"调节旋钮对输出幅度进行连续可调。

（5）由于输出衰减电阻小，又无隔直电容，因此在无衰减输出时，不要将输出端短路，否则需关机后重新开机。

（三）DA-16 型晶体管毫伏表

DA-16 型晶体管毫伏表具有测量准确度高，频率影响误差小，输入阻抗高的优点，而且换量程不用调零，使用方便。

1. 主要技术指标

（1）测量电压范围：$100\mu V \sim 300V$，分 11 挡。

（2）测量电压频率范围：$20Hz \sim 1MHz$。

（3）测量精度：在标准频率 $1kHz$ 时小于等于 $\pm 3\%$。

（4）频率响应误差：$100Hz \sim 100kHz$ 时小于等于 $\pm 3\%$；$100kHz \sim 1MHz$ 时小于等于 $\pm 5\%$。

（5）输入电阻：在标准频率 $1kHz$ 时为 $1M\Omega$。

（6）输入电容：被测电压在 $1mV \sim 0.3V$ 各挡约为 $70pF$；$1 \sim 300V$ 各挡约为 $50pF$。

2. 使用方法及注意事项

DA-16 型晶体管毫伏表面板如图 12-3 所示。其使用方法及注意事项如下：

（1）为提高精度，仪表的放置应以毫伏表表面垂直为准。

（2）接通电源后应使仪器预热数分钟再使用。测量前将输入端短路，校正调零电位器，使表头指针指示为零。在 $1mV$ 的小量程中，由于仪表内部的噪声影响，指针会有所抖动，属于正常现象。

（3）测量电压时，应将量程置于合适挡位，若不知被测电压范围，一般将量程开到最大挡，再根据被测电压的大小，选择合适的挡位。

（4）由于仪表的高灵敏度，为避免指针偏转过大，甚至使指针打坏，测量时应先接地线，再接信号线。测量结束时，应先取下信号线，再取下接地线。同时测试线应尽量采用屏蔽线，在和其他仪器共用时，应正确使用。

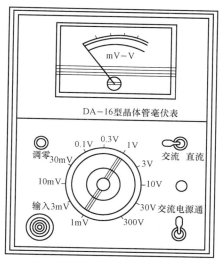

图 12-3　DA-16 型晶体管毫伏表面板

（5）为减小测量误差，在测量数据时，应使表头的指针在电表满刻度的 1/3 以上区域。

（6）测量交流电压中包含直流分量时，其直流分量不得大于 $300V$，否则会烧坏仪表。

（7）如果用于测量 $220V$ 以上的电网电压，应检查机壳是否带电，只有在机壳不带电时才能进行测量，以免发生触电事故。

五、实验内容与步骤

（1）仪器使用前的检查和调整。

1）交流毫伏表：接通电源后应使仪器预热数分钟再使用。测量前将输入端短路，校正调零电位器，使表头指针指示为零。

2）示波器：接通电源后，预热数分钟，调节"辉度""聚焦""辅助聚焦""X 轴移位""Y 轴移位"等旋钮，使屏幕中间出现清晰的细线条。

（2）测量函数信号发生器输出电压波形。

（3）用示波器测量信号发生器输出电压的峰-峰值。

1）将被测电压调到 $5V$，送入示波器 Y_1 输入端，调出幅度适当的波形，记录其峰-峰值的距离，将此格数乘以"V/div"开关对应的值，即为被测电压的峰-峰值。同时用毫伏表测量其值，记于表 12-2 中。

2）将被测电压调到 $1V$，重复以上过程，并将结果记于表 12-2 中。

表 12 - 2 　　　　　　　　　　　　　输 出 电 压 的 测 量

信号发生器输出	示 波 器 测 量			毫 伏 表 测 量	
V(V)	V/div	峰 - 峰格数	有效值	量 程	读 数
5					
1					

（4）用示波器测量输出电压的频率。

1）将信号送入 Y$_1$ 输入端，调出 2 个或 3 个稳定波形。

2）观测出一个周期的长度，将此乘"t/cm"所对应的值，就可以算出周期 T。将结果记录于表 12 - 3 中。

表 12 - 3 　　　　　　　　　　示波器测量输出电压的频率

信号发生器输出	示 波 器 测 量			
f(Hz)	一个周期长度（t/cm）	一个周期的格数	T	f
500				
1K				

六、实验报告要求

（1）整理数据，完成表格。

（2）分析实验数据。

七、思考题

（1）电子测量仪器的接地含义是什么？

（2）用交流毫伏表测量 3V 的交流电压时，量程开关应置于哪一挡？

（3）用示波器观测交流电压波形时，若改变显示波形的个数，应如何调节？若改变显示波形的幅度，应如何调节？

实验二　用万用表粗测半导体二极管、三极管

一、实验目的

（1）认识常用晶体二极管、三极管的外形特征。

（2）学会使用万用表判别二极管的极性和三极管的管脚。

（3）熟悉万用表判别二极管和三极管的质量。

二、预习要求

（1）预习 PN 结的外加正向、反向电压时的工作原理和三极管的电流放大作用。

（2）预习万用表电阻挡的使用方法。

三、实验仪器、设备和器件

万用表 1 只；二极管，2AP1、2CP 型各 1 只；三极管，3AX31、3DG6 各 1 只；电阻，100kΩ 1 只；坏的二、三极管若干。

四、实验原理

1. 二极管的外形特征

（1）二极管共有两根引脚，两根引脚有正、负之分，在使用中两根引脚不能接反，否则会损坏二极管或电路中的其他元件。

（2）二极管的两根引脚轴向伸出。

（3）有一部分二极管外壳上标出二极管的电路符号，以便识别二极管的正负极引脚。

2. 万用表测试二极管的原理

晶体二极管内部实质上是一个 PN 结。当外加正向电压，即 P 端电位高于 N 端电位时，二极管导通呈低电阻；当外加反向电压，即 N 端电位高于 P 端电位时，二极管截止呈高电阻。因此，可应用万用表的电阻挡鉴别二极管的极性和判别其质量的好坏。图 12-4 所示为万用表电阻挡的等效电路。由图可知，表外电路的电流方向从万用表负端（一）流向正端（＋），即万用表处于电阻挡时，其（一）端为内电源的正极，（＋）端为内电源的负极。R_0 为电阻挡表面刻度中心阻值，n 为电阻挡旋钮所指倍数。由等效电路图可算出电阻挡在 n 倍率下输出的短路电流值。测试时，可由指针偏转角占全量程刻度的百分比 θ（可通过指针所处直流电压刻度位置估算）估算流经被测元器件的直流电流。可用式（12-1）计算：

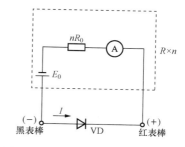

图 12-4 万用表电阻挡的等效电路

$$I = \theta \frac{E_0}{nR_0} \tag{12-1}$$

在测试小功率二极管时一般使用 R×100（Ω）或 R×1k（Ω）挡，这样不致损坏管子。

3. 万用表测试三极管的原理

（1）基极和管型的判断。三极管内部有两个 PN 结，即集电结和发射结，图 12-5（a）所示为 NPN 型三极管。与二极管相似，三极管内的 PN 结同样具有单向导电性。因此可用万用表电阻挡判别出基极 b 和管型。例如 NPN 型三极管，当用黑表棒接基极 b，用红表棒分别搭试集电极 c 和发射极 e，测的阻值均较小；反之，表棒位置交换后，测的阻值均较大。但在测试时未知电极和管型，因此对三个电极引脚要调换测试，直到符合上述测量结果为止。然后根据在公共端电极上表棒所代表的电源极性，可判别出基极 b 和管型，如图 12-5（b）所示。

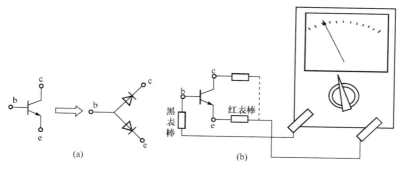

图 12-5 三极管及其电极辨别

（a）NPN 型三极管内部 PN 结；（b）辨别三极管电极

（2）集电极和发射极的判别。这可根据三极管的电流放大作用进行判别。图 12-6 所示的电路，当未接上 R_b 时，无 I_B，则 $I_C = I_{CEO}$ 很小，测得 c、e 间的电阻大；当接上 R_b 时，则有 I_b，因此 $I_C = \beta I_b + I_{CEO}$ 显然要增大，测得 c、e 间的电阻比未接 R_b 时为小，如果 c、e 调头，三极管成反向运用，则 β 小，无论接与不接 R_b，c、e 间的电阻均较大，因此可判断出 c、e 电极。例如，测量的管型是 NPN，若符合 β 大的情况，则与黑表棒相接的是集电极 c。

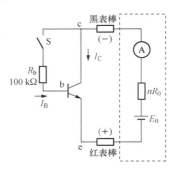

图 12-6 万用表测试三极管 c、e 电极

（3）反向穿透电流 I_{CEO} 的检查。I_{CEO} 的大小是衡量三极管质量的一个重要指标，要求越小越好。按产品指标是在 U_{CE} 为某定值下测 I_{CEO}，因此用万用表电阻挡测试时，仅为一参考值。测量方法仍如图 12-6 所示，此时基极应开路，根据指针偏转角的百分比 θ，由式 $I = \theta \dfrac{EO}{nR_0}$ 估算出 I_{CEO} 的大小。

（4）共发射极直流电流放大系数 β 的性能测试。测试方法与（2）中判别 c、e 极的方法相似。由三极管电流放大倍数原理可知，在接 R_b 时测得 c、e 间阻值比未接 R_b 时的小，即 θ 角百分比越大，表明三极管的电流放大系数越大。

在掌握上述一些测试方法后，即可判别二极管和三极管的 PN 结是否损坏，是开路还是短路。这是在实际使用上判断管子是否良好所经常采用的简便方法。

特别指出，在用万用表测量晶体管时，应使用 R×100（Ω）挡或 R×1k（Ω）挡。若放在 R×10k（Ω）挡上，则因万用表内接有较高电压的电池，有可能将 PN 结击穿。若用 R×1（Ω）挡，则因万用表的等效电阻小，会使过大的电流流过 PN 结，有可能烧坏晶体管。

五、实验内容与步骤

1. 测试二极管的正、负极性和正、反向电阻

用万用表的电阻 R×100（Ω）挡或 R×1k（Ω）挡判别二极管的正、负极性和测试正、反向电阻。

2. 判别三极管的管脚和管型（NPN、PNP 型）

（1）用万用表电阻 R×100（Ω）挡或 R×1k（Ω）挡先判别基极 b 和管型。

（2）判别出集电极 c 和发射极 e，测 β 和 I_{CEO} 的大小。

（3）用万用表测坏的二极管和三极管，鉴别分析管子的质量和损坏情况。

六、实验报告要求

（1）将测得的数据进行分析整理，填入表 12-4 中。

表 12-4　　　　　　　　　　　　　　　正、反向电阻测量值

二极管类型	2AP		2CP	
万用表电阻挡	R×100（Ω）	R×1k（Ω）	R×100（Ω）	R×1k（Ω）
正向电阻				
反向电阻				

（2）根据测量结果，分析二极管正、反向电阻的范围。

（3）三极管基极和管型的判断。

（4）三极管集电极和发射极的判别。

（5）三极管反向穿透电流 I_{CEO} 的检查，共发射极直流电流放大系数 β 的性能测量，将三极管测试结果填入表 12-5 中。

表 12-5   **三 极 管 测 试**

类 型	材 料	管 型	I_{CEO}	β
3AX31				
3DG6				

七、思考题

（1）能否用万用表测量大功率三极管？测量时使用哪一挡，为什么？

（2）当二极管、三极管内部短路或开路时，使用万用表测量会出现什么结果？

（3）有人测三极管的 β 的大小时，不用 $100\text{k}\Omega$ 电阻，而用手握住集电极，用舌头顶住基极效果也很好，为什么？

实验三 单管放大电路的测试

一、实验目的

（1）学习基本放大电路的安装和调试。

（2）掌握放大器的静态工作点的测试和调试方法。

（3）学习放大器的放大倍数、输入电阻、输出电阻等指标的测试方法。

（4）了解静态工作点和输出波形失真的关系，掌握最大不失真输出电压测试的方法。

二、预习要求

（1）复习单管共射极放大电路静态工作点、电压放大倍数、输入电阻和输出电阻的有关内容。

（2）根据理论知识对实验电路的静态工作点、电压放大倍数、输入电阻和输出电阻进行计算，以便与实验测量数据进行比较。

三、实验仪器、设备和器件

直流稳压电源、示波器、电子毫伏表、信号发生器各 1 台，万用表 1 块；晶体管（3DG6）1 个，电阻 510Ω、$2\text{k}\Omega$、$11\text{k}\Omega$、$20\text{k}\Omega$ 各 1 只，$1\text{k}\Omega$ 2 只，电位器 $470\text{k}\Omega$ 1 只，电解电容 $22\mu\text{F}/25\text{V}$ 3 只。

四、实验原理

实验电路如图 12-7 所示，电路在接通直流电源而未加输入信号时，三极管各极直流电压和电流称为静态工作点，调节 R_p 即可调整电路的静态工作点。放大电路主要技术指标如下：

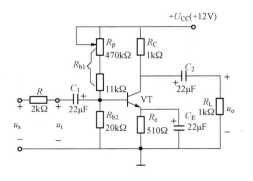

图 12-7 单管共射极放大电路

1. 电压放大倍数

电压放大倍数是指放大器的输出电压 u_o 与输入电压 u_i 的比值，即

$$A_u = \frac{u_o}{u_i} \qquad (12\text{-}2)$$

在放大电路输入端加入交流信号 u_i，用交流毫伏表分别测量出输出电压 u_o 和输入电压 u_i，便可求得其电压放大倍数 A_u，注意应在输出电压没有失真的情况下测量。

2. 输入电阻

放大电路的输入电阻 r_i 可用电流电压法测量求得，测试电路如图 12-8 所示。图中 R 为外接电阻，用交流毫伏表测出 U_s 和 U_i 的值，然后根据式（12-2）即可求出输入电阻，即

$$r_i = \frac{U_i}{I_i} = \frac{U_i}{(U_s - U_i)/R} = \frac{U_i R}{U_s - U_i} \qquad (12\text{-}3)$$

测量时同样保证输出电压波形不失真。

3. 输出电阻

放大电路的输出电阻 r_o 可通过测量电路的输出端开路时的电压 U_o'，带负载 R_L 后的输出电压 U_o，经计算求得，测试电路如图 12-9 所示。由图 12-9 可知

$$U_o = \frac{R_o}{R_o + R_L} U_o' \qquad (12\text{-}4)$$

由此可得

$$r_o = \left(\frac{U_o'}{U_o} - 1 \right) R_L \qquad (12\text{-}5)$$

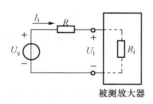
图 12-8　放大电路输入电阻的测量

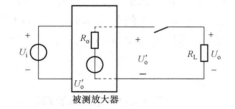
图 12-9　放大电路输出电阻的测量

五、实验内容与步骤

1. 静态工作点的调整和测量

（1）按图 12-7 接好电路，经检查无误后接通 12V 的直流电源。

（2）选择信号发生器的输出为正弦波输出，调整信号频率 $f=1\text{kHz}$，幅度为 30mV。加到电路的输入端，作为信号源电压 u_s。将放大电路的输出端接示波器，调节电位器 R_p，使示波器的输出电压波形不失真，然后关掉信号发生器的电源，测量此时的静态工作点，记录于表 12-6 中。

表 12-6　　　　　　　　　　　放大电路的静态工作点的测量

测 量 值				理 论 估 算 值			
$U_{BQ}(V)$	$U_{EQ}(V)$	$U_{CEQ}(V)$	$I_{CQ}(mA)$	$U_{BQ}(V)$	$U_{EQ}(V)$	$U_{CEQ}(V)$	$I_{CQ}(mA)$

2. 电压放大倍数的测量

（1）打开信号发生器，调整 $f=1\text{kHz}$，幅度为 30mV 的正弦信号加到放大器的输入端，将输出端开路（$R_\text{L}=\infty$），用电子毫伏表分别测量 U_s、U_i、U_o' 的大小，并记录于表 12 - 7 中，然后根据式（12 - 2）计算 A_u。

（2）放大电路接入 1kΩ 负载电阻 R_L，保持输入电压 U_s、U_i 不变，测量此时的 U_o，记于表 12 - 7 中，并计算此时的电压放大倍数，分析负载对放大倍数的影响。

（3）用示波器观察 U_o 和 U_i 的波形，比较它们的相位关系。

表 12 - 7   **电压放大倍数的测量**

测试条件	实 测 值					理论值
	$U_\text{s}(\text{mV})$	$U_\text{i}(\text{mV})$	$U_\text{o}'(\text{V})$	$U_\text{o}(\text{V})$	A_u	A_u
$R_\text{L}=\infty$						
$R_\text{L}=1\text{k}\Omega$						

3. 输入电阻和输出电阻的测量

（1）根据所测的 U_s 和 U_i 及已知的 R 值，利用式（12 - 3）便可求得输入电阻 R_i 的大小。

（2）根据测得的负载开路时的输出电压 U_o' 和接负载 R_L 后测得的输出电压 U_o，利用式（3 - 4）即可求得输出电阻 R_o。

4. 观察静态工作点对输出波形的影响

将频率为 1kHz 的正弦信号加在放大电路的输入端，调节 U_s，使输出 U_o 为不失真的正弦波。

（1）将电位器 R_p 的阻值调为最大，此时静态电流 I_CQ 下降，用示波器观察输出波形是否失真，画下此时的波形，若失真不明显，则适当增大 U_s。

（2）将电位器 R_p 的阻值调为最小，此时静态电流 I_CQ 增大，观察输出波形失真的变化情况，画下此时的波形。

5. 测量最大不失真输出电压幅度

调节信号发生器的输出电压 u_s 的大小和电位器 R_p 的阻值，用示波器观察输出电压 u_o 的波形，直到输出波形刚好出现轻微失真为止，这时示波器所显示的电压峰值 U_om，即放大电路的最大不失真输出电压幅度，记下此时的输出电压的大小。

六、实验报告要求

（1）完成表格，整理数据。

（2）分析静态工作点、电压放大倍数的测量值和理论值的差异。

（3）计算电路的输入、输出电阻，分析实测值和理论值的差异。

（4）分析输入和输出电压波形的相位关系、静态工作点对输出波形的影响，画出失真的波形。

（5）记录最大不失真输出电压幅度。

七、思考题

（1）为什么测试静态工作点不能用毫伏表？

（2）放大器波形失真的原因是什么？为消除失真应该怎么调节？

实验四　负反馈放大电路的测试

一、实验目的
（1）掌握负反馈放大器放大倍数、输入电阻和输出电阻的测量方法。
（2）加深理解不同反馈类型对放大倍数、输入电阻、输出电阻和频率特性等性能的影响。

二、预习要求
（1）预习单级和多级放大电路工作原理。
（2）预习信号发生器、示波器、万用表的使用方法。

三、实验仪器、设备和器件
直流稳压电源 1 台、双踪示波器 1 台、低频信号发生器 1 台、晶体管毫伏表 1 台、万用表 1 只。

四、实验原理
图 12 - 10 所示由三极管构成的多级负反馈放大电路，级间反馈由 R_f、R_3 和 R_4 构成电压串联负反馈。反馈网络从 A 点断开，可以测量基本放大器的放大倍数、输入电阻和输出电阻。开关 S1 置"1"位置，将反馈网络从 A 点接上，S2 置"2"位，便构成电压串联负反馈，可以测量电压串联负反馈放大器的放大倍数、输入电阻和输出电阻。实验电路如图12 - 10所示。

五、实验内容与步骤
将图 12 - 10 接上 +12V 直流电源。

1. 测量电路的静态工作点

令输入信号为零，调节 R_p 使 VT1 的集电极静态电流 I_{C1} 为 1mA 左右。用万用表测量出 VT1 和 VT2 的基极、集电极、发射极电位 U_{B1}、U_{C1}、U_{F1}、U_{B2}、U_{C2}、U_{E2} 值的大小，记录于自制的数据表中。

2. 测量基本放大器的放大倍数、输入电阻和输出电阻

（1）开关 S1 置"1"位置，把反馈网络从 A 点断开，在输入端接低频信号发生器，输入频率 $f=1\text{kHz}$、$U_i=10\text{mV}$ 的正弦信号，从输出端分别测量不接负载 R_L 和接负载 R_L 两种情况下的输出电压 U_o、U_{oL}，计算电压放大倍数 A_u、输出电阻 r_o，记录于表 12 - 8 中。

（2）S1 置"2"位置，将 $R_s=4.7\text{k}\Omega$ 接入回路，调节信号源电压，同时保持 $U_r=10\text{mV}$ 不变，测出此时的信号源电压 U_s 的大小，计算输入电阻值 r_i，并记录于表 12 - 8 中。

3. 测量电压串联负反馈放大器的放大倍数、输入电阻和输出电阻

S1 置"1"位置，将反馈网络从 A 点接上，S2 置"2"位，便构成电压串联负反馈。使输入信号仍为 $f=1\text{kHz}$、$U_i=10\text{mV}$ 的正弦信号，按实验 2 的内容测量加了负反馈后的输入电压和有无负载两种情

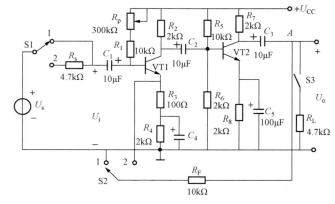

图 12 - 10　负反馈放大电路

况的输出电压及信号源电压 U_i、U_{of}、U_{oL}、U_s，并计算出有负反馈后的电压放大倍数 A_{uf}、输出电阻 r_{of} 和输入电阻 r_{if}，填入表 12-8 中。

4. 测量基本放大器和负反馈放大电路的频率特性

（1）基本放大电路（S1 置"1"，S2 置"1"位置）。输入端输入 $f=1\text{kHz}$、$U_i=10\text{mV}$ 的正弦信号，接上负载 $R_L=4.7\text{k}\Omega$，当输出波形不失真时测输出电压 U_{oL} 的大小。调高输入信号频率，观测输出电压，当输出电压降为 $0.707U_{oL}$ 时，记下所对应上限频率 f_H。调低输入信号频率，观测输出电压，当输出电压下降为 $0.707U_{oL}$ 时，记下所对应下限频率 f_L，记于表 12-8 中。

（2）负反馈放大电路（S1 置"1"，S2 置"2"位置）。重复步骤（1）中的测量内容，即测得上限频率 f_{Hf} 和下限频率 f_{LF}，记于表 12-8 中。

表 12-8 基本放大器测试参数

基本放大器	U_i	U_o	U_{oL}	U_s	A_u	r_o	r_i	f_H	f_L
电压串联 负反馈	U_{if}	U_{of}	U_{oL}	U_s	A_{uf}	r_{of}	r_{if}	f_{Hf}	f_{Lf}

5. 观测负反馈对放大器非线性失真的改善

将放大器处于基本放大电路形式，输入信号频率不变，增大幅度，使放大器输出波形产生明显的非线性失真，画出输出波形。保持输入不变，将放大电路处于负反馈形式，描出此时的输出波形，再增大输入信号，而维持输出电压幅度不变，以分析非线性失真的改善程度。

六、实验报告要求

（1）整理数据，完成表格。

（2）画出有、无负反馈时的频率响应特性曲线。

（3）根据测量，观测的结果，总结出负反馈对放大器的哪些性能有所影响，如何影响。

七、思考题

（1）负反馈有哪些类型？如何判断不同的反馈类型？不同负反馈对放大器的性能的影响是否相同？

（2）负反馈对放大器性能产生影响的具体原理是什么？如何进行分析？

实验五 运放的线性应用——各类运算电路

一、实验目的

（1）熟悉并掌握集成运放线性应用电路的结构特点、工作原理和使用方法。

（2）加深对运放特性和运算电路性能的理解。

二、预习要求

复习运放组成的反相比例、同相比例、加法运算、微分运算和积分运算放大电路的结构和工作原理。

三、实验仪器、设备和器件

1. 实验仪器与设备

函数信号发生器、直流稳压电源、万用表、晶体管毫伏表、示波器。

2. 实验器件

集成运放 LM324、可调电位器、电容和电阻若干。

四、实验原理

本实验采用 LM324 集成运放和外部负反馈网络组成基本运算电路：反相比例、同相比例、加法运算、微分运算和积分运算。LM324 外部引脚如图 12 - 11 所示。实验中，LM324 按理想运放处理，集成运放的应用原理图如图 12 - 12～图 12 - 16 所示。

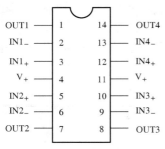

图 12 - 11　LM324 外部引脚图

（1）反相比例运算电路（见图 12 - 12）。

$$u_{\mathrm{o}} = -\frac{R_{\mathrm{f}}}{R_1}u_{\mathrm{i}}$$

若 $R_1 = R_{\mathrm{f}}$，则 $u_{\mathrm{o}} = -u_{\mathrm{i}}$。

（2）同相比例运算电路（见图 12 - 13）。

$$u_{\mathrm{o}} = \left(1 + \frac{R_{\mathrm{f}}}{R_1}\right)u_{\mathrm{i}}$$

若不接 R_1 或将 R_{f} 短路，则为电压跟随器，$u_{\mathrm{o}} = u_{\mathrm{i}}$。

（3）加法电路。图 12 - 14 所示为反相求和运算电路。

$$u_{\mathrm{o}} = -R_{\mathrm{f}}\left(\frac{u_{\mathrm{i1}}}{R_1} + \frac{u_{\mathrm{i2}}}{R_2}\right)$$

（4）积分运算电路（见图 12 - 15）。

$$u_{\mathrm{o}} = -\frac{1}{RC}\int_0^t u_{\mathrm{i}}\mathrm{d}t + u_{\mathrm{o}}(0^+)$$

当 u_{i} 为方波时，u_{o} 为三角波。

（5）微分运算电路（见图 12 - 16）。

$$u_{\mathrm{o}} = -R_1 C \frac{\mathrm{d}u_{\mathrm{i}}}{\mathrm{d}t}$$

当 u_{i} 为三角波时，u_{o} 为方波。

五、实验内容与步骤

（一）反相比例运算电路

（1）按图 12 - 12 接好电路。调整稳压电源，使其输出 ±15V，接在 LM324 的 4 脚和 11 脚上。

（2）调整函数信号发生器，使其输出 100mV、1kHz 的正弦信号电压加到图 12 - 12 的 u_{i} 端。

（3）用毫伏表分别测量 u_{i}、u_{o}，填入表 12 - 9 中。

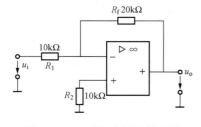

图 12 - 12　反相比例运算电路

表 12 - 9　　　　　　　反 相 比 例 运 算 电 路

U_{i}（mV）	U_{o}（V）（测量值）	$U_{\mathrm{o}} = -\dfrac{R_{\mathrm{f}}}{R_1}U_{\mathrm{i}}$（理论值）

（二）同相比例运算电路

按图 12 - 13 接好电路。调整函数发生器，使其输出 200mV、1kHz 的正弦信号电压加到 u_i 端。

（1）用毫伏表分别测量 u_i、u_o，填入表 12 - 10 中。

（2）将 R_1 开路，再测 u_i、u_o，填入表 12 - 10 中。

（3）将 R_f 短路，再测 u_i、u_o，填入表 12 - 10 中。

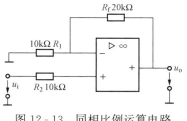

图 12 - 13 同相比例运算电路

表 12 - 10 同相比例运算电路

电阻阻值	U_i（mV）	U_o（测量值）	$U_o = \left(1 + \dfrac{R_f}{R_1}\right)U_i$（理论值）
$R_1 = 10\text{k}\Omega$，$R_f = 200\text{k}\Omega$			
$R_1 = \infty$，$R_f = 100\text{k}\Omega$			
$R_f = 0$，$R_1 = 10\text{k}\Omega$			

（三）加法运算电路

（1）按图 12 - 14 所示接好电路，调整函数信号发生器，使其输出 100mV、1kHz 的正弦信号电压加到 u_i 端。

（2）调整电位器，使 $U_{i1} = 60\text{mV}$，$U_{i2} = 50\text{mV}$。

（3）用毫伏表测量 u_o，记录于表 12 - 11 中。

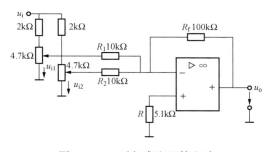

图 12 - 14 反相求和运算电路

表 12 - 11 加 法 运 算 电 路

测 量 值			理论值（mV）
U_{i1}（mV）	U_{i2}（mV）	U_o（V）	$U_o = -R_f\left(\dfrac{U_{i1}}{R_1} + \dfrac{U_{i2}}{R_2}\right)$

（四）积分运算电路

（1）按图 12 - 15 接好电路。调整函数发生器，使其输出 200mV、1kHz 的矩形波信号电压加到 u_i 端。

（2）将双踪示波器接在电路的 u_i、u_o 端，观察并画下 u_i、u_o 的波形。

（3）用毫伏表测量 U_o 值，$U_o =$ ＿＿＿＿＿＿ V。

（五）微分运算电路

（1）按图 12 - 16 接好电路。调整函数发生器，使其输出 200mV、1kHz 的三角波信号电压加到 u_i 端。

（2）将双踪示波器接在电路的 u_i、u_o 端，观察并画下 u_i、u_o 的波形。

（3）用毫伏表测量 U_o 值，$U_o =$ ＿＿＿＿＿＿ V。

六、实验报告要求

（1）整理实验数据，并填入相应的表格内。

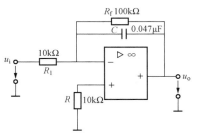

图 12 - 15 积分电路

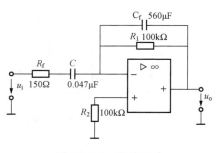

图 12-16　微分电路

（2）将测量值与理论值进行比较，分析产生误差的原因。

七、思考题

（1）若要增大集成运算放大器的电压放大倍数，应如何改变电路中的元件参数？以图 12-13 为例说明。

（2）若图 12-13 中 R_f 开路，输出波形会发生什么变化吗？

（3）在微分电路中，若输入矩形波，则输出波形会改变吗？试画出输出波形。

实验六　逻辑门电路的逻辑功能测试

一、实验目的

（1）熟悉常用集成逻辑门电路的逻辑功能。

（2）熟悉集成芯片引脚的识别方法。

（3）了解常用逻辑门的输入/输出情况。

二、预习要求

复习各种门电路的逻辑功能。

三、实验仪器、设备和元器件

（1）实验仪器与设备：数字电路实验台、双踪示波器、万用表。

（2）实验器件：集成电路 74LS00、74LS02、74LS04、74LS08、74LS32、74LS86。

四、实验原理

测试门电路逻辑功能有静态测试法和动态测试法两种。

（1）静态测试法。给门电路输入端加上固定的高电平或低电平，用万用表、发光二极管（LED）或示波器测出门电路的输出，然后根据测出的输入输出关系判断出集成电路的逻辑关系。

（2）动态测试法。给门电路输入端加一串脉冲信号，用示波器观测输入波形与输出波形的关系，然后判断出集成电路输入输出的逻辑关系。

五、实验内容与步骤

1. 静态测试

74LS00 芯片引脚图如图 12-17 所示，选其中任意一组逻辑门进行逻辑功能测试。要求将 74LS00 的 U_{CC} 接 +5V，GND 接地。按表 4-15 的要求改变输入状态，观察对应的输出的变化，并把结果填入表 12-12 中。则该门电路的逻辑关系为＿＿＿＿＿＿＿＿＿＿。

可采用同样的方法验证 74LS02、74LS04、74LS08、74LS32、74LS86 的逻辑关系，并把结果填入表格中。74LS02、74LS04、74LS08、74LS32、74LS86 芯片引脚图如图 12-18～图 12-22 所示。

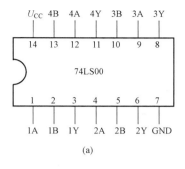

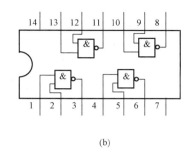

表 12 - 12 74LS00 逻辑 功能测试		
输 入		输出
A	B	Y
0	0	
0	1	
1	0	
1	1	

图 12 - 17 74LS00 引脚图与内部逻辑电路图

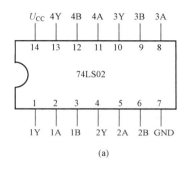

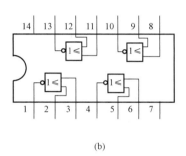

图 12 - 18 74LS02 引脚图与内部逻辑电路图

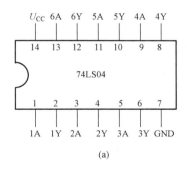

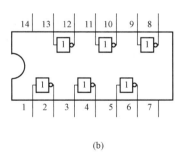

图 12 - 19 74LS04 引脚图与内部逻辑电路图

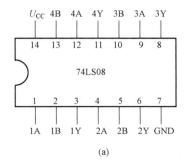

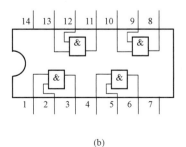

图 12 - 20 74LS08 引脚图与内部逻辑电路图

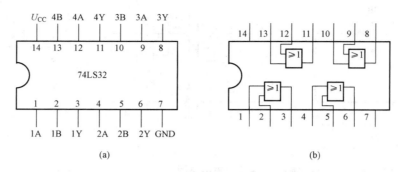

图 12-21　74LS32 引脚图与内部逻辑电路图

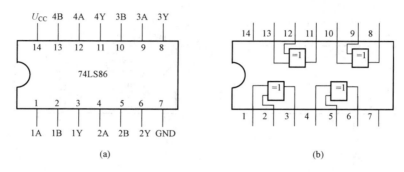

图 12-22　74LS86 引脚图与内部逻辑电路图

2. 动态测试

通过波形观察输入端与输出端之间的关系。

在 74LS00 中，选其中任意一个组逻辑门进行逻辑功能测试。分别按图 12-23（a）、（b）所示接线，并用示波器观察输入、输出端波形，将观察结果绘在波形图 12-24 中。

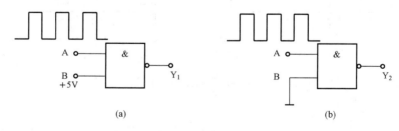

图 12-23　与非门的动态测试

图 12-24　波形图

六、实验报告要求

（1）整理实验数据，并填入相应的表格内。

（2）根据实验结果说明各集成电路的逻辑功能。

实验七 组合逻辑电路的分析与设计

一、实验目的
（1）掌握组合逻辑电路的分析方法。
（2）掌握组合逻辑电路的设计方法。
（3）熟悉集成芯片引脚的识别方法。

二、预习要求
（1）复习组合逻辑电路的分析和设计方法。
（2）根据实验内容的要求做好组合逻辑电路的设计，并根据要求画出逻辑电路图。

三、实验仪器、设备和元件
1. 实验仪器与设备
数字电路实验台、双踪示波器、万用表。

2. 实验元件
集成电路 74LS00、74LS86。

四、实验原理
组合逻辑电路的分析方法是按给定的逻辑电路写出逻辑表达式，按其输入与输出之间的逻辑关系，写出函数表达式，验证电路的逻辑功能。

组合逻辑电路设计步骤如图 12-25 所示。

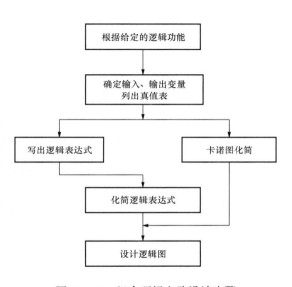

图 12-25 组合逻辑电路设计步骤

五、实验内容与步骤
1. 用异或门和与非门组成的半加器的逻辑功能的分析

按图 12-26 接好线，将输入端 A、B 分别接电平控制开关，观察输入和输出之间的关系，并记在表 12-13 中。则该电路的逻辑关系为＿＿＿＿＿＿＿＿＿＿＿＿。

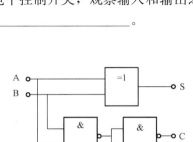

图 12-26 异或门和与非门
组成的半加器

表 12-13　　　半加器逻辑功能测试表

输　　入		输　　出	
A	B	S	C
0	0		
0	1		
1	0		
1	1		

2. 试用与非门设计一个全加器

（1）根据全加器的逻辑功能，设计出全加器的逻辑电路图（图 12 - 27 逻辑图供参考）。

（2）测试所设计电路的逻辑功能，将测试结果填入表 12 - 14 中，并比较其逻辑功能是否和全加器一致。

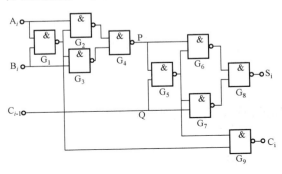

图 12 - 27　与非门组成的全加器逻辑电路图

表 12 - 14　　全加器逻辑功能测试表

输　　　　入			输　　　出	
A_i	B_i	C_{i-1}	S_i	C_i
0	0	0		
0	0	1		
0	1	0		
0	1	1		
1	0	0		
1	0	1		
1	1	0		
1	1	1		

六、实验报告要求

（1）整理实验测试结果，分析其逻辑功能。

（2）总结组合逻辑电路的分析方法。

七、思考题

（1）总结半加器、全加器的功能及测试方法。

（2）总结组合逻辑电路的特点和一般分析、设计方法。

（3）试用与非门、或非门设计一个一位数值比较器。要求比较结果有 A＞B，A＜B，A＝B 三种情况。画出设计的逻辑电路图，并按图连接线路。测试所设计的逻辑电路。

实验八　编码器和译码器

一、实验目的

（1）掌握中规模集成电路的逻辑功能和使用方法。

（2）熟悉编码器的设计及简单应用。

（3）熟悉译码器的设计及简单应用。

二、预习要求

复习有关编码器和译码器的逻辑功能，了解 74LS148 和 74LS138 的引线图。

三、实验仪器、设备和元件

（1）实验仪器与设备：数字电路实验台、万用表。

（2）实验器件：集成电路 74LS148、74LS138、74LS00。

四、实验原理

在数字系统中，用二进制代码表示某一信息称为编码。编码器的输入信号是一组反映不同信息的变量，输出变量是对应的 n 位二进制代码。

把二进制代码所表示的信息翻译出来称为译码，译码是编码的逆过程。它输入的变量是 n 位二进制代码，输出变量是对应的 N 个高低电平信号。每输入一组不同的代码，输出端中只有一个信号对应呈现出有效电平，其余输出端则保持无效电平。

五、实验内容与步骤

（1）74LS148 编码器的引线图见图 6 - 7。验证 74LS148 的逻辑功能，填入表 12 - 15 中。

表 12 - 15   **74LS148 编码器真值表**

输 入									输 出		
$\overline{EI}$	$\overline{I_7}$	$\overline{I_6}$	$\overline{I_5}$	$\overline{I_4}$	$\overline{I_3}$	$\overline{I_2}$	$\overline{I_1}$	$\overline{I_0}$	$\overline{Y_2}$	$\overline{Y_1}$	$\overline{Y_0}$
1	×	×	×	×	×	×	×	×			
0	1	1	1	1	1	1	1	1			
0	0	×	×	×	×	×	×	×			
0	1	0	×	×	×	×	×	×			
0	1	1	0	×	×	×	×	×			
0	1	1	1	0	×	×	×	×			
0	1	1	1	1	0	×	×	×			
0	1	1	1	1	1	0	×	×			
0	1	1	1	1	1	1	0	×			
0	1	1	1	1	1	1	1	0			

（2）利用两片 74LS148 实现 16 - 4 线优先编码功能，接线图见图 6 - 8。

（3）74LS138 的引线图及逻辑符号如图 6 - 11 所示。验证 74LS138 的逻辑功能，填入表 12 - 16 中。

表 12 - 16   **74LS138 译码器真值表**

输 入					输 出							
E_1	$\overline{E_2}+\overline{E_3}$	A_2	A_1	A_0	$\overline{Y_0}$	$\overline{Y_1}$	$\overline{Y_2}$	$\overline{Y_3}$	$\overline{Y_4}$	$\overline{Y_5}$	$\overline{Y_6}$	$\overline{Y_7}$
×	1	×	×	×								
0	×	×	×	×								
1	0	0	0	0								
1	0	0	0	1								
1	0	0	1	0								
1	0	0	1	1								
1	0	1	0	0								
1	0	1	0	1								
1	0	1	1	0								
1	0	1	1	1								

（4）利用两片 74LS138 实现 4 - 16 线译码器功能，接线图见图 6 - 12。

六、实验报告要求

（1）画出实验电路，记录实验结果。

（2）整理实验测试结果，分析其逻辑功能。

七、思考题

（1）图 6 - 7 为 74LS148 编码器的引线图，图中各输入、输出变量上的非号代表什么含义？

（2）试对比 74LS138 和 74LS148 在功能上有什么区别。

实验九　触发器逻辑功能的测试

一、实验目的
（1）熟悉并验证触发器的逻辑功能。
（2）掌握 RS、JK、D 触发器的使用方法和逻辑功能的测试方法。
（3）掌握触发器之间的相互转换方法。

二、预习要求
（1）复习触发器的相关内容。
（2）复习各类触发器的触发方式和逻辑功能。
（3）熟悉各类触发器功能的测试表格。
（4）掌握 D 触发器和 JK 触发器的真值表及其转换的基本方法。

三、实验仪器、设备和器件
+5V 直流电源，双踪示波器，连续脉冲源，单次脉冲源，逻辑电平开关，逻辑电平显示器，74LS112（或 CC4027）、74LS00（或 CC4011）、74LS74（或 CC4013）、74LS175（或 CC4042）。

四、实验原理
触发器作为构成多种时序电路的最基本逻辑单元，是一个具有记忆功能的二进制信息存储器件。触发器具有两个稳定状态，即"0"和"1"。在一定的外界信号作用下，可以从一个稳定状态翻转到另一个稳定状态。

1. 基本 RS 触发器

图 12-28 表示一个由两个与非门交叉耦合构成的基本 RS 触发器。基本 RS 触发器具有置"0"、置"1"和"保持"三种功能。

当 $\overline{S_D}=0$，$\overline{R_D}=1$ 时，触发器被置"1"。通常称 $\overline{S_D}$ 为置"1"端。

当 $\overline{R_D}=0$，$\overline{S_D}=1$ 时，触发器被置"0"。通常称 $\overline{S_D}$ 为置"0"端。

当 $\overline{S_D}=\overline{R_D}=1$ 时，触发器状态保持不变。

2. D 触发器

D 触发器的状态方程为 $Q^{n+1}=D$。

触发器的状态只取决于时钟到来前 D 端的状态，又可称为边沿触发器，其逻辑符号如图 12-29 所示。

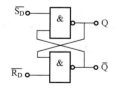

图 12-28　基本 RS 触发器

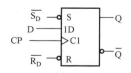

图 12-29　D 触发器逻辑符号

74LS74（CC4013）、74LS175（CC4042）等触发器，因是上升沿触发，则称为上升沿触发器，其引线排列如图 12-30 所示。

74LS74 的功能表见表 12-17。

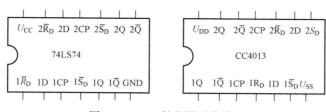

图 12-30 D 触发器引线排列

表 12-17 74LS74 的功能表

输 入				输 出	
$\overline{S_D}$	$\overline{R_D}$	CP	D	Q^{n+1}	$\overline{Q^{n+1}}$
0	1	×	×	1	0
1	0	×	×	0	1
1	1	↑	0	0	1
1	1	↑	1	1	0
1	1	↓	×	Q^n	$\overline{Q^n}$

3. JK 触发器

JK 触发器的状态方程为 $Q^{n+1} = J\overline{Q^n} + \overline{K}Q^n$。其中，J 和 K 为数据的输入端，并是触发器状态更新的依据。

JK 触发器的功能表见表 12-18。

表 12-18 74LS112 的功能表

输 入					输 出	
$\overline{S_D}$	$\overline{R_D}$	CP	J	K	Q^{n+1}	$\overline{Q^{n+1}}$
0	1	×	×	×	1	0
1	0	×	×	×	0	1
1	1	↓	0	0	Q^n	$\overline{Q^n}$
1	1	↓	0	1	0	1
1	1	↓	1	0	1	0
1	1	↓	1	1	$\overline{Q^n}$	Q^n
1	1	↑	×	×	Q^n	$\overline{Q^n}$

74LS112 是下降沿双 JK 触发器、CC4027 是上升沿双 JK 触发器，它们的引脚排列如图 12-31所示，逻辑符号如图 12-32 所示。

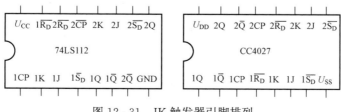

图 12-31 JK 触发器引脚排列

4. 触发器的相互转换

每一种集成触发器都有自己固定的逻辑功能，但也都可以通过转换的方法，转换为具有其他功能的触发器。

例如，将 JK 触发器转换成 T 触发器、T′触发器。其转换电路如图 12-33 所示。

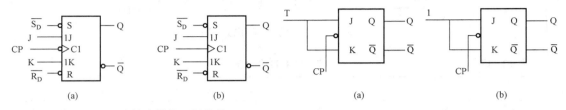

图 12-32　JK 触发器的逻辑符号
（a）下降沿触发；（b）上升沿触发

图 12-33　JK 触发器转换成 T、T′触发器
（a）J—K 转换成 T；（b）J—K 转换成 T′

五、实验内容与步骤

1. 基本 RS 触发器的逻辑功能测试

（1）实验用集成块：74LS00（或 CC4011）。

（2）实验电路，如图 12-28 所示。

（3）实验步骤如下：

1）用两个与非门按图 12-28 连接，组成基本 RS 触发器。

2）输入端 $\overline{R_D}$、$\overline{S_D}$ 接电平开关的输出插口，输出端 Q 和 $\overline{Q}$ 接逻辑电平显示输入插口，接通电源。

3）改变 $\overline{R_D}$、$\overline{S_D}$ 的状态，观察输出 Q 和 $\overline{Q}$ 的状态，将结果记录于表 12-19 中。

表 12-19　基本 RS 触发器的逻辑功能测试表

$\overline{R_D}$	$\overline{S_D}$	Q	$\overline{Q}$
1	1→0		
	0→1		
1→0	1		
0→1			
0	0		

2. JK 触发器逻辑功能测试

（1）实验用集成块：74LS112（或 CC4027）。

（2）实验步骤如下：

1）将 74LS112（或 CC4027）插入实验台，并接通电源。

2）$\overline{R_D}$、$\overline{S_D}$ 的复位、置位功能测试。将 JK

触发器的 $\overline{R_D}$、$\overline{S_D}$、J、K 端接逻辑开关输出插口，CP 端接单次脉冲源，Q、$\overline{Q}$ 端接至逻辑电平显示输入插口。改变 $\overline{R_D}$、$\overline{S_D}$（J、K、CP 处于任意状态）的逻辑电平，在表 12-20 中记录 Q、$\overline{Q}$ 端相应的状态，并在 $\overline{R_D}=0$（$\overline{S_D}=1$）或 $\overline{S_D}=0$（$\overline{R_D}=1$）作用期间任意改变 J、K 及 CP 的状态，观察 Q、$\overline{Q}$ 状态是否变化。

3）测试 JK 触发器的逻辑功能。按表 12-21的要求，改变 J、K、CP 端状态，观察 Q、$\overline{Q}$ 状态变化，观察触发器的状态更新是否发生在 CP 脉冲的下降沿（即 CP 由 1→0），记录结果。

表 12-20　JK 触发器逻辑功能测试表一

输　　入		输　　出	
$\overline{S_D}$	$\overline{R_D}$	Q^{n+1}	$\overline{Q}^{n+1}$
0	1		
1	0		

表 12-21　　　　　　　　　JK触发器逻辑功能测试表二

J	K	CP	Q^{n+1}		J	K	CP	Q^{n+1}	
			$Q^n=0$	$Q^n=1$				$Q^n=0$	$Q^n=1$
0	0	0→1			1	0	0→1		
		1→0					1→0		
0	1	0→1			1	1	0→1		
		1→0					1→0		

4）将 JK 触发器的 J、K 端连在一起，构成 T′触发器。在 CP 端输入 1Hz 连续脉冲信号，观察 Q 端的变化。在 CP 端输入 1kHz 连续脉冲信号，用双踪示波器观察 CP、Q、$\overline{Q}$ 端波形，注意相位关系。

3. D 触发器的逻辑功能测试

（1）实验用集成块：74LS74（或 CC4013）。

（2）实验步骤如下：

1）$\overline{R_D}$、$\overline{S_D}$ 的复位、置位功能的测试，测试方法同 JK 触发器中 $\overline{R_D}$、$\overline{S_D}$ 功能测试，自拟表格记录（见表 12-20）。

2）D 触发器逻辑功能的测试，按表 12-23 要求进行测试，并观察触发器状态更新是否发生在 CP 脉冲的上升沿（即由 0→1），将结果记录于表 12-22 中。

表 12-22　　　D 触发器的逻辑功能测试表

D	CP	Q^{n+1}	
		$Q^n=0$	$Q^n=1$
0	0→1		
	1→0		
1	0→1		
	1→0		

3）将 D 触发器的 $\overline{Q}$ 端与 D 端相连接，构成 T′触发器。

测试方法同 JK 触发器逻辑功能测试中的 T′触发器功能测试，并记录结果。

六、实验报告要求

（1）整理实验数据，分析实验结果与理论是否相符。

（2）写出各触发器的特性方程，并说明它们各自的特点。

（3）总结观察到的波形，说明触发器的触发方式。

七、思考题

如何实现 JK 触发器转换成 D 触发器？

实验十　555 定时器的应用

一、实验目的

（1）熟悉 555 集成定时器的组成及工作原理。

（2）掌握 555 定时器电路的基本应用。

二、预习要求

（1）复习 555 定时器的工作原理。

（2）复习施密特触发器、单稳态触发器、多谐振荡器的工作原理。

（3）理论上估算实验电路的振荡周期。

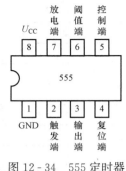

图 12 - 34　555 定时器
引脚排列

三、实验仪器、设备和器件

555 定时器，电阻、电容和二极管等，双踪示波器。

四、实验原理

1. 555 定时器

555 定时器是一种数字与模拟混合型的中规模集成电路，应用非常广泛。555 定时器通过外加电阻、电容等元件，可以构成多谐振荡器、单稳态触发器、施密特触发器等基本应用电路。555 定时器原理图如图 7 - 22 所示，引线排列如图 12 - 34 所示。其功能见表 12 - 23。

表 12 - 23　　　　　　　　　　　　555 定时器的功能表

$\overline{R_D'}$	u_{i1}	u_{i2}	$\overline{R_D}$	$\overline{S_D}$	Q	u_o	T
0	×	×	×	×	×	低电平	导通
1	$>U_{R1}$	$>U_{R2}$	0	1	0	低电平	导通
1	$<U_{R1}$	$<U_{R2}$	1	0	1	高电平	截止
1	$<U_{R1}$	$>U_{R2}$	1	1	保持	保持	保持

2. 555 定时器典型应用

（1）施密特触发器。电路如图 12 - 35 所示。u_i 为三角波输入到 555 定时器的 2 端和 6 端，当 u_i 上升到 $\frac{2}{3}U_{CC}$ 时，u_o 从 1→0；u_i 下降到 $\frac{1}{3}U_{CC}$ 时，u_o 又从 0→1。电路的电压传输特性如图 12 - 36 所示。

回差电压为

$$\Delta U_T = \frac{1}{3}U_{CC}$$

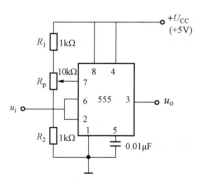

图 12 - 35　施密特触发器

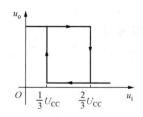

图 12 - 36　电压传输特性

（2）构成单稳态触发器电路如图 12 - 37 所示。接通电源→电容器 C 充电 $\left(至 \frac{2}{3}U_{CC}\right)$→$u_o=0$，VT 导通→C 放电，此时电路处于稳定状态。当 2 端加入信号 $u_i<\frac{1}{3}U_{CC}$ 时，$u_o=1$，VT 截止；电容器 C 又一次充电，并按指数规律上升，当电容器 C 充电到 $\frac{2}{3}U_{CC}$ 时，$u_o=0$。此

时，VT 又重新导通，C 很快放电，暂稳态结束，恢复稳态，并为下一个触发脉冲的到来做好准备。

（3）多谐振荡器电路如图 12 - 38 所示，电路无稳态，仅存在两个暂稳态，也不需外加触发信号，即可产生振荡。电容器 C，在 $\left(\frac{1}{3} \sim \frac{2}{3}\right)U_{CC}$ 之间充电和放电，输出信号的振荡参数如下：

周期为

$$T \approx 0.7(R_1 + 2R_2)C$$

频率为

$$f = \frac{1}{T} = \frac{1.43}{(R_1 + 2R_2)C}$$

占空比为

$$q = \frac{t_{p1}}{T} = \frac{R_1 + R_2}{R_1 + 2R_2}$$

555 电路要求 R_1 与 R_2 均应不小于 $1 \mathrm{k\Omega}$，使 $R_1 + R_2$ 应不大于 $3.3 \mathrm{M\Omega}$。

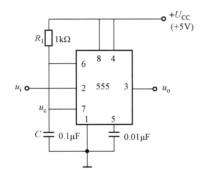

图 12 - 37　单稳态触发器

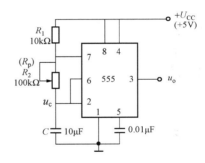

图 12 - 38　多谐振荡器

五、实验内容及步骤

1. 施密特触发器

（1）实验电路如图 12 - 35 所示。

（2）实验步骤如下：

1）按原理图接线，检查无误后接通电源。

2）在输入端输入三角波，用示波器观察并记录输出电压 u_o 波形。

3）用示波器测量振荡频率（周期 T），输出电压峰 - 峰值 U_{p-p}。

4）改变 R_p，观察并记录 u_o 波形的变化。

2. 单稳态触发器

（1）按图 12 - 36 连接电路，取 $R = 100 \mathrm{k\Omega}$，$C = 47 \mu\mathrm{F}$，输出接 LED 指示器，u_i 用单次脉冲源，在示波器上观察 u_i、u_C、u_o 波形，并测定幅度与暂稳时间。

（2）取 $R = 1 \mathrm{k\Omega}$，$C = 0.1 \mu\mathrm{F}$，输入 $f = 1 \mathrm{kHz}$ 连续脉冲，用示波器观察 u_i、u_C、u_o，测定幅度与延时时间。

3. 多谐振荡器

（1）实验电路如图 12 - 38 所示。

（2）实验步骤如下：

1）按图 12 - 38 接线，检查无误后，接通电源。

2）用示波器观察并记录振荡频率（周期）、幅值。

3）计算此时输出信号的占空比，记录输出波形。

4）调节 R_p 观察并记录 u_o 波形的变化，频率（周期 T）是否变化。

六、实验报告要求

（1）根据实验内容，记录数据，画出波形。

（2）分析、总结实验结果。

七、思考题

（1）用两片 555 定时器构成变音信号发生器。

（2）根据图 12 - 38 所示的电路，进行适当改变，使之成为一个占空比可调的多谐振荡器。

实验十一　计数、译码显示电路

一、实验目的

（1）掌握时序电路的分析和测试方法。

（2）熟悉中规模集成计数器的功能特点及构成 N 进制计数器的方法。

（3）了解计数、译码显示器件的工作原理及其应用。

二、预习要求

（1）复习有关计数器和译码显示部分的内容。

（2）查手册，熟悉实验所用各集成块的引脚排列图及功能表。

三、实验仪器、设备和器件

＋5V 直流电源，双踪示波器，连续脉冲源，单次脉冲源，逻辑电平开关，逻辑电平显示器，译码显示器，74LS74（CC4013 × 2）、74LS192（CC40192）、74LS00（CC4011）、74LS290（T4290）、74LS161（CC40161）、CC4511、BS205（共阴极七段数码管）。

四、实验原理

在数字系统中，计数是一种很重要的基本操作。计数器可用来累计和记忆其输入脉冲的个数。

1. 用 D 触发器构成异步二进制加/减计数器

如图 12 - 39 所示，电路是用 4 只 D 触发器构成的四位二进制异步加法计数器，其连接特点：将 D 触发器接成 T' 触发器，再由低位触发器的 $\overline{Q}$ 端和高一位的 CP 端相连。

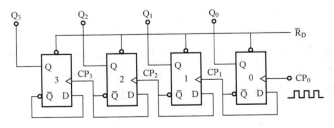

图 12 - 39　四位二进制异步加法计数器

2. 中规模十进制计数器

74LS192 或 CC40192 为同步十进制可逆计数器，其引脚排列及逻辑符号如图 12 - 40 所示。其功能见表 12 - 24。

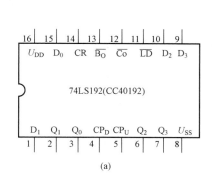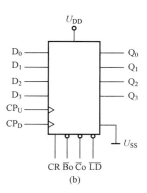

图 12 - 40　74LS192(CC40192) 引脚排列及逻辑符号

（a）引脚排列；（b）逻辑符号

CP_U—加计数脉冲输入端；CP_D—减计数脉冲输入端；$\overline{LD}$—置数端；

$\overline{Co}$—异步进位输出端；$\overline{Bo}$—异步借位输出端；D_0、D_1、D_2、D_3—数据

输入端；CR—清零端；Q_0、Q_1、Q_2、Q_3—数据输出端

表 12 - 24　　　　　　　　　74LS192（CC40192）逻辑功能表

输　入								输　出			
CR	$\overline{LD}$	CP_U	CP_D	D_3	D_2	D_1	D_0	Q_3	Q_2	Q_1	Q_0
1	×	×	×	×	×	×	×	0	0	0	0
0	0	×	×	d_3	d_2	d_1	d_0	d_3	d_2	d_1	d_0
0	1	↑	1	×	×	×	×	十进制加法计数			
0	1	1	↑	×	×	×	×	十进制减法计数			

3. 计数器任意进制的实现

利用清零法和预置数法可实现任意进制的计数器。

图 12 - 41 所示电路为采用清零法构成的六进制计数器。图 12 - 42 所示电路为采用预置数法构成的六进制计数器。

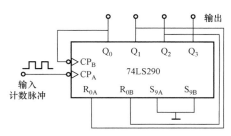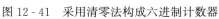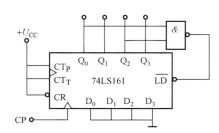

图 12 - 41　采用清零法构成六进制计数器　　　　图 12 - 42　采用预置数法构成六进制计数

4. 显示译码器

（1）七段数码显示器是由七段发光二极管组成，其外形如图 12 - 43 所示。七段数码显

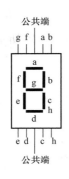

图 12-43　七段数码
显示器外形

示器可选择不同字段发光，分别显示出 0～9 十个数字。七段数码显示器的内部有共阴极和共阳极两种接法，如图 6-15 所示。

（2）七段显示译码器。74LS48 型七段译码器的引线排列，如图 6-16所示。图中的 $\overline{LT}$、$\overline{BI}/\overline{RBO}$、$\overline{RBI}$（3、4、5 端）为三个辅助控制端。各引脚功能如下：

$\overline{LT}$（试灯输入）接低电平有效，且 $\overline{BI}/\overline{RBO}$ 为高电平时，输出 a、b、c、d、e、f、g 全为高电平，连接共阴极数码管的七段全亮，显示字形为"8"。此功能是用来测试数码管的好坏。

$\overline{RBI}$（灭"0"输入端）接低电平并当译码输入值为 0 时，该位输出显示的"0"字应被熄灭，即不显示；当译码输入值非"0"时，输出正常显示。例如，数据输入为"0583.410"，输出显示则为"583.41"。可见，$\overline{RBI}$ 输入端用于消除无效的"0"。

$\overline{BI}/\overline{RBO}$ 具有双重功能，灭灯输入/灭零输出，当 $\overline{BI}/\overline{RBO}=0$ 时，不管输入如何，数码管不显示数字；当它作为输出端时，是本位灭零标志信号，当本位已灭零，则该端输出为 0。

若不用上述功能时，三个辅助控制端则应固定在高电平。74LS48 的逻辑功能表见表 6-9。

五、实验内容与步骤

1. 四位二进制异步加法计数器

（1）实验用集成块：CC4013 或 74LS74。

（2）实验电路如图 12-39 所示。

（3）实验步骤如下：

1）按图 12-39 接线，$\overline{R_D}$ 接至逻辑开关输出插口，将最低位触发器的脉冲输入端 CP_U 接至单次脉冲源；输出端 Q_3、Q_2、Q_1、Q_0 接至逻辑电平显示输入插口；各 $\overline{S_D}$ 接高电平"1"。

2）用 $\overline{R_D}$ 清零。清零后，$\overline{R_D}$ 接高电平。逐个送入单次脉冲，观察 Q_3、Q_2、Q_1、Q_0 的状态，并将结果填入表 12-25 中。

表 12-25　　　　　　　　　　四位二进制异步加法计数器实验数据表

CP	Q_3	Q_2	Q_1	Q_0	CP	Q_3	Q_2	Q_1	Q_0
0					9				
1					10				
2					11				
3					12				
4					13				
5					14				
6					15				
7					16				
8									

3）将单次脉冲改为 1Hz 的连续脉冲，观察 Q_3、Q_2、Q_1、Q_0 的状态。

4）将 1Hz 的连续脉冲改为 1kHz，用双踪示波器观察 CP、Q_3、Q_2、Q_1、Q_0 端波形，并描绘下来。

5）将图 12-39 电路中的低位触发器的 Q 端与高一位的 CP 端相连接，构成减法计数器，按步骤 2）~4）进行实验，观察 Q_3~Q_0 的状态，并将结果填入表 12-26 中。

表 12-26 减法计数器实验数据表

CP	Q_3	Q_2	Q_1	Q_0	CP	Q_3	Q_2	Q_1	Q_0
0					9				
1					10				
2					11				
3					12				
4					13				
5					14				
6					15				
7					16				
8									

2. 测试同步十进制可逆计数器的逻辑功能

（1）实验用集成块：74LS192 或 CC40192。

（2）实验步骤如下：

1）计数脉冲由单次脉冲源提供，清零端 CR、置数端 $\overline{LD}$、数据输入端 D_3、D_2、D_1、D_0 分别接逻辑开关，输出端 Q_3、Q_2、Q_1、Q_0 接实验设备的一个译码显示输入相应插口 A、B、C、D；$\overline{C_o}$ 和 $\overline{B_o}$ 接逻辑电平显示插口。

2）接通电源，按表 1 中的项目，逐项测试并判断该集成块的功能是否正常。

a. 清零。令 CR=1，其他输入为任意态，这时 $Q_3Q_2Q_1Q_0=0000$，译码数字显示为 0。清除功能完成后，置 CR=0。

b. 置数。CR=0，CP_U、CP_D 任意，74LS192 为十进制计数器，1010~1111 译码器不能显示。令 $\overline{LD}=0$，观察计数译码显示输出，预置功能是否完成，完成后置 $\overline{LD}=1$。

c. 加计数。CR=0，$\overline{LD}=CP_D=1$，CP_U 接单次脉冲源。清零后送入十个单次脉冲，观察译码数字显示是否按 8421 码十进制状态转换表进行；输出状态变化是否发生在 CP_U 的上升沿。

d. 减计数。CR=0，$\overline{LD}=CP_U=1$，CP_D 接单次脉冲源。参照步骤 c 进行实验。

3. 用 74LS290 构成六进制计数器

（1）实验电路如图 12-44 所示。

（2）实验步骤如下：

1）按图 12-44 电路接线，计数脉冲由单次脉冲源提供，输出端 Q_3、Q_2、Q_1、Q_0 接

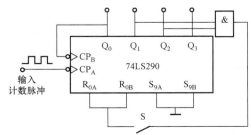

图 12-44 74LS290 构成的六进制计数器

电平显示器，并接通电源。

2）计数器清零。

3）闭合开关 S，从 CP_A 端逐个输入单次脉冲，观察 Q_3、Q_2、Q_1、Q_0 的状态，并将结果填入表12-27中。

表 12-27　　　　　　　　　　　　　六进制计数器实验数据记录表

CP	Q_2	Q_1	Q_0	CP	Q_2	Q_1	Q_0
0				4			
1				5			
2				6			
3							

4. 计数、译码显示综合实验

（1）实验用集成块：74LS290、CC4511、共阴极数码管。

（2）实验电路如图 12-45 所示。

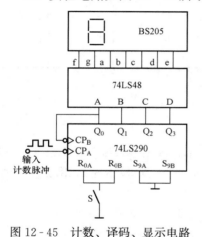

图 12-45　计数、译码、显示电路

（3）实验步骤如下：

1）按图 12-45 电路接线，经检查无误后接通电源。

2）计数器清零。

3）闭合开关 K，从 CP_A 端逐个输入单次脉冲，观察电路计数、显示功能。

4）由 CP_A 端输入 5Hz 的连续脉冲，观察电路计数、显示功能。

六、实验报告要求

（1）整理实验数据和实验所得的有关波形。对实验结果进行分析。

（2）总结用中规模集成计数器构成 N 进制计数器的方法。

七、思考题

（1）将四位二进制异步加法计数器改为四位二进制异步减法计数器，如何接线？

（2）用两片 74LS290 设计一个二十四进制计数器。

（3）了解 ADC 的基本工作原理。

（4）掌握 ADC 集成芯片 ADC0809 实现 A/D 转换的方法。

实验十二　D/A 和 A/D 转换器

一、实验目的

（1）了解 D/A 转换器的基本工作原理。

（2）掌握 D/A 转换器集成芯片 DAC0832 实现数/模转换的方法。

（3）了解 A/D 转换器的基本工作原理。

（4）掌握 A/D 转换器集成芯片 ADC0809 实现模/数转换的方法。

二、预习要求

（1）复习 DAC 的基本工作原理。

（2）熟悉 DAC0832 芯片的各管脚功能及其排列。

（3）了解 DAC0832 的使用方法。

（4）复习 ADC 的基本工作原理。

（5）熟悉 ADC0809 芯片的各管脚功能及其排列。

（6）了解 ADC0809 的使用方法。

三、实验仪器、设备和器件

1. 实验仪器与设备

数字电路实验台、万用表。

2. 实验器件

集成电路 DAC0832、74LS161、μA741、ADC0809、74LS00。

四、实验原理

D/A 转换电路的功能是完成数字量到模拟量的转换，它把输入的数字量转换为对应的模拟电流量，再把模拟电流量转换为模拟电压量。

A/D 转换电路的功能是将连续变化的模拟信号转换为数字信号。ADC0809 采用逐次逼近 A/D 转换原理，是 CMOS 芯片 28 个引脚双列直插式 A/D 转换器，能实现 8 位 A/D 转换。

五、实验内容与步骤

（一）DAC0832 功能测试

（1）实验电路图如图 12 - 46 所示，按图接好线，电路接成直通方式。

（2）调零。令 $D_0 \sim D_7$ 全为零，调节运放的调零电位器 R_W，使 μA741 输出为零。

（3）再将 $D_0 \sim D_7$ 全置 1，调整 R_f，改变运放的放大倍数，使运放输出满量程。

（4）按表 1 要求给出相应逻辑电平（0000～1111），测量输出电压值，并将测量结果填入表 12 - 28 中，与理论值比较。

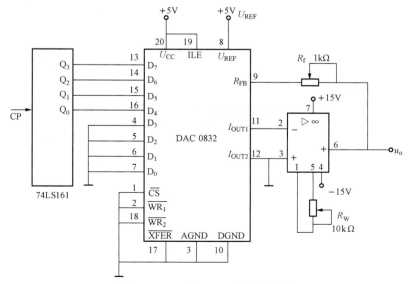

图 12 - 46　DAC0832 实验电路图

表 12-28　　　　　　　　　　　**DAC0832 功能测试实验记录**

输　入　数　字　量								输出模拟电压	
D_7	D_6	D_5	D_4	D_3	D_2	D_1	D_0	实测值	理论值
0	0	0	0	0	0	0	0		
0	0	0	0	0	0	0	1		
0	0	0	0	0	0	1	1		
0	0	0	0	0	1	1	1		
0	0	0	0	1	1	1	1		
0	0	0	1	1	1	1	1		
0	0	1	1	1	1	1	1		
0	1	1	1	1	1	1	1		
1	1	1	1	1	1	1	1		

（5）再将 74LS161 二进制计数器对应的 4 位输出分别接 DAC0832 的 D_7、D_6、D_5、D_4，DAC0832 的低四位接地。

（6）输入 CP 脉冲，频率为 1kHz，用示波器观测并记录输出电压的波形。

（二）ADC0809 功能测试

（1）实验电路图如图 12-47 所示，按图接好线。

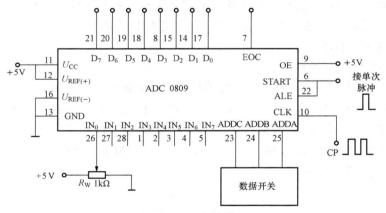

图 12-47　ADC0809 实验原理图

（2）在 CP 端输入时钟信号，置数据开关为 000，调节 R_W，使输入模拟电压 u_i 变化如表 12-29 所示，观察输出的 $D_7 \sim D_0$ 的值，并记录下来。

表 12-29　　　　　　　　**ADC0809 功能测试实验数据记录表**

输入模拟量	输　出　数　字　量							
U_i	D_7	D_6	D_5	D_4	D_3	D_2	D_1	D_0
4 V								
3 V								
2 V								
1 V								
0.5 V								
0.2 V								
0.1 V								
0 V								

附录 A　半导体器件型号命名方法

（根据 GB/T 249—2017）

1. 半导体器件的型号由五个部分组成

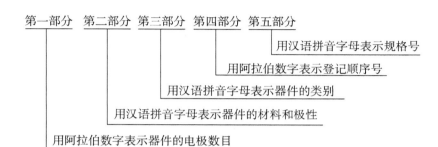

2. 型号组成部分的符号及其意义（见附表 A-1 和附表 A-2）

附表 A-1　　　　　由第一部分到第五部分组成的器件型号的符号及其意义

第一部分		第二部分		第三部分		第四部分	第五部分
用阿拉伯数字表示器件的电极数目		用汉语拼音字母表示器件的材料和极性		用汉语拼音字母表示器件的类别		用阿拉伯数字表示登记顺序号	用汉语拼音字母表示规格号
符号	意义	符号	意义	符号	意义	—	—
2	二极管	A B C D E	N 型，锗材料 P 型，锗材料 N 型，硅材料 P 型，硅材料 化合物或合金材料	P H V W C Z L S K N F	小信号管 混频管 检波管 电压调整管和电压基准管 变容管 整流管 整流堆 隧道管 开关管 噪声管 限幅管		
3	三极管	A B C D E	PNP 型，锗材料 NPN 型，锗材料 PNP 型，硅材料 NPN 型，硅材料 化合物或合金材料	X G D A T Y B J	低频小功率晶体管 （$f_\alpha<3\mathrm{MHz}$，$P_c<1\mathrm{W}$） 高频小功率晶体管 （$f_\alpha\geqslant3\mathrm{MHz}$，$P_c<1\mathrm{W}$） 低频大功率晶体管 （$f_\alpha<3\mathrm{MHz}$，$P_c\geqslant1\mathrm{W}$） 高频大功率晶体管 （$f_\alpha\geqslant3\mathrm{MHz}$，$P_c\geqslant1\mathrm{W}$） 闸流管 体效应管 雪崩管 阶跃恢复管	—	—

附表 A‑2　　　　　　　　　**由第三部分到第五部分组成的器件型号的符号及其意义**

第三部分		第四部分	第五部分
用汉语拼音字母表示器件的类别		用阿拉伯数字 表示登记顺序号	用汉语拼音字母 表示规格号
符号	意义		
CS	场效应晶体管		
BT	特殊晶体管		
FH	复合管		
JL	晶体管阵列		
PIN	PIN 二极管		
ZL	二极管阵列		
QL	硅桥式整流器		
SX	双向三极管		
XT	肖特基二极管		
CF	触发二极管		
DH	电流调整二极管		
SY	瞬态抑制二极管		
GS	光电子显示器		
GF	发光二极管		
GR	红外发射二极管		
GJ	激光二极管		
GD	光电二极管		
GT	光电晶体管		
GH	光电耦合器		
GK	光电开关管		
GL	成像线阵器件		
GM	成像面阵器件		

附录 B　集成运放命名法及主要参数

标准适用于按半导体集成电路系列和品种的国家标准所生产的半导体集成电路。

1. 型号的组成

半导体集成电路的型号由五部分组成，五个组成部分的符号及含义见附表 B-1。

附表 B-1　　　　　　　　　　半导体集成电路的型号组成

第0部分		第一部分		第二部分	第三部分		第四部分	
用字母表示器件符号国家标准		用字母表示器件的类型		用阿拉伯数字表示器件的系列和品种代号	用字母表示器件的工作温度范围		用字母表示器件的封装	
符号	含义	符号	含义		符号	含义	符号	含义
C	中国制造	T	TTL		C	0～70℃	W	陶瓷扁平
		H	HTL		E	−40～85℃	B	塑料扁平
		E	ECL		R	−55～85℃	F	全密封扁平
		C	CMOS		M	−55～125℃	D	陶瓷直插
		F	线性放大器		...	...	P	塑料直插
		D	音响、电视电路				J	黑陶瓷直插
		W	稳压器				K	金属菱形
		J	接口电路				T	金属圆形
		B	非线性电路				...	...
		M	存储器					
		μ	微型机电路					
		...	...					

2. 型号组成示例

(1) 通用运算放大器。

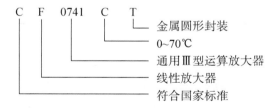

```
C  F  0741  C  T
                └──── 金属圆形封装
             └─────── 0~70℃
      └────────────── 通用Ⅲ型运算放大器
   └───────────────── 线性放大器
└──────────────────── 符合国家标准
```

(2) 八选一数据选择器。

```
C  C  1 12  M  F
                └──── 全密封扁平封装
             └─────── −55~125℃
      └────────────── 八选一数据选择器
   └───────────────── CMOS电路
└──────────────────── 符合国家标准
```

3. 典型集成运算放大器

典型集成运算放大器参数见附表 B-2。

附表 B-2　　　　　　　　　　　　　典型集成运算放大器参数

型号 参数名称	8FC1 通用	μA741/F007 通用	CF253 低功耗	5G28 高输入阻抗	FC72 低漂移	CF715 高速	BG315 高压
开环差模电压增益 A_{uo} (dB)	≥66	>86～94	90～110	86	>110～120	90	≥90
最大输出电压 U_{omax} (V)		±10～±12	±13.5	±12	±7～±12	±13	≥40～64
最大共模输入电压 U_{icm} (V)	−3.5～0.7	±12	±15	±10	±10	±12	≥40～64
最大差模输入电压 U_{idm} (V)	±6	±30	±30	±15			
差模输入电阻 r_{id} (kΩ)	8	2000	6000	10^7		1000	500
输出电阻 r_o (Ω)	500	200				75	500
共模抑制比 K_{CMR} (dB)	70～80	≥70～80	100	80	≥120	92	≥80
输入失调电压 U_{IO} (mV)	2～10	<2～10	1	10	≤1～5	2	≤10
输入失调电流 I_{IO} (nA)	$<(1\sim5)\times10^3$	≤100～300	4		≤5～20	70	≤200
失调电压温漂 $\Delta U_{IO}/\Delta T$ (μV/℃)	−20～+10	20	3				10
失调电流温漂 $\Delta I_{IO}/\Delta T$ (nA/℃)	$(-16\sim+5)\times10^3$	1					0.5
开环带宽 BW (Hz)	10^5	7					
转换速率 S_R (V/μS)				20		70	2
电源电压 $-U_{EE}+U_{CC}$ (V)	−8，+14	±9～±18	±3～±18	±16		±15	±48～±72
静态功耗 P_C (mW)	≤150	≤120	≤0.6	100	<120	165	

部分习题参考答案

习题一参考答案

1-2：(a) 导通，$U_{AO}=-6V$；(b) 截止，$U_{AO}=-12V$；(c) VD1 导通，VD2 截止，$U_{AO}=0V$；(d) VD1 截止，VD2 导通，$U_{AO}=-6V$。

1-5 (1) 0.24A；(2) 0.12A，28.3V；(3) 400μF。

1-6 (1) 30V；(2) 否，25V；(3) (a) C 断开，(b) R_L 断开，(c) C 断开而且有一个二极管断开。

1-8 (2) 18V，4.5mA。

1-9 1.7～3.6V。

1-10 恒定直流。

1-11 A (c)，B (e)，C (b)，PNP 锗管。

习题二参考答案

2-1 (a) 不能，发射结反向偏置；(b) 可以确定，图中画出了正极性，所以可以放大；(c) 不能，发射结无偏置电压；(d) 不能，集电结正向偏置

2-2 (1) $I_{CS}=4mA$，$I_{BS}=80\mu A$；(2) $I_{BQ}=40\mu A$，$I_{CQ}=2mA$，$U_{CEQ}=6V$；(3) 截止区。

2-3 (1) $R_{b3}=0$，$r_i=17k\Omega$；$R_{b3}=100k\Omega$，$r_i=75k\Omega$。(2) R_{b3} 可以增大放大器的输入电阻，减小对信号的分流。

2-5 (1) $I_{BQ}=16\mu A$，$I_{CQ}=0.9mA$，$U_{CEQ}=5.88V$；(2) $I_{BQ}=15.2uA$，$I_{CQ}=1.14mA$，$U_{CEQ}=4.48V$；(3) $I_{BQ}=15\mu A$，$I_{CQ}=I_{CS}=1.76mA$，$U_{CEQ}=U_{CES}=0.3V$，不能正常工作。

2-6 (1) $I_{BQ}=40\mu A$，$I_{CQ}=2mA$，$U_{CEQ}=8V$；(3) $A_u=-69.4$，$r_i=963\Omega$，$r_o=2k\Omega$。

2-7 (1) $I_{BQ}=80\mu A$，$I_{CQ}=4mA$，$U_{CEQ}=12V$；(3) $A_u=0.98$，$r_i=43k\Omega$，$r_o=21\Omega$。

2-8 (1) $I_{BQ}=65\mu A$，$I_{CQ}=3.25mA$，$U_{CEQ}=8.4V$；(3) $A_u=-117.9$，$r_i=0.7k\Omega$，$r_o=3.3k\Omega$。

2-9 (1) $I_{BQ}=18\mu A$，$I_{CQ}=1.8mA$，$U_{CEQ}=2.8V$；(2) $A_{u1}=-0.91$，$A_{u2}=0.91$；(3) $r_i=8.2k\Omega$，$r_{o1}=2k\Omega$，$r_{o2}=23\Omega$。

2-10 (1) $I_{BQ1}=15.6\mu A$，$I_{CQ1}=0.935mA$，$U_{CEQ1}=5.3V$；$I_{BQ2}=108\mu A$，$I_{CQ2}=6.5mA$，$U_{CEQ2}=4.5V$；(2) $A_{u1}=-6.7$，$A_{u2}=-1.95$，$A_u=13.1$。

2-11 $u_d=0.001V$，$u_f=0.099V$，$u_o=1V$。

2-12 (a) 反馈元件 R_2，电流串联负反馈。(b) 反馈元件 R_2、R_3、R_5、N2，电压并联负反馈。(c) U_{i1} 输入时，反馈元件 R_2、R_p、N2，电压并联负反馈；U_{i2} 输入时：反馈元件 R_2、R_p、VN2，电压串联负反馈。(d) 反馈元件 R_2，电流串联正反馈。

2-13 (a) R_{f2}、R_{e1} 引入电流串联负反馈；(b) 无交流反馈；(c) R_{e1} 引入电流串联负反馈；(d) R_3、C_2 引入电压并联负反馈，R_e 引入电压串联负反馈；(e) R_{f1}、C_2、R_{e1} 引入电

压串联负反馈。

2 - 14　(a)、(b) 不合理；(c)、(d) 合理。

习 题 三 参 考 答 案

3 - 7　$R_f = 22.5 \text{k}\Omega$。

3 - 8　(1) $A_{uf} = 1$；(2) $A_{uf} = 1$；(3) $A_{uf} = -\dfrac{R_f}{R_1}$。

3 - 9　$u_o = \left(1 + \dfrac{R_f}{R_1}\right)\dfrac{R_3}{R_2 + R_3}u_i$，$u_o = 9\text{V}$。

3 - 10　$A_{uf} = -9$，$u_o = -72\text{mV}$。

3 - 11　(a) $u_o = -7.65\text{V}$；(b) $u_o = -3\text{V}$。

3 - 12　$u_{o1} = -2\text{V}$，$u_{o2} = 3\text{V}$，$u_o = 5\text{V}$。

3 - 13　$u_o = -\dfrac{1}{C}\displaystyle\int\left(\dfrac{u_{i1}}{R_1} + \dfrac{u_{i2}}{R_2}\right)\text{d}t$。

3 - 14　$t = 1\text{ms}$。

3 - 17　高通，带通，低通，带阻。

3 - 18　(a) 有源、低通；(b) 无源、高通；(c) 无源、带通；(d) 有源、带阻。

3 - 22　$U_{T+} = 3.6\text{V}$，$U_{T-} = -2.8\text{V}$。

习 题 四 参 考 答 案

4 - 2　(1) $3\times10^2 + 7\times10^1 + 5\times10^0$；(2) $11\times16^2 + 5\times16^1 + 10\times16^0$；(3) $1\times2^6 + 1\times$
$2^4 + 1\times2^3 + 1\times2^2 + 1\times2^0$。

4 - 3　$(1000)_2$、$(10001.1010)_2$、$(11001001)_2$。

4 - 4　(1) $(11)_D$、$(B)_H$；(2) $(26)_D$、$(1A)_H$；(3) $(53)_D$、$(35)_H$；(4) $(150)_D$、
$(96)_H$；(5) $(42.75)_D$、$(2A.C)_H$；(6) $(0.40625)_D$、$(0.68)_H$。

4 - 5　(1) $(111110)_B$、62；(2) $(101010)_B$、42；(3) $(1111000010)_B$、450；
(4) $(10010111111)_B$、1215；(5) $(1011110.1111)_B$、94.9375；(6) $(0.10001010)_B$、0.675。

4 - 7；(1) 397；(2) 8.56；(3) 51。

4 - 8　(a) $Y_1 = AB\overline{C}$；(b) $Y_2 = \overline{C}(A+B)$。

4 - 10　(a) $Y_1 = \overline{\overline{A \cdot \overline{B}} \cdot \overline{\overline{A} \cdot B}}$；(b) $Y_2 = \overline{\overline{A \oplus B} + B \cdot \overline{\overline{C}}}$。

4 - 11　(1) $Y_1 = ABC + \overline{A} + \overline{B} + \overline{C}$；(2) $Y_2 = \overline{\overline{\overline{A} + \overline{\overline{B}} + C}}$。

4 - 12　(1) $Y_1 = A\overline{B} + C\overline{D}$；(2) $Y_2 = (A + \overline{B})(C + \overline{D})$；
(3) $Y_3 = \overline{A} \cdot \overline{B}(A + B + C)$；(4) $Y_4 = \overline{A + \overline{B} + \overline{C}} \cdot \overline{\overline{A} + B}$。

4 - 14　(1) $Y_1 = A$；(2) $Y_2 = BC$；(3) $Y_3 = 1$；(4) $Y_4 = \overline{C}D + \overline{A}C\overline{D}$；
(5) $Y_5 = \overline{A} + D + \overline{B} \cdot \overline{C}$；(6) $Y_6 = \overline{A} + \overline{B} + \overline{C}$；(7) $Y_7 = C$。

4 - 15　(1) $Y_1 = \overline{A} \cdot \overline{B} + AC$；(2) $Y_2 = \overline{A} \cdot \overline{B} + AC + B\overline{C}$；(3) $Y_3 = A\overline{C} + A\overline{B} + A\overline{D}$；
(4) $Y_4 = \overline{B} \cdot \overline{C} \cdot \overline{D} + \overline{A} \cdot B \cdot \overline{C} + \overline{A} \cdot \overline{B} \cdot C + BC\overline{D}$；
(5) $Y_5 = \overline{B} \cdot \overline{C} \cdot \overline{D} + CD + A\overline{B} + BD$；(6) $Y_6 = \overline{B}C + \overline{D} + A$；

(7) $Y_7 = AC + BC + D + AB$；(8) $Y_8 = B\overline{C} + AD + A\overline{B}$。

4 - 16 (1) $Y_1 = \overline{A} \cdot \overline{D} + \overline{C}D$；(2) $Y_2 = \overline{B} \cdot \overline{D} + \overline{A}BD + \overline{A}C + A\overline{B}$；

(3) $Y_3 = \overline{A} \cdot \overline{B} \cdot \overline{C} + AD + AC$；(4) $Y_4 = B\overline{C} + \overline{A}C + C\overline{D}$。

习 题 五 参 考 答 案

5 - 4 (1) $U_i = 1.2\text{V}$；(2) $U_i = 3.24\text{V}$。

5 - 5 (a) 0；(b) 1；(c) 1；(d) 1。

5 - 8 (a) $Y_1 = \overline{ABCDE}$；(b) $Y_2 = \overline{A + B + C + D + E}$。

5 - 9 (1) 0；(2) 1；(3) 0；(4) 0；(5) 1；(6) 1。

5 - 10 2～12V。

习 题 六 参 考 答 案

6 - 3 $L = AB + \overline{A} \cdot \overline{B}$，为同或运算电路。

6 - 4 $P_1 = A \oplus B \oplus C$，$P_2 = (A \oplus B)C + AB$，为全加器。$P_1$ 为本位和，P_2 为向高位产生的进位。

6 - 6 $F = A \oplus B \oplus C$。

6 - 7 $Y = ABD + ACD + BCD + ABC = \overline{\overline{ABD} \cdot \overline{ACD} \cdot \overline{BCD} \cdot \overline{ABC}}$。

6 - 8 开锁函数式 $Y_1 = AC$，电铃函数式 $Y_2 = \overline{A}C + B\overline{C} + A\overline{C}$。

6 - 9 $Y_a = \overline{A}B + \overline{A} \cdot \overline{C} \cdot \overline{D} + AB\overline{D}$，$Y_b = \overline{A}BC + AB\overline{D} + AB\overline{C} + \overline{B} \cdot \overline{C}D$。

6 - 10 $L = \overline{B} \cdot \overline{C} + \overline{B} \cdot \overline{D}$。

6 - 11 (1) $L_1 = \overline{\overline{m_1 \cdot m_2 \cdot m_3 \cdot m_4 \cdot m_5 \cdot m_6}} = \overline{\overline{Y_1} \cdot \overline{Y_2} \cdot \overline{Y_3} \cdot \overline{Y_4} \cdot \overline{Y_5} \cdot \overline{Y_6}}$；

(2) $L_2 = \overline{\overline{Y_1} \cdot \overline{Y_3} \cdot \overline{Y_4} \cdot \overline{Y_5} \cdot \overline{Y_6}}$；(3) $L_3 = \overline{\overline{Y_2} \cdot \overline{Y_3} \cdot \overline{Y_4} \cdot \overline{Y_5} \cdot \overline{Y_7}}$。

6 - 12 (1) 令 $D_2 = D_3 = D_4 = D_7 = 1$，$D_0 = D_1 = D_5 = D_6 = 0$；

(2) 令 $D_1 = D_2 = D_3 = D_5 = D_6 = 1$，$D_0 = D_4 = D_7 = 0$；

(3) 令 $D_0 = \overline{D}$，$D_2 = D$，$D_4 = D_5 = D_7 = 1$，$D_1 = D_3 = D_6 = 0$；

(4) 令 $D_5 = \overline{D}$，$D_3 = D_6 = D$，$D_1 = 1$，$D_0 = D_2 = D_4 = D_7 = 0$。

习 题 七 参 考 答 案

7 - 1 填空题

(1) 触发器的 0，触发器的 1，Q。

(2) 置 0，置 1，CP。

(3) 特性方程，状态转换图，波形图。

(4) 基本 RS，0，0。

(5) 空翻，主从，边沿。

(6) $Q^{n+1} = J\overline{Q^n} + \overline{K}Q^n$，$Q^{n+1} = T\overline{Q^n} + \overline{T}Q^n$。

(7) 上升，降，1，0。

(8) 置 0，置 1，计数。

(9) 施密特触发器，单稳态触发器，多谐振荡器。

（10）整形，变换。

7 - 2　判断题

1.√；2.√；3.×；4.×；5.×；6.√；7.√；8.×；9.√；10.×。

7 - 3　选择题

（1）C；（2）A；（3）B；（4）C；（5）B；（6）C；（7）A、B、C、D；（8）A；（9）C；（10）C。

7 - 4　分析题

（5）（a）$Q^{n+1}=1$；（b）$Q^{n+1}=\overline{Q^n}$；（c）$Q^{n+1}=\overline{Q^n}$；（d）$Q^{n+1}=Q^n$。

（8）2V。

（10）5.5s。

（11）分析：加在 8 端的电源电压为 12V，555 定时器输出高电平时的电压为电源电压的 90％。

1）当 SB_1、SB_2 都打开时，2 端电位＞4V、6 端电位＜8V，3 端输出保持原来状态不变。

2）当 SB_1 闭合、SB_2 打开时，2 端电位＜4V、6 端电位＜8V，3 端输出为高电平，电动机正转。

3）当 SB_1 打开、SB_2 闭合时，2 端电位＞4V、6 端电位＞8V，3 端输出为低电平，电动机反转。

（12）1）①555 定时器构成多谐振荡电路；②S 闭合前，555 定时器无电源不能工作。

2）S 闭合后，细铜丝完好，555 定时器 4 端接地，使 3 端输出为低电平，由于 $100\mu F$ 电容的隔直作用，扬声器中没有电流通过，不会发出响声；一旦细铜丝断开，4 端为高电平，多谐振荡电路正常工作，3 端输出一定频率的矩形波脉冲，使扬声器发出报警声。

（13）1）本题电路为 555 定时器构成的单稳态触发器，触发脉冲由 2 端输入。

不按 SB 前，555 定时器 2 端电位＞$\frac{1}{3}U_{CC}$、6 端电位（u_C）＜$\frac{2}{3}U_{CC}$，3 端输出低电平，电路处于稳定状态，灯不会亮。此时 555 定时器的放电管导通。

当按下 SB 时，2 端电位为 0，3 端输出高电平，电路进入暂稳态，灯被点亮。此时 555 定时器的放电管截止，电源通过 R_1 对电容充电，当 $u_C \geq \frac{2}{3}U_{CC}$ 时，3 端输出低电平，电路又进入稳定状态，灯熄灭。

2）若要延长灯亮的时间，可改变 R_1、C_1。

（14）本题电路为 555 定时器构成的多谐振荡电路。

SB 闭合前，555 定时器无电源不能工作。SB 闭合后，多谐振荡电路正常工作，3 端输出一定频率的矩形波脉冲，使门铃发出响声。

习 题 八 参 考 答 案

8 - 1　填空题

（1）输入信号，原来的状态。

（2）触发器。

（3）同步，异步。

(4) 移位，数码。

(5) 并行方式，串行方式。

(6) 4。

(7) 6。

(8) 4，4。

(9) 3。

(10) 同步预置数，清零。

8-2　判断题

(1) √；(2) ×；(3) √；(4) ×；(5) ×；(6) √；(7) ×；(8) √；(9) √；
(10) ×。

8-3　选择题

(1) A；(2) A；(3) B；(4) C；(5) B；(6) D；(7) C；(8) A；(9) B；(10) A。

8-4　分析题

(1) 功能：异步十进制加法计数器。

(2) 时钟方程　　　　　驱动方程　　　　　　状态方程

$CP_1 = CP$　　　　$J_1 = \overline{Q_3^n}$，$K_1 = 1$　　　$Q_1^{n+1} = \overline{Q_3^n} \overline{Q_1^n}$

$CP_2 = CP$　　　　$J_2 = K_2 = Q_1^n$　　　　$Q_2^{n+1} = Q_2^n \oplus Q_1^n$

$CP_3 = CP$　　　　$J_3 = Q_1^n Q_0^n$，$K_3 = 1$　　$Q_3^{n+1} = \overline{Q_3^n} Q_2^n Q_1^n$

状 态 转 换 表

CP	二 进 制 数				等效十进制数
	Q_3	Q_2	Q_1	Q_0	
0	0	0	0	0	0
1	0	0	0	1	1
2	0	0	1	0	2
3	0	0	1	1	3
4	0	1	0	0	4
5	0	0	0	0	进位

功能：同步五进制加法计数器，具有自启动功能。

(3) 时钟方程　　　　　驱动方程　　　　　　状态方程

$CP_0 = CP$　　　　$D_0 = \overline{Q_0^n}$　　　　　$Q_0^{n+1} = \overline{Q_0^n}$

$CP_1 = Q_0^n$　　　　$D_1 = \overline{Q_1^n}$　　　　　$Q_1^{n+1} = \overline{Q_1^n}$

功能：异步四进制减法计数器。

(4) Q_1 波形的频率为 2000Hz，Q_2 波形的频率为 1000Hz。

(6) 1) 从 CP_A 输入，Q_0 输出时，是二进制计数器；

2) 从 CP_B 输入，Q_3、Q_2、Q_1 输出时，是五进制计数器；

3) 是 8421BCD 码十进制计数器。

状 态 转 换 表

CP	二 进 制 数		等效十进制数	CP	二 进 制 数		等效十进制数
	Q_1	Q_0			Q_1	Q_0	
0	0	0	0	3	0	1	1
1	1	1	3	4	0	0	0
2	1	0	2				

（7）

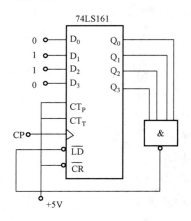

（8）

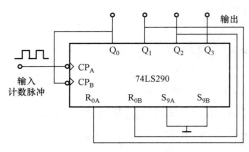

状态转换图：

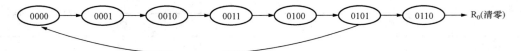

（9）

状 态 转 换 表

CP	二 进 制 数				等效十进制数
	Q_3	Q_2	Q_1	Q_0	
0	0	0	0	0	0
1	0	0	0	1	1
2	0	0	1	0	2
3	0	0	1	1	3
4	0	1	0	0	4
5	0	1	0	1	5
6	0	1	1	0	6
7	0	0	0	0	进位

七进制加法计数器。

（10）状态方程：$Q_C^{n+1} = Q_B^n\,\overline{Q_C^n} + \overline{Q_A^n}Q_C^n$、$Q_B^{n+1} = (Q_A^n + Q_C^n)\overline{Q_B^n}$、$Q_A^{n+1} = \overline{Q_A^n} \cdot \overline{Q_B^n}$

状 态 转 换 表

CP	Q_A	Q_B	Q_C	灯
0	0	0	0	不亮
1	1	0	0	红
2	0	1	0	绿
3	0	0	1	黄
4	1	1	1	都亮
5	0	0	0	不亮

三组彩灯点亮的顺序为：不亮、红、绿、黄、全亮循环。

8 - 5　设计题

（1）状态转换图。

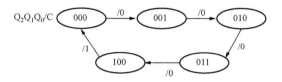

（2）状态方程、驱动方程。

各触发器的次态卡诺图：

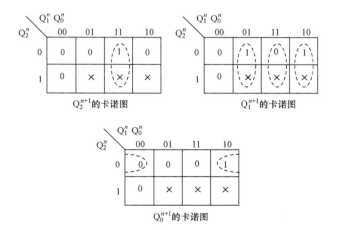

状态方程：　　　　　　　　　驱动方程：

$Q_2^{n+1} = Q_1^n Q_0^n$　　　　　　　$D_2 = Q_1^n Q_0^n$

$Q_1^{n+1} = Q_1^n \oplus Q_0^n$　　　　　$D_1 = Q_1^n \oplus Q_0^n$

$Q_0^{n+1} = \overline{Q_2^n} \cdot \overline{Q_0^n}$　　　　　　$D_0 = \overline{Q_2^n} \cdot \overline{Q_0^n}$

C 的卡诺图：

$$C = Q_2^n$$

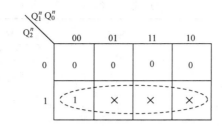

（3）逻辑电路图。

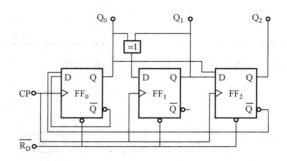

习 题 九 参 考 答 案

9 - 4　0.0048V。

9 - 5　（2）25/16V。

参 考 文 献

［1］康华光，陈大钦. 电子技术基础：模拟部分. 6 版 . 北京：高等教育出版社，2013.

［2］刘仁宇. 模拟电子技术. 北京：机械工业出版社，2003.

［3］李雅轩，刘南平. 模拟电子技术. 4 版 . 西安：西安科技大学出版社，2013.

［4］张树江，王成安. 模拟电子技术. 2 版 . 大连：大连理工大学出版社，2008.

［5］张若辉. 电子技术基础. 北京：水利电力出版社，1997.

［6］胡宴如. 电子技术基础. 北京：中国电力出版社，2001.

［7］童诗白，华成英. 模拟电子技术基础. 北京：高等教育出版社，2001.

［8］章忠全. 电子技术基础（实验与课程设计）. 北京：中国电力出版社，1999.

［9］余孟尝. 数字电子技术基础简明教程 . 2 版 . 北京：高等教育出版社，2004.

［10］童诗白. 电子技术基础试题汇编. 北京：高等教育出版社，1991.

［11］刘宁生. 脉冲与数字电路. 北京：中国广播电视出版社，1995.

［12］宁帆. 数字电路与逻辑设计. 北京：人民邮电出版社，2003.

［13］秦曾煌. 电工学 . 6 版 . 北京：高等教育出版社，2004.

［14］李中发. 电子技术. 北京：水利水电出版社，2005.

［15］陈汉秋. 电子技术基础（数字基础部分）. 北京：水利电力出版社，1994.

［16］张友汉. 数字电子技术基础. 北京：高等教育出版社，2004.

［17］卢庆林. 数字电子技术. 北京：机械工业出版社，2005.

［18］王廷才，赵德申. 电工电子技术 EDA 仿真实验. 北京：机械工业出版社，2003.

［19］杜洋. LED 进化史//《无线电》编辑部 . 《无线电》合订本 2009 年（上册）. 北京：人民邮电出版社，2009.